地下厂房岩壁吊车梁混凝土施工防裂方法研究

吕艺生　著

黄河水利出版社
·郑州·

内 容 提 要

地下厂房岩壁吊车梁(岩锚梁)混凝土结构是一种具有特殊功能的建筑物,其外部约束来自岩壁,属于地下建筑物范畴。岩锚梁的温控防裂是施工期关注的热点问题,本文通过三维温度场和应力场仿真分析,研究了多种工况下岩锚梁结构施工期温度和应力变化与分布规律,并提出了相应温控与防裂措施。

本书可供水利水电、地下工程、岩土工程相关专业的工程技术人员、科研人员参考使用,也可供大专院校相关专业的师生学习参考。

图书在版编目(CIP)数据

地下厂房岩壁吊车梁混凝土施工防裂方法研究/吕艺生著. —郑州:黄河水利出版社,2023. 9

ISBN 978-7-5509-3735-2

Ⅰ. ①地…　Ⅱ. ①吕…Ⅲ. ①吊装设备-混凝土施工-研究　Ⅳ. ①TU755

中国国家版本馆 CIP 数据核字(2023)第 180445 号

组稿编辑:王志宽　电话:0371-66024331　E-mail:278773941@ qq. com

责任编辑　岳晓娟　　责任校对　陈彦霞
封面设计　黄瑞宁　　责任监制　常红昕
出版发行　黄河水利出版社
地址:河南省郑州市顺河路 49 号　邮政编码:450003
网址:www. yrcp. com　E-mail:hhslcbs@ 126. com
发行部电话:0371-66020550
承印单位　河南新华印刷集团有限公司
开　　本　787 mm×1 092 mm　1/16
印　　张　12
字　　数　285 千字
版次印次　2023 年 9 月第 1 版　　2023 年 9 月第 1 次印刷

定　　价　78.00 元

前　言

混凝土施工期开裂是混凝土结构的重要缺陷之一,其产生的原因是混凝土的变形受到自身或外界约束而产生超过混凝土抗拉强度。其中,混凝土结构施工期的变形主要有温度、自生体积和干缩变形等,这些变形相互交织,共同作用,形成了施工期混凝土结构复杂的变形体系。混凝土裂缝是长期以来影响混凝土结构的完整性、耐久性和使用寿命的主要原因之一,如何防止裂缝的发生与发展是混凝土工程界和学术界的关键问题,也是目前国内外研究的热点问题。

地下厂房岩壁吊车梁(岩锚梁)混凝土结构是一种具有特殊功能的建筑物。由于岩锚梁特殊的应用环境和使用特点,防止其施工期开裂尤为重要。本书着重以某大型水电站岩锚梁混凝土结构为对象,通过仿真、试验、反演、反馈等综合手段,研究其施工期温度场和应力场规律,并提出相应的温控防裂方法。全书共有 10 章。其中,第 1 章介绍研究对象和主要研究内容。第 2 章和第 3 章介绍本书采用的研究方法,包括不稳定温度场、应力场和水管冷却的仿真方法,基于遗传算法的反演原理与方法。第 4 章和第 5 章给出研究对象的基本资料和构建的有限元计算模型(含冷却水管)。第 6~9 章是全书的主要内容,包括岩锚梁结构的仿真计算结果与分析,现场原型试验成果以及基于此的反演、反馈仿真分析等。第 10 章依据计算结果,提出了岩锚梁结构温控防裂结论与建议。

本书由华北水利水电大学吕艺生撰写完成。本书的出版得到了国家自然科学基金项目“基于场协同理论的混凝土温度场与水管冷却场换热机理研究(51309101)”、河南省水环境模拟与治理重点实验室的大力支持,以及华北水利水电大学教授陈守开的审读,在此表示感谢!

由于时间仓促,加之水平有限,书中欠妥和谬误之处在所难免,敬请读者批评指正,不吝赐教。

作　者

2023 年 6 月

目录

第1章　概　述

1.1　研究对象

某水电站地下厂房岩壁吊车梁(岩锚梁)长226.42 m(含安装间),岩锚梁尺寸3.35 m×2.25 m(高×宽),边墙在高程1 225.45 m处成35°折角,外边墙在高程1224.75 m处成56.3°折角,交会于岩锚梁岩台高程1 223.95 m处。岩锚梁混凝土现场浇筑长度是8.0~12.0 m为一段,上下游厂房岩壁均有22个浇筑段。施工缝有梯形键槽,键槽底部尺寸为1.1 m×1.1 m(长×宽),外部尺寸为0.7 m×0.7 m(长×宽),高0.2 m。岩锚梁每隔1.5~2.5 m设一ϕ152钢管作为排风兼排水管。岩锚梁一期混凝土强度等级是C25,为二级配常态混凝土。梁内高强砂浆锚杆采用Ⅳ级精轧螺纹钢筋$40Si_2MnV$或$45Si_2MnV$,两侧排风兼排水管之间锚杆水平间距约0.7 m。

主要工程量见表1-1。

表1-1　主要工程量

序号	施工项目	规格	单位	数量	说明
1	C25混凝土	一期混凝土	m^3	2 943	
2	C30混凝土	二期混凝土	m^3	38.0	
3	高强砂浆锚杆	C40,L=12.0 m	根	1 386	Ⅳ级精轧螺纹钢筋 $40Si_2MnV$或$45Si_2MnV$
4	普通砂浆锚杆	B32,L=9.0 m	根	984	Ⅱ级热轧钢筋20MnSi
5	插筋	B25,L=2.0 m	根	46.8	上柱插筋
		B25,L=2.0 m	根	1 102	下柱插筋
		B25,L=2.0 m	根	539	施工缝插筋,以现场实际发生计
6	Ⅰ级钢筋	A8	t	0.598	构造柱箍筋
7	钢管	A152,δ=3.5 mm,L=3.4 m	根	240	
		A152,δ=3.5 mm,L=0.42 m	根	1	过缝钢管
8	沥青杉板		m^2	120	
9	钢筋制安		t		

注:表中A、B分别代表HPB235型钢材和HPB335型钢材。

1.2 研究目标

总体上使得地下厂房岩锚梁施工期不出现危害性宏观裂缝,力争完全杜绝裂缝的出现,解决目前地下厂房岩锚梁普遍开裂的技术难题。

1.3 主要研究内容

(1)主厂房岩体开挖地应力释放所致洞室岩壁回弹变形量及其分布规律的研究。

依据厂房开挖所致岩锚梁岩壁回弹变形量和分布规律的综合分析,获得典型段岩锚梁岩壁接触面的非均匀性回弹变形量。

(2)厂房岩体开挖对岩锚梁应力的影响。

据上述岩体开挖所致的岩锚梁岩壁不均匀变形量,计算分析厂房岩体开挖对岩锚梁应力的影响。

(3)岩壁吊车梁混凝土热学边界条件及其特性参数的确定。

在厂房附近选择合适场地进行岩锚梁施工期混凝土大尺寸室内或棚内非绝热温升试验,确定在整个岩锚梁施工过程中可能会采用或遇到的混凝土内外边界面的热学特性参数,其中包括所用冷却水管管壁的热交换系数、所用施工模板的热交换系数、岩锚梁顶面保温保湿覆盖物条件下的热交换系数及复核施工混凝土绝热温升过程特性参数等。长方体混凝土试验块尺寸为4.0 m×2.0 m×1.8 m。

本项工作主要包括上述大尺寸混凝土块非绝热温升试验的温度观测,以及基于这些观测数据、三维仿真计算和反问题数学优化求解方法等进行特性参数的反演分析,获得这些施工期混凝土本身和描述混凝土边界热学特性的参数,提高仿真计算精度。

(4)岩锚梁混凝土裂缝成因计算分析和岩锚梁混凝土施工防裂方法。

选择厂房上下游面典型岩锚梁段进行温度和应力的三维数值建模及仿真计算分析,严格考虑和精细、准确地进行岩锚梁浇筑时间、各层浇筑过程、施工缝设置情况、层间间歇时间、模板种类、模板厚度、拆模时间、环境温度、顶面覆盖方法、养护过程、混凝土热学和力学所有特性及其随龄期变化、岩锚梁锚杆作用及内部水管冷却等的有限单元法高仿真度数值模拟,其中在水管导热降温的冷却作用中要准确模拟水管的材质、布置方法、层距、管距、管壁厚、管径、通水时间、通水历时、通水方向、冷却水温、水温沿程变化、流速或流量及其变化等影响因素。

详细给出不同典型施工时段岩锚梁混凝土的施工防裂方法及具体施工防裂措施。

(5)岩锚梁混凝土施工防裂方法指标研究。

对上述典型段岩锚梁分不同典型施工时段给出指导和控制现场混凝土施工及施工质量的指标,其中包括浇筑温度、内外温差、温升幅度、温降速度、基础温差、水管内外温差、保温方法、养护方法、水管冷却各项指标等,以便施工现场能够高标准地实现所有施工防裂措施且又能进行快速安全的施工。

(6)现场1:1比例尺原型岩锚梁段反分析研究。

因问题的复杂性、影响因素多和有些因素会现场随机出现等，对第一施工段岩锚梁进行多温度传感器的跟踪观测与反分析研究，实行现场 1:1比例尺原型岩锚梁施工段的试验研究，及时确定和提高三维仿真计算模型及其相关主要计算参数的准确性，提高研究成果的科学性和可靠性。

(7)岩锚梁施工防裂方法的现场跟踪监评和施工反馈研究。

进行施工现场的动态跟踪监评和进一步确保岩锚梁的安全快速施工，在岩锚梁混凝土的施工过程中，对起控制作用的岩锚梁表面和内部特征点的温度观测资料在第一时间进行现场监评和必要时补充施工反馈仿真计算分析，实现施工过程的动态跟踪和实时性施工反馈监评与研究，完善各后续施工岩锚梁的防裂方法，杜绝裂缝出现。

(8)岩锚梁施工防裂方法及现场施工指标总结。

将在总体上达到岩锚梁不裂，力争完全不裂。在取得成功应用后，及时结合实际施工情况和上述内容丰富的计算、试验和现场观测等研究成果，进行地下厂房岩锚梁裂缝成因、施工防裂方法和现场施工指标的综合分析总结，提出达到成功应用成熟度的“标准化”成果，以便以后在其他工程的施工建设中得到推广应用。

第2章 混凝土温度和应力的仿真计算方法

混凝土仿真计算就是对施工过程、环境条件、材料性质变化和防裂措施等因素进行尽可能精确、细致地数值仿真模拟计算,以得到与实际情况相符合的数值解。混凝土是分层浇筑的,且混凝土的温度计算参数和变形与应力计算参数是随龄期变化的,所以计算时必须充分准确地考虑这些因素对计算的影响。下面按非稳定温度场及应力场的仿真计算分述之。

2.1 混凝土温度场有限单元法求解

2.1.1 不稳定温度场的基本理论

在计算域 R 内任何一点处,不稳定温度场 $T(x,y,z,t)$ 须满足热传导连续方程:

$$\frac{\partial T}{\partial t}=a\left(\frac{\partial^2 T}{\partial x^2}+\frac{\partial^2 T}{\partial y^2}+\frac{\partial^2 T}{\partial z^2}\right)+\frac{\partial \theta}{\partial \tau}\quad (\forall(x,y,z)\in R) \tag{2-1}$$

式中:T 为混凝土温度,℃;a 为导温系数,m^2/h;θ 为绝热温升,℃;τ 为龄期,d;t 为时间,d。

初始条件:

$$T=T(x,y,z,t_0) \tag{2-2}$$

边界条件:计算域 R 内的边界分为以下三类:

(1)第一类为已知温度边界 Γ^1:

$$T(x,y,z,t)=f(x,y,z,t) \tag{2-3}$$

(2)第二类为绝热边界 Γ^2:

$$\frac{\partial T(x,y,z,t)}{\partial n}=0 \tag{2-4}$$

(3)第三类为表面放热边界 Γ^3:

$$-\lambda\frac{\partial T(x,y,z,t)}{\partial n}=\beta[T(x,y,z,t)-T_a(x,y,z,t)] \tag{2-5}$$

式中:β 为混凝土表面放热系数,kJ/(m^2·h·℃);λ 为导热系数,kJ/(m·h·℃);T_a 为环境温度,℃。

2.1.2 不稳定温度场的有限元隐式解法

利用变分原理,不稳定温度场微分控制方程(2-1)在式(2-2)~式(2-5)定解条件下的解等价于如下泛函 $I(T)$ 的极值问题。

$$I(T)=\iiint_R\left\{\frac{1}{2}\left[\left(\frac{\partial T}{\partial x}\right)^2+\left(\frac{\partial T}{\partial y}\right)^2+\left(\frac{\partial T}{\partial z}\right)^2\right]+\frac{1}{a}\left(\frac{\partial T}{\partial t}-\frac{\partial \theta}{\partial \tau}\right)T\right\}\mathrm{d}x\mathrm{d}y\mathrm{d}z+\iint_{\Gamma^3}\frac{\beta}{\lambda}\left(\frac{T}{2}-T_{\mathrm{a}}\right)T\mathrm{d}s \tag{2-6}$$

将区域R用有限元离散后，有：

$$I(T)=\sum_e I^e=\sum_e I_1^e+\sum_e I_2^e \tag{2-7}$$

$$I_1^e=\iiint_R\left\{\frac{1}{2}\left[\left(\frac{\partial T}{\partial x}\right)^2+\left(\frac{\partial T}{\partial y}\right)^2+\left(\frac{\partial T}{\partial z}\right)^2\right]+\frac{1}{a}\left(\frac{\partial T}{\partial t}-\frac{\partial \theta}{\partial t}\right)T\right\}\mathrm{d}x\mathrm{d}y\mathrm{d}z \tag{2-8}$$

$$I_2^e=\iint_{\Gamma^3}\frac{\beta}{\lambda}\left(\frac{T}{2}-T_{\mathrm{a}}\right)T\mathrm{d}s \tag{2-9}$$

在有限单元法中，每个单元内任何一点处的温度插值公式为

$$T=\sum_{i=1}^m N_iT_i \tag{2-10}$$

将式(2-10)代入式(2-6)，由泛函的极值条件$\delta I/\delta T=0$，可得温度场求解的递推方程组，当对时间坐标用向后的差分格式时，有：

$$\left([\boldsymbol{H}]+\frac{1}{\Delta t_n}[R]\right)\{T_{n+1}\}-\frac{1}{\Delta t_n}[R]\{T_n\}+\{\boldsymbol{F}_{n+1}\}=0 \tag{2-11}$$

式中：

$$\boldsymbol{H}_{ij}=\sum_e(h_{ij}^e+g_{ij}^e) \tag{2-12}$$

$$R_{ij}=\sum_e r_{ij}^e \tag{2-13}$$

$$\boldsymbol{F}_i=\sum_e(-f_{ij}^e-p_{ij}^e) \tag{2-14}$$

$$\begin{aligned}h_{ij}^e&=\iiint_{\Delta R_i}\left(\frac{\partial N_i}{\partial x}\frac{\partial N_j}{\partial x}+\frac{\partial N_i}{\partial y}\frac{\partial N_j}{\partial y}+\frac{\partial N_i}{\partial z}\frac{\partial N_j}{\partial z}\right)\mathrm{d}x\mathrm{d}y\mathrm{d}z\\&=\int_{-1}^1\int_{-1}^1\int_{-1}^1\left(\frac{\partial N_i}{\partial x}\frac{\partial N_j}{\partial x}+\frac{\partial N_i}{\partial y}\frac{\partial N_j}{\partial y}+\frac{\partial N_i}{\partial z}\frac{\partial N_j}{\partial z}\right)|J|\mathrm{d}\xi\mathrm{d}\eta\mathrm{d}\zeta\end{aligned} \tag{2-15}$$

$$g_{ij}^e=\frac{\beta}{\lambda}\iint_{\Delta S}N_iN_j\mathrm{d}S=\frac{\beta}{\lambda}\int_{-1}^1\int_{-1}^1 N_iN_j\sqrt{E_\eta E_\zeta-E_{\eta\zeta}^2}\,|_{\xi=\pm1}\mathrm{d}\eta\mathrm{d}\zeta \tag{2-16}$$

$$r_{ij}^e=\iiint_{\Delta R}\frac{1}{a}N_iN_j\mathrm{d}x\mathrm{d}y\mathrm{d}z=\frac{1}{a}\int_{-1}^1\int_{-1}^1\int_{-1}^1 N_iN_j|J|\mathrm{d}\xi\mathrm{d}\eta\mathrm{d}\zeta \tag{2-17}$$

$$f_{ij}^e=\iiint_{\Delta R}\frac{1}{a}\left(\frac{\partial\theta}{\partial\tau}\right)_{t_i}N_i\mathrm{d}x\mathrm{d}y\mathrm{d}z=\frac{1}{a}\left(\frac{\partial\theta}{\partial\tau}\right)_{t_i}\int_{-1}^1\int_{-1}^1\int_{-1}^1 N_i|J|\mathrm{d}\xi\mathrm{d}\eta\mathrm{d}\zeta \tag{2-18}$$

$$p_{ij}^e=\frac{\beta}{\lambda}\iint_{\Delta S}T_{\mathrm{a}}N_i\mathrm{d}S=T_{\mathrm{a}}\frac{\beta}{\lambda}\int_{-1}^1\int_{-1}^1 N_i\sqrt{E_\eta E_\zeta-E_{\eta\zeta}^2}\,\Big|_{\xi=\pm1}\mathrm{d}\eta\mathrm{d}\zeta \tag{2-19}$$

2.2 混凝土应力场的有限单元法求解

2.2.1 应力求解的基本理论

混凝土在复杂应力状态下的应变增量主要包括弹性应变增量、徐变应变增量、温度应变增量、干缩应变增量和自生体积应变增量,因此有:

$$\{\Delta\varepsilon_n\} = \{\Delta\varepsilon_n^e\} + \{\Delta\varepsilon_n^C\} + \{\Delta\varepsilon_n^T\} + \{\Delta\varepsilon_n^S\} + \{\Delta\varepsilon_n^0\} \tag{2-20}$$

式中:$\{\Delta\varepsilon_n^e\}$为混凝土弹性应变增量;$\{\Delta\varepsilon_n^C\}$为徐变应变增量;$\{\Delta\varepsilon_n^T\}$为温度应变增量;$\{\Delta\varepsilon_n^S\}$为干缩应变增量;$\{\Delta\varepsilon_n^0\}$为自生体积应变增量。

混凝土弹性应变增量$\{\Delta\varepsilon_n^e\}$由下式计算:

$$\{\Delta\varepsilon_n^e\} = \frac{1}{E(\bar{\tau}_n)}[Q][\Delta\sigma_n] \quad (\bar{\tau}_n = \frac{\tau_{n-1}+\tau_n}{2}) \tag{2-21}$$

式中:

$$[Q] = \begin{bmatrix} 1 & -\mu & -\mu & 0 & 0 & 0 \\ 0 & 1 & -\mu & 0 & 0 & 0 \\ 0 & 0 & 1 & 0 & 0 & 0 \\ 0 & 0 & 0 & 2(1+\mu) & 0 & 0 \\ 0 & 0 & 0 & -\mu & 2(1+\mu) & 0 \\ 0 & 0 & 0 & -\mu & -\mu & 2(1+\mu) \end{bmatrix} \tag{2-22}$$

混凝土弹性模量$E(\bar{\tau}_n)$一般可用双指数式估算:

$$E(\tau) = E_0(1 - e^{-a\tau^b}) \tag{2-23}$$

式中:E_0为终弹性模量。

混凝土徐变应变增量$\{\Delta\varepsilon_n^C\}$由下式计算:

$$\{\Delta\varepsilon_n^C\} = \{\eta_n\} + C(t_n,\bar{\tau}_n)[Q]\{\Delta\sigma_n\} \tag{2-24}$$

式中:

$$\{\eta_n\} = \sum_s (1 - e^{-r_s\Delta\tau_n})\{\omega_{sn}\} \tag{2-25}$$

$$\{\omega_{sn}\} = \{\omega_{s,n-1}\}e^{-r_s\Delta\tau_{n-1}} + [Q]\{\Delta\sigma_{n-1}\}\Psi_s(\bar{\tau}_{n-1})e^{-0.5r_s\Delta\tau_{n-1}} \tag{2-26}$$

$$C(t_n,\tau_n) = \sum_s \Psi_s(\tau)[1 - e^{-r_s(t-\tau)}] \tag{2-27}$$

混凝土温度应变增量$\{\Delta\varepsilon_n^T\}$由非稳定温度场计算结果求得,求出温度场后可由下式求得:

$$\{\Delta\varepsilon_n^T\} = \{\alpha\Delta T_n, \alpha\Delta T_n, \alpha\Delta T_n, 0, 0, 0\} \tag{2-28}$$

式中:α为混凝土热变形线膨胀系数;ΔT_n为温差。

混凝土干缩应变增量$\{\Delta\varepsilon_n^S\}$由下式计算:

$$\{\varepsilon_n^S\} = \{\varepsilon_0^S\}(1 - e^{-c\tau_n^d}) \tag{2-29}$$

$$\{\Delta\varepsilon_n^S\} = \{\varepsilon_n^S\} - \{\varepsilon_{n-1}^S\} \tag{2-30}$$

式中：$\{\varepsilon_0^S\}$为最终干缩应变。

混凝土自生体积应变增量$\{\Delta\varepsilon_n^0\}$可由试验数据拟合得到，拟合形式大多可采用与干缩应变增量相同的形式。

在任一时刻Δt_i内，由弹性徐变理论的基本假定可得增量形式的物理方程：

$$\{\Delta\sigma_n\} = [\overline{D}_n](\{\Delta\varepsilon_n\} - \{\eta_n\} - \{\Delta\varepsilon_n^T\} - \{\Delta\varepsilon_n^S\} - \{\Delta\varepsilon_n^0\}) \tag{2-31}$$

$$[\overline{D}_n] = \overline{E}_n[Q]^{-1} \tag{2-32}$$

$$[Q]^{-1} = \begin{bmatrix} 1 & \frac{\mu}{1-\mu} & \frac{\mu}{1-\mu} & 0 & 0 & 0 \\ 0 & 1 & \frac{\mu}{1-\mu} & 0 & 0 & 0 \\ 0 & 0 & 1 & 0 & 0 & 0 \\ 0 & 0 & 0 & \frac{1-2\mu}{2(1+\mu)} & 0 & 0 \\ 0 & 0 & 0 & \frac{\mu}{1-\mu} & \frac{1-2\mu}{2(1+\mu)} & 0 \\ 0 & 0 & 0 & \frac{\mu}{1-\mu} & \frac{\mu}{1-\mu} & \frac{1-2\mu}{2(1+\mu)} \end{bmatrix} \tag{2-33}$$

$$\overline{E}_n = \frac{E(\overline{\tau}_n)}{1 + E(\overline{\tau}_n)C(t_n,\overline{\tau}_n)} \tag{2-34}$$

2.2.2 应力场的有限单元法隐式解法

由物理方程、几何方程和平衡方程可得任一时段Δt_i在计算域R_i上的有限元支配方程：

$$[K_i]\{\Delta\delta_i\} = \{\Delta P_i^G\} + \{\Delta P_i^C\} + \{\Delta P_i^T\} + \{\Delta P_i^S\} + \{\Delta P_i^0\} \tag{2-35}$$

式中：$\{\Delta\delta_i\}$为R_i混凝土区域内所有结点 3 个方向上的位移增量；$\{\Delta P_i^G\}$为Δt_i时段内由外荷载引起的等效结点力增量，为变温引起的等效结点力增量；$\{\Delta P_i^C\}$为徐变引起的节点荷载增量；$\{\Delta P_i^T\}$为温度引起的节点荷载增量；$\{\Delta P_i^S\}$为由于干缩引起的等效结点力增量；$\{\Delta P_i^0\}$为自生体积变形引起的等效结点力增量。

由各个单元的叠加得到：

$$\{\Delta P_i^G\} = \sum_e\{\Delta P_i^{Ge}\} = \sum_e\iiint_{\Delta R_i^e}[B]^T[D]\{\Delta\varepsilon^{Ge}\}\mathrm{d}x\mathrm{d}y\mathrm{d}z \tag{2-36}$$

$$\{\Delta P_i^C\} = \sum_e\{\Delta P_i^{Ce}\} = \sum_e\iiint_{\Delta R_i^e}[B]^T[D]\{\eta_n\}\mathrm{d}x\mathrm{d}y\mathrm{d}z \tag{2-37}$$

$$\{\Delta P_i^T\} = \sum_e\{\Delta P_i^{Te}\} = \sum_e\iiint_{\Delta R_i^e}[B]^T[D]\{\Delta\varepsilon^{Te}\}\mathrm{d}x\mathrm{d}y\mathrm{d}z \tag{2-38}$$

$$\{\Delta P_i^{S}\} = \sum_e \{\Delta P_i^{Se}\} = \sum_e \iiint_{\Delta R_i^e} [B]^{T}[D]\{\Delta \varepsilon^{Se}\}\,dxdydz \tag{2-39}$$

$$\{\Delta P_i^{0}\} = \sum_e \{\Delta P_i^{0e}\} = \sum_e \iiint_{\Delta R_i^e} [B]^{T}[D]\{\Delta \varepsilon^{0e}\}\,dxdydz \tag{2-40}$$

劲度矩阵 K_i 由各个单元的劲度矩阵叠加得到：

$$[K_i] = \sum_e [k^e] \tag{2-41}$$

由上述各式即可求得任一时段 Δt_i 内的位移增量 $\Delta\delta_i$，再由式(2-42)可算得 Δt_i 内各个单元的应力增量：

$$[\Delta\sigma_i] = [D][B]\{\Delta\delta_i^e\} - [D](\{\Delta\varepsilon_i^{C}\} + \{\Delta\varepsilon_i^{T}\} + \{\Delta\varepsilon_i^{S}\} + \{\Delta\varepsilon_i^{0}\}) \tag{2-42}$$

将各时段的位移、应力增量累加，即可求得任一时刻计算域的位移场和应力场：

$$\delta_i = \sum_{j=1}^{N} \Delta\delta_j \tag{2-43}$$

$$\sigma_i = \sum_{j=1}^{N} \Delta\sigma_j \tag{2-44}$$

2.3　水管冷却混凝土温度场的有限元迭代求解

2.3.1　水管冷却空间温度场

如图 2-1 所示，混凝土中有冷却水管时，混凝土表面散热与冷却水管的导热同时作用，是一个典型的空间温度场问题，其基本微分方程、初始条件和边界条件等基本理论与 2.1.1 小节所述内容相同，但这里多了一个水管冷却边界。当用金属管时，冷却水管属于强制对流换热，对流换热系数足够大，管壁可近似视为第一类温度边界；否则应视为第三类放热边界，在理论上会更严密些。当为第一类冷却边界 Γ^0（而由于水管材质的区别，Γ^0 有时为第二类冷却边界，有时为第三类冷却边界）（见图 2-1）时，可用下式表示：

$$\Gamma^0 : T = T_w(t) \tag{2-45}$$

式中：Γ^0 为水管边界条件；$T_w(t)$ 为管内冷却水温，沿程变化，且事先只知道其入口水温。

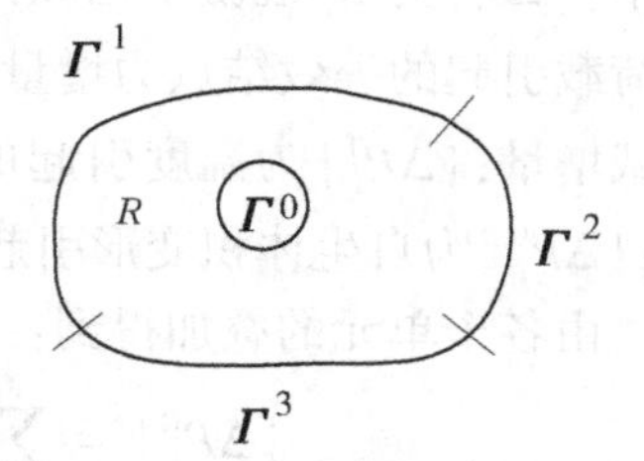

图 2-1　有冷却水管时的温度场边界条件示意

冷却水管大多采用钢管或铝管，近来也常有塑料质水管。当用金属质水管时，采用的水管截面尺寸通常为直径 25.4 mm、壁厚 1.5~1.8 mm，也有大一些的管径。当用金属水管时，由于金属的导热系数远比混凝土大，管厚对冷却效果实际上影响很小，可以忽略不计。因此，在计算中可以认为管壁内外温度相同，即取金属水管的热阻近似为零，而在计算中可忽略管壁的厚度。当用塑料质水管时，当管厚很小时，也可近似地视为第一类冷却边界，计算精度足以满足工程精度的要求；当管厚大时，需将水管视为第三类热交换边界。

根据不稳定温度场有限单元法计算的支配方程(2-11),由 t 时刻的温度场即可求解 $t+\Delta t$ 时刻的温度场。

2.3.2　沿程水温增量的计算

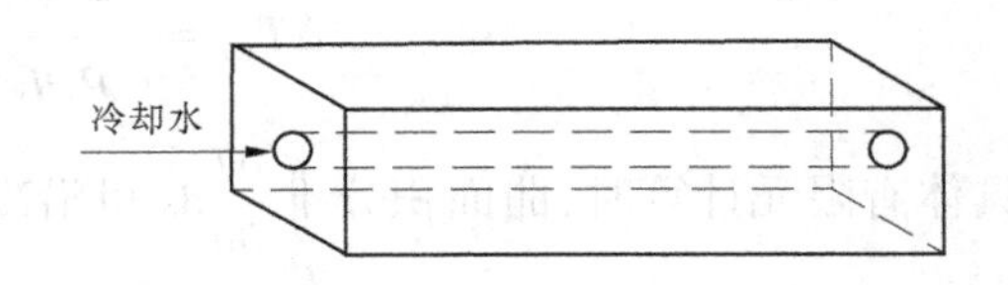

图 2-2　带有冷却水管的混凝土示意

任取一段带有冷却水管的混凝土块元,如图 2-2 所示。

根据傅立叶热传导定律和热量平衡条件,水管壁面单位面积上的热流量为 $q=-\lambda\dfrac{\partial T}{\partial n}$。在图 2-3 中(d$V$ 为水流元体),考察在 dt 时段内在截面 W1 和截面 W2 之间混凝土和管中水流之间的热量交换情况。

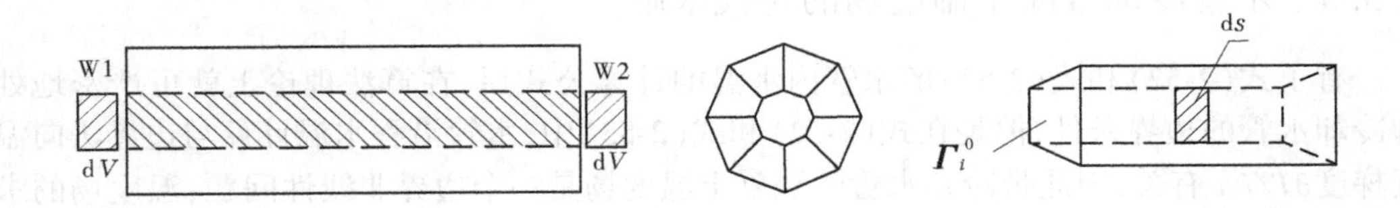

图 2-3　水管冷却水与混凝土之间的热交换示意

(1)经水管壁面 Γ^0 从混凝土向水体释放或吸收的热量为:

$$\mathrm{d}Q_{\mathrm{c}}=\iint_{\Gamma^0}q_i\mathrm{d}s\mathrm{d}t=-\lambda\iint_{\Gamma^0}\frac{\partial T}{\partial n}\mathrm{d}s\mathrm{d}t \tag{2-46}$$

式中:Q 为热量;S 为水管长度。

(2)从水管段元入口断面 W_1 进入管中水体的热量为:

$$\mathrm{d}Q_{\mathrm{W1}}=c_{\mathrm{w}}\rho_{\mathrm{w}}T_{\mathrm{W1}}q_{\mathrm{w}}\mathrm{d}t \tag{2-47}$$

(3)从水管段元出口断面 W_2 从水体流出的热量为:

$$\mathrm{d}Q_{\mathrm{W2}}=c_{\mathrm{w}}\rho_{\mathrm{w}}T_{\mathrm{W2}}q_{\mathrm{w}}\mathrm{d}t \tag{2-48}$$

式中:q_{w}、c_{w} 和 ρ_{w} 分别为冷却水的流量、比热和密度;T_{W1} 和 T_{W2} 分别为水管段元的入口水温和出口水温。

(4)两个截面之间的水体由于增温或降温所增加或减少的热量为:

$$\mathrm{d}Q_{\mathrm{w}}=\int c_{\mathrm{w}}\rho_{\mathrm{w}}\left(\frac{\partial T_{\mathrm{WP}}}{\partial t}\cdot\mathrm{d}t\right)\mathrm{d}V \tag{2-49}$$

式中:T_{WP} 为截面之间水体的温度。

热量的平衡条件为:

$$\mathrm{d}Q_{\mathrm{W2}}=\mathrm{d}Q_{\mathrm{W1}}+\mathrm{d}Q_{\mathrm{C}}-\mathrm{d}Q_{\mathrm{w}} \tag{2-50}$$

将式(2-46)~式(2-49)代入式(2-50),可推得式(2-51):

$$\Delta T_{\mathrm{W}i}=\frac{-\lambda}{c_{\mathrm{w}}\rho_{\mathrm{w}}q_{\mathrm{w}}}\iint_{\Gamma^0}\frac{\partial T}{\partial n}\mathrm{d}s+\frac{1}{q_{\mathrm{w}}}\int\frac{\partial T_{\mathrm{WP}}}{\partial t}\mathrm{d}V \tag{2-51}$$

考虑到水管中水体的体积很小,且通常水管的入口水温与出口水温变化不是很大,对于吊车梁混凝土温控防裂问题而言,式(2-51)可简化为:

$$\Delta T_{\mathrm{W}i} = \frac{-\lambda}{c_{\mathrm{w}}\rho_{\mathrm{w}}q_{\mathrm{w}}}\iint_{\Gamma^0}\frac{\partial T}{\partial n}\mathrm{d}s \tag{2-52}$$

具体有限元计算时,曲面积分 $\iint_{\Gamma^0}\frac{\partial T}{\partial n}\mathrm{d}s$ 可沿冷却水管外缘面逐个混凝土单元地作高斯数值积分。

由于冷却水的入口温度已知,利用式(2-52),对每一根冷却水管沿水流方向可以逐段推求沿程管内水体的温度。设某一根冷却水管共分成 m 段,入口水温为 T_{W0},第 i 段内水温增量为 $\Delta T_{\mathrm{W}i}$,则显然有

$$T_{\mathrm{W}i} = T_{\mathrm{W0}} + \sum_{j=1}^{i}\Delta T_{\mathrm{W}j} \quad (i = 1,2,3,\cdots,m) \tag{2-53}$$

2.3.3 水管冷却混凝土温度场的迭代求解

有了式(2-52)和式(2-53)的水管内水温的计算公式后,在算法理论上就可严密地处理冷却水管的边界条件,但是在式(2-52)和式(2-53)中,水管沿程水温计算与边界法向温度梯度 $\partial T/\partial n$ 有关,因此带冷却水管的混凝土温度场是一个边界非线性问题,温度场的求解无法一步得出,必须采用数值迭代解法逐步逼近真解。此外,当采用塑料质水管时,水管冷却边界应为第三类放热边界。

第一次迭代时可先假定整根冷却水管的沿程初始水温均等于冷却水的入口温度,由式(2-11)求得混凝土温度场的解后,用式(2-52)和式(2-53)得到水管的沿程水温;再以此水温作为水管中各处水体的初始水温,重复上述过程,直到混凝土温度场和水管中冷却水温都收敛于稳定值,迭代结束。大量工程实例计算表明,本方法具有很好的收敛性。

2.4 有限元仿真计算的单元形式

对计算域 R 采用两种等参单元进行剖分:8 结点六面体等参单元和 6 结点五面体等参单元。

8 结点六面体等参单元的形函数为:

$$N_i = \frac{1}{8}(1 + \xi_i\xi)(1 + \eta_i\eta)(1 + \zeta_i\zeta) \quad i = 1,2,\cdots,8 \tag{2-54}$$

式中:ξ_i,η_i,ζ_i 为单元 8 个结点的局部坐标。

6 结点五面体等参单元的形函数为:

$$N_1 = \frac{1}{2}(1 + \zeta)(1 - \xi - \eta) \tag{2-55a}$$

$$N_2 = \frac{1}{2}(1 + \zeta)\xi \tag{2-55b}$$

$$N_3 = \frac{1}{2}(1 + \zeta)\eta \tag{2-55c}$$

$$N_4 = \frac{1}{2}(1-\zeta)(1-\xi-\eta) \tag{2-55d}$$

$$N_5 = \frac{1}{2}(1-\zeta)\xi \tag{2-55e}$$

$$N_6 = \frac{1}{2}(1-\zeta)\eta \tag{2-55f}$$

因有 6 结点五面体填充单元,可以较好地模拟计算域各种复杂形状的结构。

第3章 混凝土热学参数反演原理与方法

混凝土结构温度场和应力场的仿真计算受诸多因素的影响,其中之一就是施工材料特性参数的实际模拟。不同混凝土结构的导温系数 α、导热系数 λ、表面放热系数 β 和绝热温升 θ 都是不同的,而且同样一种混凝土结构由于环境条件(包括温度、湿度和风速等)的不同,其实际热力学参数值也可能不一样。为了使混凝土温度场和应力场的仿真计算模型能更好地反映实际情况,通过试验或必要的数值计算求得具体工程在不同环境条件下的各项热力学参数是很必要的,本书运用改进加速遗传算法对相关参数进行反演计算。

3.1 参数辨识方法

根据问题的性质和寻找准则函数极值点算法的不同,参数辨识法可分为正法和逆法,正法和逆法都是寻求准则函数的极小点,但寻求的算法不一样。正法比逆法具有更广泛的适用性,它既适用于模型输出时参数的线性函数的情形,也适用于非线性的情况。其基本思路为首先对待求参数指定初值,然后计算模型输出值,并和输出量测值比较。如果吻合良好,则假设的参数初值就是要找的参数值,否则修改参数值,重新计算模型输出值,再和量测值进行比较直到准则函数达到极小值,此时的参数值即为所要求的值。其中,模式搜索法(也称步长加速法)、变量轮换法、单纯形法、鲍威尔法等都是最优化技术中广泛应用的正法中的直接法。逆法需要有较明确的解析解,而正法可以采取数值解法,在实际运用中用得更为广泛。

3.2 遗传算法原理

对于一个求函数最小值的优化问题(求函数最大值也类同),一般可描述为下述数学规划模型:

$$\min \quad f(X) \tag{3-1}$$

$$\text{s.t.} \begin{cases} X \in R \\ R \subseteq U \end{cases} \tag{3-2}$$

式中:X 为决策变量,$X=[x_1,x_2,\cdots,x_n]^{\mathrm{T}}$;$f(X)$ 为目标函数,式(3-2)为约束条件;U 为基本空间;R 为 U 的一个子集。

满足约束的解 X 称为可行解,集合 R 表示由所有满足约束条件的解所组成的一个集合,叫作可行解集合。

对于上述最优化问题,目标函数和约束条件种类繁多,有的是线性的,有的是非线性的;有的是连续的,有的是离散的;有的是单峰值的,有的是多峰值的。随着研究的深入,人们逐渐认识到在很多复杂情况下要想完全精确地求出其最优解既不可能,也不现实,因而求出其近似最优解或满意解是人们的主要着眼点之一。

遗传算法为解决最优化问题提供了一个有效的途径和通用框架,开创了一种新的全局优化搜索算法。遗传算法中,将 n 维决策向量 $\boldsymbol{X}=[x_1,x_2,\cdots,x_n]^{\mathrm{T}}$ 用 n 个记号 $X_i(i=1,2,\cdots,n)$ 所组成的符号串 X 来表示:

$$X = X_1X_2\cdots X_n \Rightarrow \boldsymbol{X} = [x_1,x_2,\cdots,x_n]^{\mathrm{T}}$$

把每一个 X_i 看作一个基因,它的所有可能取值称为等位基因,这样,X 就可看作是由 n 个基因所组成的一个染色体。一般情况下,染色体长度 n 是固定的,但对一些问题 n 也可以是变化的。根据不同的情况,这里的等位基因可以是一组整数,也可以是某一范围内的实数值,或者是纯粹的一个记号。最简单的等位基因是由 0 和 1 这两个整数组成的,相应的染色体就表示为一个二进制符号串。这种编码所形成的排列形式 X 是个体的基因型,与它对应的 X 值是个体的表现型。通常个体的表现型和其基因型是一一对应的,但有时也允许基因型和表现型是多对一的关系。染色体 X 也称为个体 X,对于每一个个体 X,要按照一定的规则确定出其适应度。个体的适应度与其对应的个体表现型 X 的目标函数值相关联,X 越接近目标函数的最优点,其适应度越大;反之,其适应度越小。

遗传算法中,决策变量 X 组成了问题的解空间。对问题最优解的搜索是通过对染色体 X 的搜索过程来进行的,从而所有的染色体 X 就组成了问题的搜索空间。

生物的进化是以集团为主体的。与此相对应,遗传算法的运动对象是由 M 个个体所组成的集合,称为种群。与生物一代一代的自然进化过程相类似,遗传算法的运算过程也是一个反复迭代过程,第 t 代种群记作 $P(t)$,经过一代遗传和进化后,得到第 $t+1$ 代种群,它们也是由多个个体组成的集合,记作 $P(t+1)$。这个群体不断地经过遗传和进化操作,并且每次都按照优胜劣汰的规则将适应度较高的个体更多地遗传到下一代,这样最终在群体中将会得到一个优良的个体 X,它所对应的表现型 X 将达到或接近于问题的最优解 X^*。

生物的进化过程主要是通过染色体之间的交叉和染色体的变异来完成的。与此相对应,遗传算法中最优解的搜索过程也模仿生物的这个进化过程,使得所谓的遗传算子作用于种群 $P(t)$ 中,从而得到新一代种群 $P(t+1)$。

(1)选择:根据各个个体的适应度,按照一定的规则或方法,从第 t 代种群 $P(t)$ 中选择出一些优良的个体遗传到下一代种群 $P(t+1)$ 中。

(2)交叉:将种群 $P(t)$ 内的各个个体随机搭配成对,对每一对个体,以某个概率(称为交叉概率)交换它们之间的部分染色体。

(3)变异:对种群 $P(t)$ 中的每一个个体,以某一概率(称为变异概率)改变某一个或某一些基因座上的基因值为其他的等位基因。

3.3 基本遗传算法

3.3.1 编码

遗传算法中表示参数向量结构的常用编码方式有3种,即二进制编码、格雷编码和浮点编码。3种编码方式相比,浮点编码长度等于参数向量的维数,达到同等精度要求的情况下,编码长度远小于二进制编码和格雷编码,并且浮点编码使用计算变量的真实值,无须数据转换,便于运用,因此本书采用浮点编码方式。

3.3.2 初始化过程

设 n 为初始种群数目,随机产生 n 个初始染色体。对于一般反分析问题,很难给出解析的初始染色体,通常采用以下方法:给定的可行集 $\Phi=\{\phi_1,\phi_2,\cdots,\phi_m)\mid\phi_k\in[a_k,b_k],k=1,2,\cdots,m\}$。其中,$m$ 为染色体基因数,即本书中的反分析参数个数,$[a_k,b_k]$ 是向量 $(\phi_1,\phi_2,\cdots,\phi_m)$ 第 k 维参变量 ϕ_k 的限制条件。在可行集 Φ 中选择一个合适内点 V_0,并定义大数 M,在 R^m 中取一个随机单位方向向量 $\boldsymbol{D}$,即 $\|\boldsymbol{D}\|=1$,记 $V=V_0+M\cdot D$,若 $V\in\Phi$,则 V 为一合格的染色体,若 $V\notin\Phi$,取 M 为0和 M 之间的一个随机数,至 $V\in\Phi$。重复上述过程 n 次,获取 n 个合格的初始染色体 $V_1,V_2,\cdots,V_n$。

3.3.3 构造适应度函数

构造适应度函数是遗传进化运算的关键,应根据具体的问题构造合适的适应度评价函数,关键是引导遗传进化运算向获取优化问题的最优解方向进行。本书建立基于序的适应度评价函数,让染色体 $V_1,V_2,\cdots,V_n$ 按个体目标函数值的大小降序排列,使得适应性强的染色体被选择产生后代的概率更大。设 $\alpha\in(0,1)$,定义基于序的适应度评价函数:

$$\text{eval}(V_i)=\alpha(1-\alpha)^{i-1}\quad(i=1,2,\cdots,n)\tag{3-3}$$

3.3.4 选择算子

本书采用回放式随机采样方式,以旋转赌轮 n 为基础,每次旋转都以建立的适应度评价函数为基础,为子代种群选择一个染色体。具体操作过程如下:

(1)计算累积概率 $p_i, p_i=\sum_{j=1}^{i}\text{eval}(V_j), (i=1,2,\cdots,n), p_0=0$;

(2)从区间$(0,p_n)$中产生一个随机数 θ;

(3)若 $\theta \in (p_{i-1},p_i)$,则选择 V_i 进入子代种群;

(4)重复(2)、(3)共 n 次,从而得到子代种群所需的 n 个染色体。

3.3.5 交叉算子

交叉算子是使种群产生新个体的主要方法,其作用是在不过多破坏种群优良个体的基础上,有效产生一些较好个体。本书采用线性交叉的方式,依据交叉概率 p_c 随机产生父代个体,并两两配对,对任一组参与交叉的父代个体(V_i^l, V_j^l),产生的子代个体(V_i^{l+1}, V_j^{l+1})为

$$\left.\begin{aligned} V_i^{l+1} &= \lambda V_j^l + (1-\lambda) V_i^l \\ V_j^{l+1} &= \lambda V_i^l + (1-\lambda) V_j^l \end{aligned}\right\} \tag{3-4}$$

式中:λ 为进化变量,由进化代数决定,$\lambda \in (0,1)$;l 为进化代数。

3.3.6 变异算子

变异算子的主要作用是改善算法的局部搜索能力,维持种群的多样性,防止出现早熟现象,本书采用非均匀算子进行种群变异运算。依据变异概率 p_m 随机参与变异的父代个体 $V_i^l=(v_1^l, v_2^l, \cdots, v_m^l)$,对每个参与变异的基因 v_k^l,若该基因的变化范围为$[a_k, b_k]$,则变异基因值 v_k^{l+1} 由下式决定:

$$v_k^{l+1} = \begin{cases} v_k^l + f(l, b_k - \delta_k), \text{rand}(0,1)=0 \\ v_k^l + f(l, \delta_k - a_k), \text{rand}(0,1)=1 \end{cases} \tag{3-5}$$

式中:rand(0,1)为以相同概率从{0,1}中随机取值;δ_k 为第 k 个基因微小扰动量;$f(l,x)$为非均匀随机分布函数,按下式定义:

$$f(l,x) = x(1-\gamma^{\mu(1-l/L)}) \tag{3-6}$$

式中:x 为布函数参变量;γ 为(0,1)区间上的随机数;μ 为系统参数,本书取 $\mu=2.0$;L 为允许最大进化代数。

3.4 加速遗传算法

遗传算法从可行解集组成的初始种群出发,同时使用多个可行解进行选择、交叉和变异等随机操作,使得遗传算法在隐含并行多点搜索中具备很强的全局搜索能力。也正因为如此,基本遗传算法的局部搜索能力较差,对搜索空间变化适应能力差,并且易出现早熟现象。为了在一定程度上克服上述缺陷,控制进化代数,降低计算工作量,需要引入加

速遗传算法。加速遗传算法是在基本遗传算法的基础上,利用最近两代进化操作产生的优秀个体的最大变化区间重新确定基因的限制条件,重新生成初始种群,再进行遗传进化运算。如此循环,可以进一步充分利用进化迭代产生的优秀个体,快速压缩初始种群基因控制区间的大小,提高遗传算法的运算效率。

3.5 改进加速遗传算法

加速遗传算法和基本遗传算法相比,虽然进化迭代的速度和效率有所提高,但并没有从根本上解决算法局部搜索能力低及早熟收敛的问题,另外,基本遗传算法及加速遗传算法都未能解决存优的问题。因此,本书在此基础上提出了改进加速遗传算法,改进加速遗传算法的核心:一是按适应度对染色体进行分类操作,分别按比例 x_1、x_2、x_3 将染色体分为最优染色体、普通染色体和最劣染色体,$x_1+x_2+x_3=1$,一般 $x_1\leqslant 5\%$、$x_2\leqslant 85\%$、$x_3\leqslant 10\%$,取值和进化代数 l 有关,最优染色体直接复制,普通染色体参与交叉运算,最劣染色体参与变异运算,从而产生拟子代种群,这主要解决存优问题及提高算法的局部搜索能力;二是引入小生境淘汰操作,先将分类操作前记忆的前 NR 个个体和拟子代种群合并,再对新种群两两比较海明距离,令 NT=NR+n,定义海明距离:

$$s_{ij} = \| V_i - V_j \| = \sqrt{\sum_{k=1}^{m} (v_{ik} - v_{jk})^2} \quad (i = 1,2,\cdots,\mathrm{NT} - 1;\ j = i + 1,\cdots,\mathrm{NT}) \tag{3-7}$$

设定 S 为控制阈值,若 $s_{ij}<S$,比较$\{V_i,V_j\}$个体间适应度大小,对适应度较小的个体处以较大的罚函数,极大地降低其适应度,这样受到惩罚的个体在后面的进化过程中被淘汰的概率极大,从而保持种群的多样性,消除早熟收敛现象。

另外,本书对通常的种群收敛判别条件提出改进,设第 l 代和第 $l+1$ 代运算并经过优劣降序排列后前 NS 个[一般取 NS=(5%~10%)n]个体目标函数值分别为 $f_1^l, f_2^l, \cdots, f_{\mathrm{NS}}^l$ 和 $f_1^{l+1}, f_2^{l+1}, \cdots, f_{\mathrm{NS}}^{l+1}$,记

$$\mathrm{EPS} = n_1 \tilde{f}_1 + n_2 \tilde{f}_2 \tag{3-8}$$

$$\tilde{f}_1 = \left| \mathrm{NS} \cdot f_1^{l+1} - \sum_{j=1}^{\mathrm{NS}} f_j^{l+1} \right| / (\mathrm{NS} \cdot f_1^{l+1})$$

$$\tilde{f}_2 = \sum_{j=1}^{\mathrm{NS}} \left| (f_j^{l+1} - f_j^l) / f_j^{l+1} \right|$$

式中:n_1 为同一代种群早熟收敛指标控制系数;n_2 为不同进化代种群进化收敛控制系数。

根据这一改进的加速遗传算法,编制了相应的温度场热学参数反分析计算程序,图 3-1 为其算法流程。

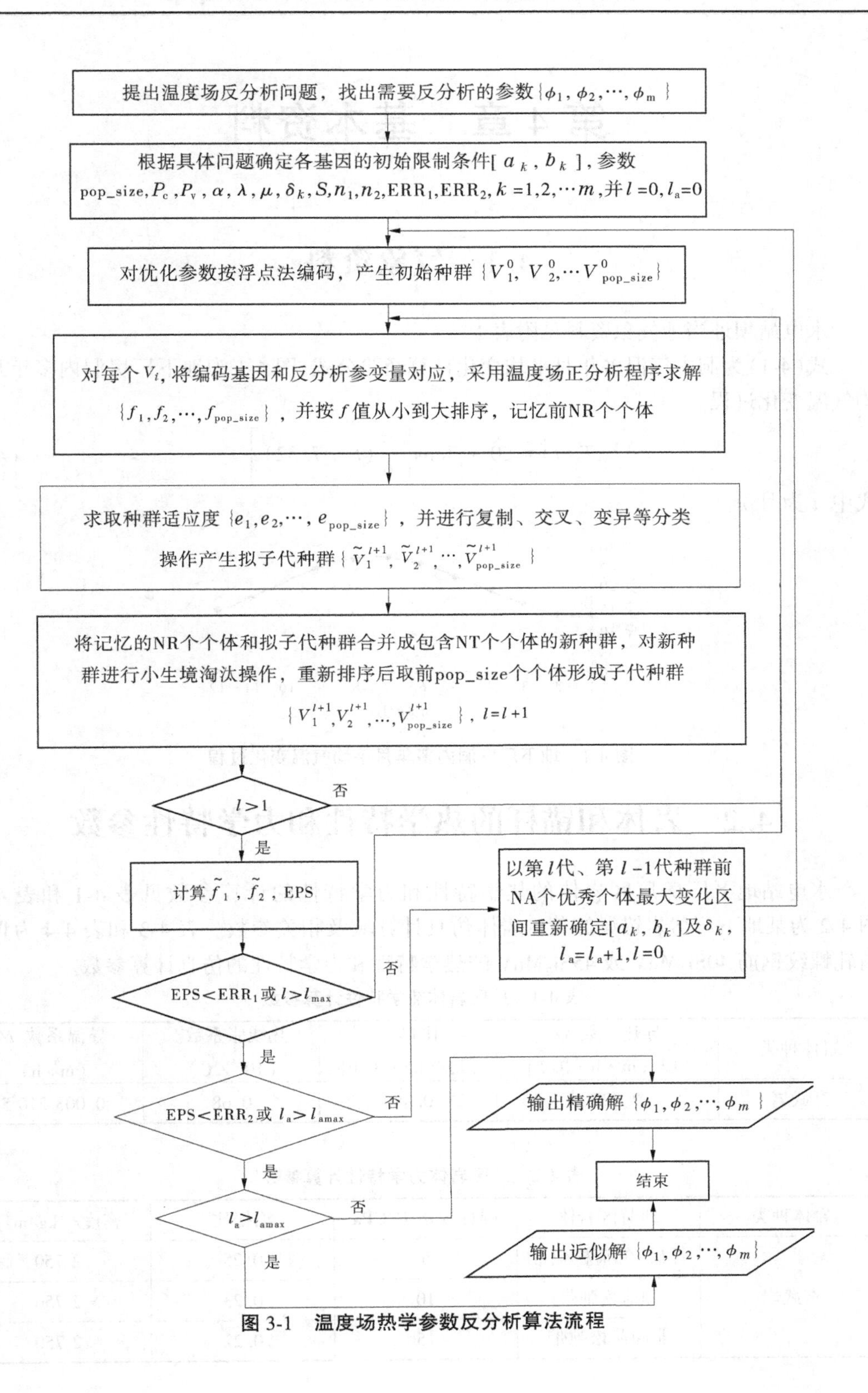

图 3-1　温度场热学参数反分析算法流程

第 4 章　基本资料

4.1　气象资料

水电站坝址当地气象资料见附表 1。

式(4-1)为洞内气温多年月平均变化计算经验公式,图 4-1 为地下厂房洞内多年月平均气温变化过程。

$$T_a(t) = 20 + 7\cos\left[\frac{\pi}{6}(t - 7.32)\right] \tag{4-1}$$

式中:t 为月份。

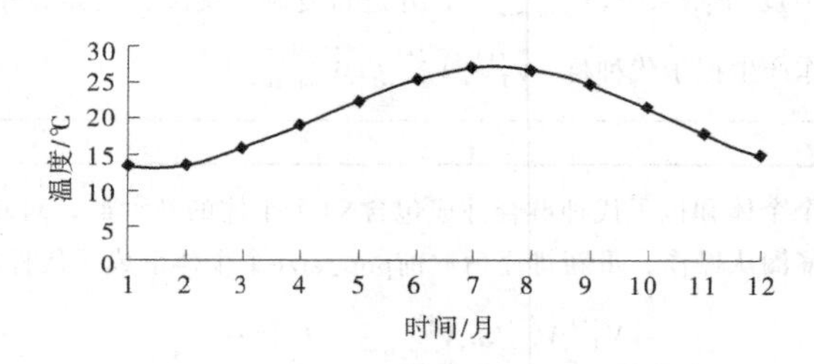

图 4-1　地下厂房洞内多年月平均气温变化过程

4.2　岩体和锚杆的热学特性和力学特性参数

水电站地下厂房厂区岩体的热学特性和力学特性的计算参数见表 4-1 和表 4-2。图 4-2 为某地下厂房岩锚梁卸荷区岩体仿真计算域及相关参数。表 4-3 和表 4-4 为Ⅳ级精轧螺纹钢筋 $40Si_2MnV$ 或 $45Si_2MnV$ 的热学特性和力学特性的仿真计算参数。

表 4-1　厂区岩体热学特性计算参数

岩体种类	导热系数 λ/[kJ/(m·h·℃)]	比热 c/[kJ/(kg·℃)]	热线胀系数/(10^{-5}/℃)	导温系数 a/(m^2/h)
玄武岩	7.837 2	0.886	0.68	0.003 216 5

表 4-2　厂区岩体力学特性计算参数

岩体种类	卸荷区岩体	弹性模量 E/GPa	泊松比	密度/(kg/m^3)
玄武岩	爆破-卸荷松弛带	5	0.25	2 750
	卸荷松弛带	10	0.23	2 750
	非卸荷松弛带	15	0.22	2 750

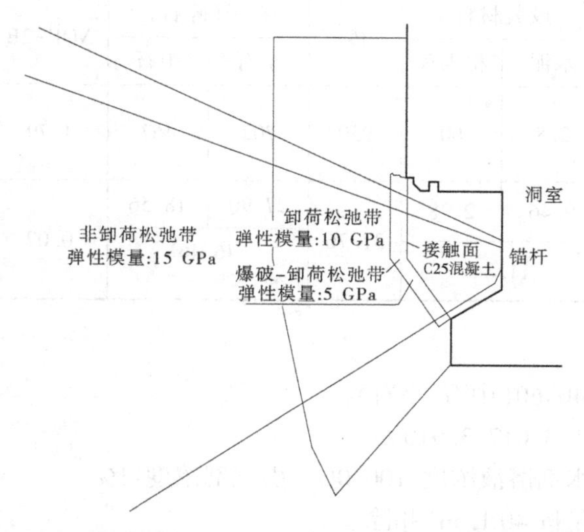

图 4-2　某地下厂房岩锚梁卸荷区岩体仿真计算及相关参数

表 4-3　锚杆热学特性计算参数

锚杆类型		导热系数 λ/[kJ/(m·h·℃)]	比热 c/[kJ/(kg·℃)]	热线胀系数/(10^{-5}/℃)	导温系数 a/(m^2/h)
A	Ⅳ级精轧螺纹钢筋 $40Si_2MnV$ 或 $45Si_2MnV$	163.29	0.46	1.65	0.045 22
B		163.29	0.46	1.65	0.045 22

表 4-4　锚杆力学特性计算参数

锚杆类型		弹性模量 E/GPa	泊松比	密度/(kg/m^3)
A	Ⅳ级精轧螺纹钢筋 $40Si_2MnV$ 或 $45Si_2MnV$	200	0.25	7 850
B		200	0.25	7 850

4.3　混凝土配合比

岩锚梁混凝土的配合比及原材料情况如表 4-5 和表 4-6 所示。

表 4-5　岩锚梁混凝土配合比

强度等级	种类	水泥等级	外加剂 NOF-2B/%	引气剂 NOF-AE/(1/万)	粉煤灰/%	水胶比	砂率/%
C25	泵送	42.5	0.6	0.8	20	0.49	44

表 4-6 岩锚梁混凝土原材料

<table>
<tr><th rowspan="2">材料</th><th rowspan="2">水</th><th colspan="2">胶凝材料</th><th rowspan="2">砂</th><th colspan="2">石子(碎石)</th><th rowspan="2">NOF-2B</th><th rowspan="2">NOF-AE</th><th rowspan="2">总计</th></tr>
<tr><th>水泥</th><th>粉煤灰</th><th>小石</th><th>中石</th></tr>
<tr><td>实际用量/(kg/m^3)</td><td>95</td><td>238</td><td>60</td><td>950</td><td>702</td><td>467</td><td>1.79</td><td>2.38</td><td>2 516.17</td></tr>
<tr><td rowspan="2">百分比/%</td><td rowspan="2">3.78</td><td>9.46</td><td>2.38</td><td rowspan="2">37.76</td><td>27.90</td><td>18.56</td><td rowspan="2">0.07</td><td rowspan="2">0.09</td><td rowspan="2">100.00</td></tr>
<tr><td colspan="2">11.84</td><td colspan="2">46.46</td></tr>
</table>

说明:

(1)石子级配为 40:60(中石:小石)。

(2)施工配合比 1:3.017:3.910。

(3)缓凝高效减水剂溶液浓度:100.0%,引气剂浓度:1%。

(4)混凝土含气量按 40 L/m^3 扣除。

(5)混凝土坍落度控制在 120~140 mm。

(6)混凝土粉煤灰采用重庆珞璜Ⅱ级灰。

(7)混凝土水泥采用峨胜中热 P·MH42.5 水泥。

4.4 混凝土仿真计算资料

表 4-7 和表 4-8 为初步设计的混凝土仿真计算特性参数。图 4-3~图 4-6 分别为混凝土绝热温升、允许抗拉强度、弹性模量和自生体积变形历时曲线。

表 4-7 初步设计的混凝土仿真计算特性参数(一)

导热系数 λ/[kJ/(m·h·℃)]	比热 c/[kJ/(kg·℃)]	导温系数 a/(m^2/h)	热线胀系数 α/(10^{-6}/℃)	最终绝热温升 θ_0/℃
9.686 8	0.874	0.004 34	8.5	39.50

表 4-8 初步设计的混凝土仿真计算特性参数(二)

最终弹性模量 E_0/GPa	泊松比 μ	密度 ρ/(kg/m^3)	防裂安全系数 k
29.4	0.167	2 516.17	2.0

混凝土绝热温升模型:$\theta(\tau)=39.50\times(1-e^{-1.06\tau^{0.79}})$,℃。

允许抗拉强度(经验公式):$\sigma_s(\tau)=\dfrac{2.5}{2}\times(1-e^{-0.52\tau^{0.69}})$,MPa。

混凝土弹性模量表达式:$E(\tau)=29\ 411\times(1-e^{-0.58\tau^{0.76}})$,MPa。

混凝土自生体积变形计算公式：$\varepsilon(\tau)=60\times(1-e^{-0.55\tau^{1.02}})\times10^{-6}$。

混凝土徐变度：$C(t,\tau)=\dfrac{0.23}{29\ 411}\times(1+9.20\times\tau^{-0.45})\times(1-e^{-0.30(t-\tau)})+\dfrac{0.52}{29\ 411}\times(1+1.70\tau^{-0.45})(1-e^{-0.005\,0(t-\tau)})$。

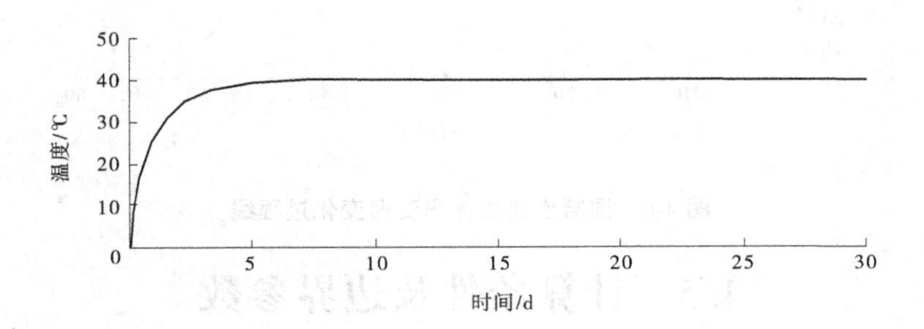

图 4-3　混凝土绝热温升过程曲线

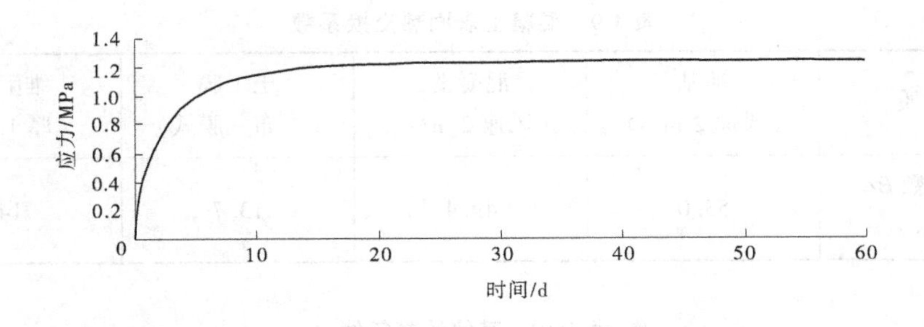

图 4-4　混凝土允许抗拉强度变化过程

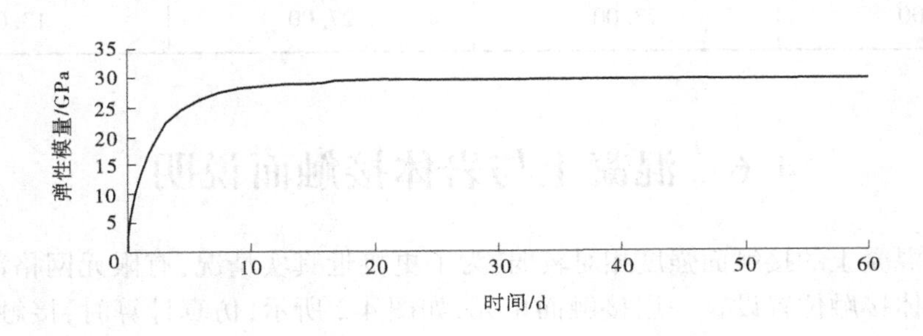

图 4-5　混凝土弹性模量变化过程线

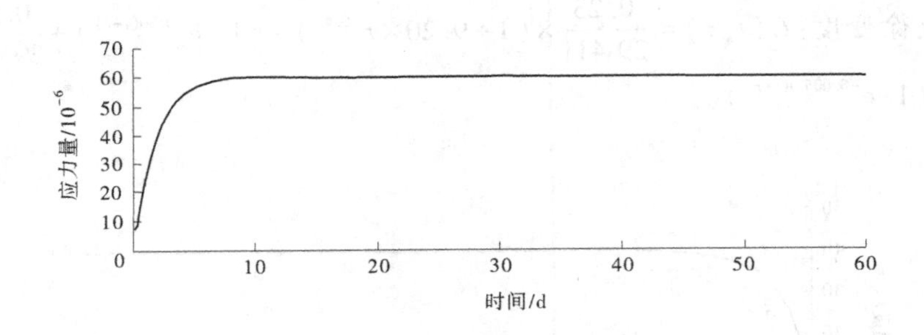

图 4-6　混凝土自生体积变形变化过程线

4.5　计算条件及边界参数

不同物理条件下，混凝土温度场和应力场仿真计算初步设计的表面热交换系数见表 4-9。仿真计算时拟定的冷却水管进口水温、浇筑温度、洞内年最高气温和最低气温见表 4-10。

表 4-9　混凝土表面热交换系数

边界性质	地基（风速 2 m/s）	混凝土（风速 2 m/s）	土工膜（一布一膜式）	维萨模板（厚 1.8 cm）
热交换系数 β/[kJ/(m²·h·℃)]	53.0	49.4	13.7	14.3

表 4-10　其他计算条件

冷却水管进口水温 T_w/℃	浇筑温度 T_j/℃	洞内气温 T_d/℃	
		最高（7 月）	最低（1 月）
16.00	23.00	27.00	13.00

4.6　混凝土与岩体接触面说明

岩体与混凝土的接触面强度相对较弱，为了更接近真实情况，有限元网格剖分时，在混凝土与岩体接触位置设置一层接触面单元，如图 4-2 所示，仿真计算时，接触面单元强度取岩锚梁混凝土的一半，其余特性均与岩锚梁混凝土相同。

第 5 章　计算模型

5.1　有限元模型

图 5-1 为岩锚梁整体网格计算模型。模型以岩锚梁 12.47 m 的最长施工段为研究对象,考虑锚杆的影响。地基计算域取横向深度 20.0 m,纵向深度 24.0 m。模型节点总数 35 784,空间 8 节点六面体等参单元总数 32 411。坐标原点位于岩锚梁下部三角区域一侧底端点(见图 5-2)。

计算温度场时,初始地基温度取当地多年平均地面气温,为 21.2 ℃;计算应力场时,厂房的临空岩面自由,其他面受法向约束。

梁内锚杆间距 0.70 m,两侧锚杆距梁的边界约为 0.35 m。图 5-2 和图 5-3 分别为整体网格中岩锚梁的网格模型和梁内锚杆网格模型。

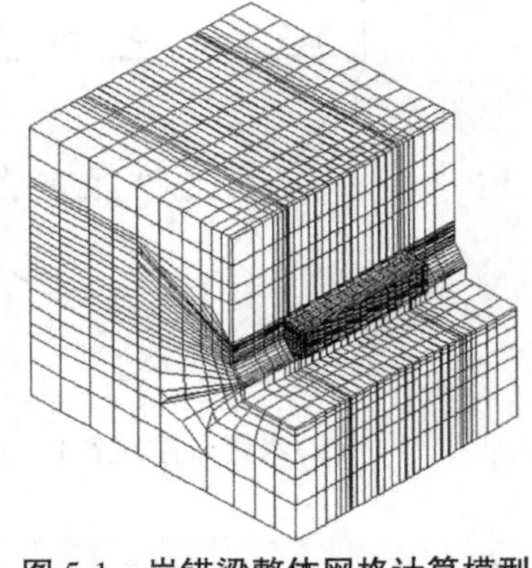

图 5-1　岩锚梁整体网格计算模型

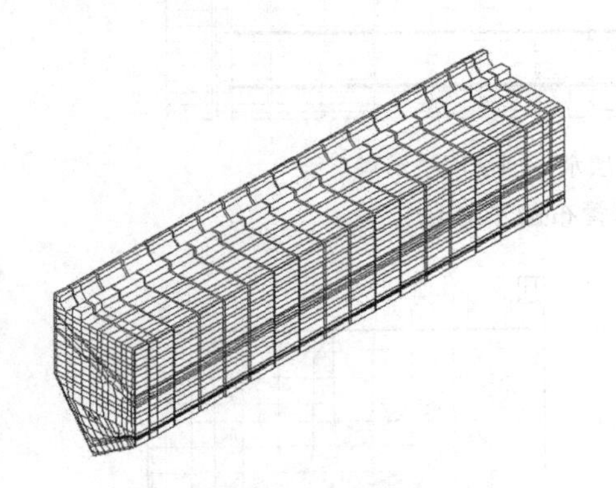

图 5-2　岩锚梁的网格模型

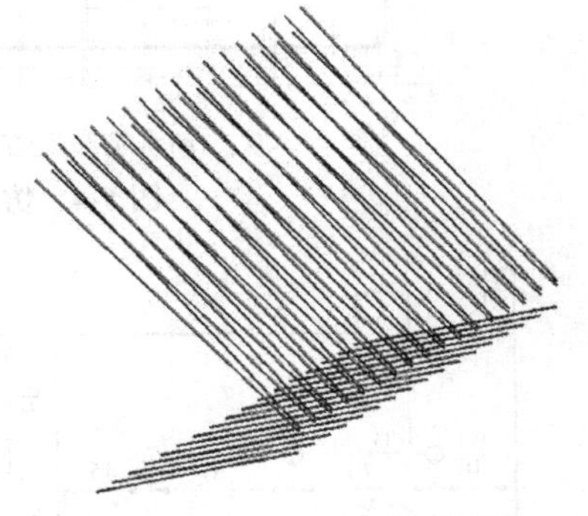

图 5-3　梁内锚杆的网格模型

5.2　水管布置

仿真计算水管布置采用方案Ⅰ、Ⅱ和Ⅲ三种方案,如图 5-4(a)为初始方案;图 5-4(b)和图 5-4(c)分别是根据该方案的要求在计算网格中的剖分和显示形式。图 5-5(a)和图 5-6(a)是根据仿真计算结果分析,对布置方案Ⅰ进行改进后的水管布置形式。在与锚杆布置不冲突的前提下,方案Ⅱ在高温区增加了 1 根水管,在低温区减少了 1 根水管,并将原中间一排的水管下移 5 cm;方案Ⅲ则是在方案Ⅱ的基础上将第一排水管减少为 2 根水管,并下移 10 cm,高温区水管的两边水管上移约 20 cm,低温区继续减少为 1 根水管,外圈水管类似五边形,图 5-5(b)和图 5-6(b)分别为这两种水管布置的网格剖分形式。仿真计算时三种水管的立体网格模型分别如图 5-7~图 5-9 所示。

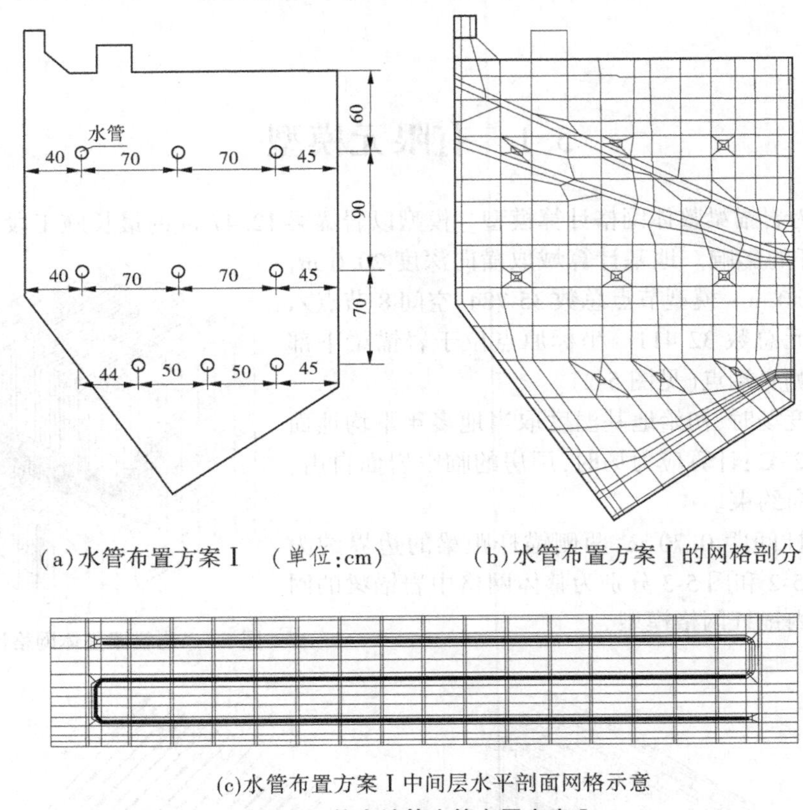

图 5-4　仿真计算水管布置方案Ⅰ

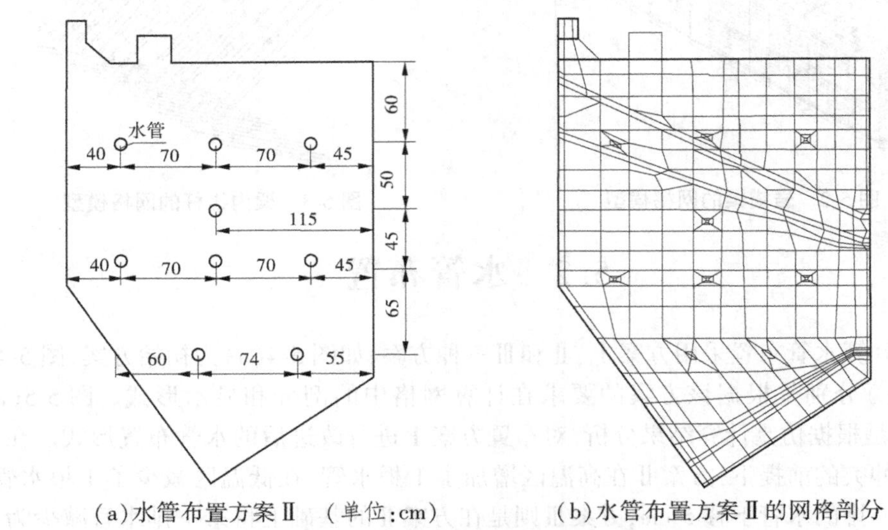

图 5-5　仿真计算水管布置方案Ⅱ

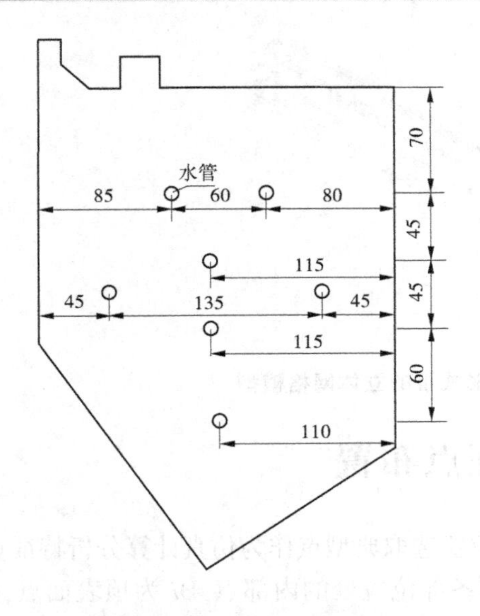

(a)水管布置方案Ⅲ（单位:cm）

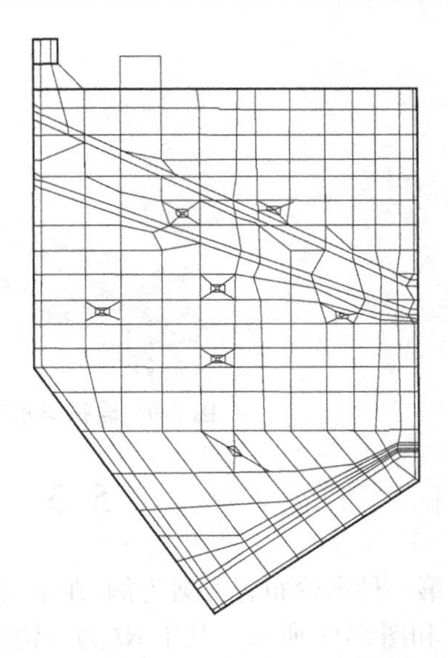

(b)水管布置方案Ⅲ的网格剖分

图5-6　仿真计算水管布置方案Ⅲ

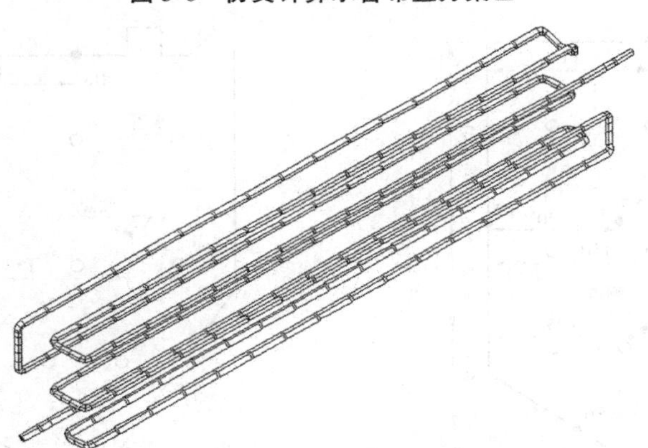

图5-7　岩锚梁水管布置形式Ⅰ的立体网格模型

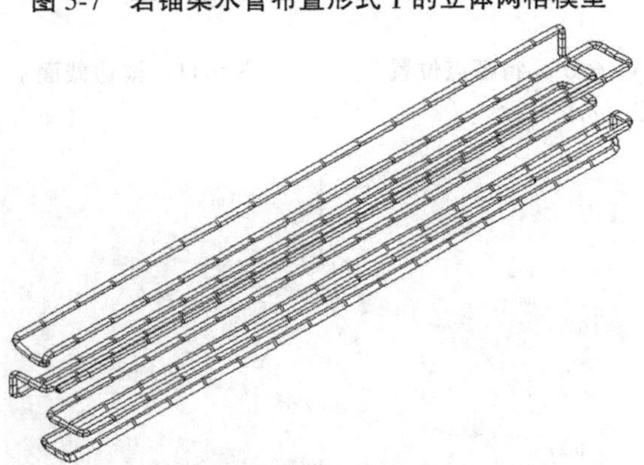

图5-8　岩锚梁水管布置形式Ⅱ的立体网格模型

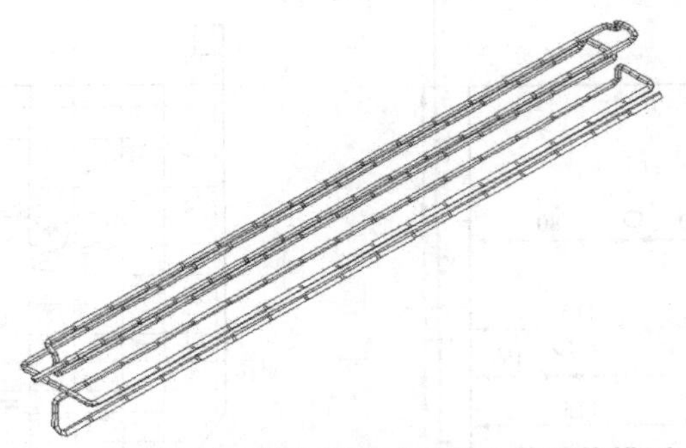

图 5-9 岩锚梁水管布置形式Ⅲ的立体网格模型

5.3 特征点布置

以第一种水管布置方案为例,在梁内多个位置选取典型点作为仿真计算分析特征点,如图 5-10 和图 5-11 所示。其中 N*i* 为岩锚梁不同各部位置处的内部点,D*i* 为顶表面点,C*i* 为侧表面点,S*i* 为底表面点,"*i*"表示特征点号。计算结果分析所用特征剖面见图 5-12。

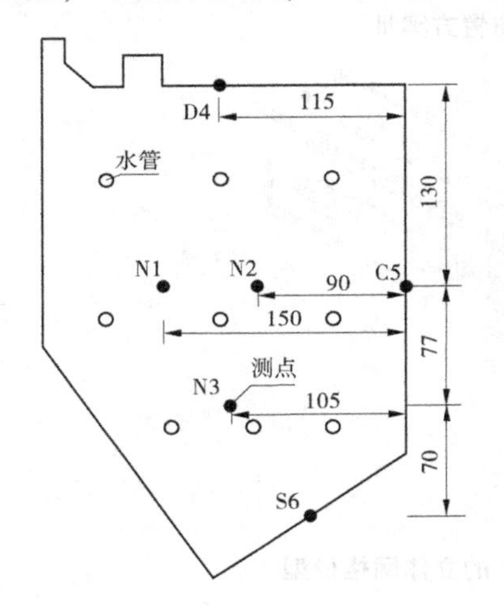

图 5-10 梁中截面 $y=6.0$ m 特征点位置（单位:cm）

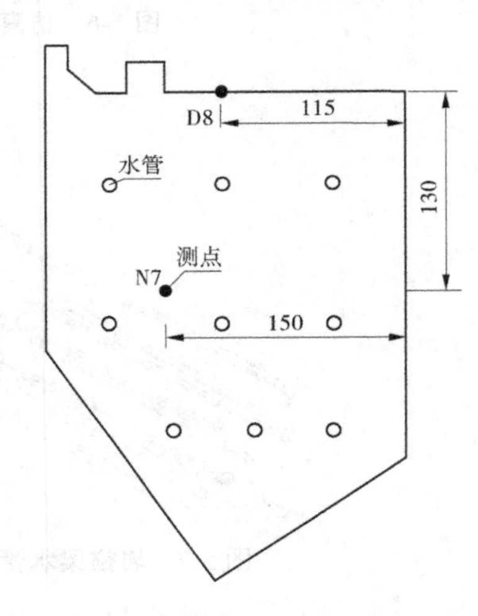

图 5-11 梁边截面 $y=0.59$ m 特征点位置（单位:cm）

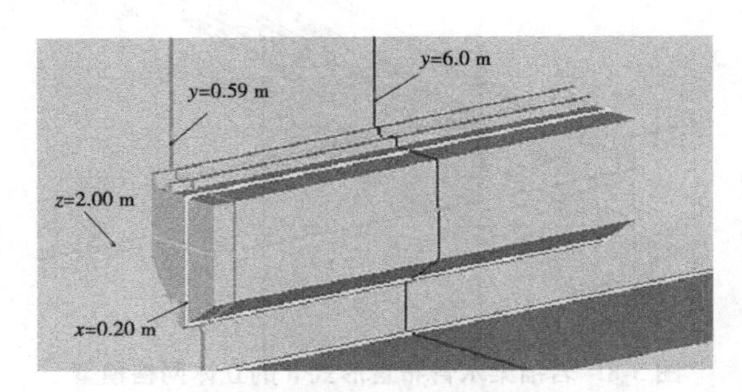

图 5-12 岩锚梁计算结果分析时所用特征剖面的选择

第 6 章　仿真计算结果分析

6.1　岩壁不均匀位移引起的应力

某地下厂房岩锚梁浇筑后,厂房继续向下开挖。由于下部岩体的开挖,引起地应力释放,使得已开挖部分的岩壁还会产生向厂房内部的变形。岩锚梁所在岩壁的最大不均匀位移情况如图 6-1 所示。虚线所示为岩锚梁所在岩壁原来的位置,实线所示为下部岩体开挖后岩壁向厂房内部变形后的位置。图 6-2 则显示了三维情况下的示意图。

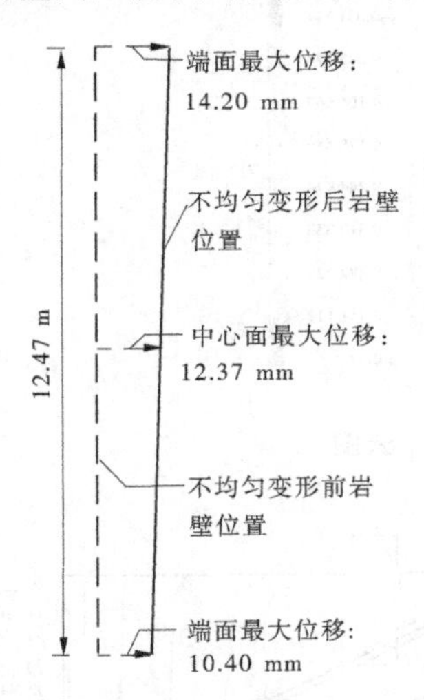

图 6-1　岩锚梁所在岩壁的最大不均匀位移水平面示意图

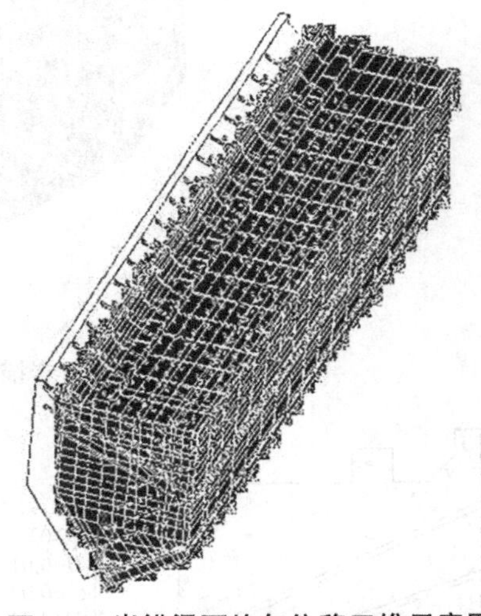

图 6-2　岩锚梁不均匀位移三维示意图

将图 6-1 所示的三个截面上的位移作为固定位移边界条件加到岩锚梁上,不考虑梁的自重和锚杆的作用,采用 ANSYS 进行弹性有限元计算,可以得到岩锚梁混凝土的应力,如图 6-3~图 6-6 所示。可以看出,梁的端部拉应力较小,不到 0. 1 MPa,而中部截面靠近临空面一侧的拉应力最大值为 0. 52 MPa,出现在最外表面,梁的中部截面的中心部位拉应力在 0. 2 MPa 以下。应该指出,如果梁的长度越小,则岩壁产生的不均匀位移对梁的影响越小;如果梁的位移大小从一端到另一端完全是线性变化,则梁内不会产生较大的拉应力;否则,在两端中间的任何一个截面上产生非线性的位移,在这个截面附近将产生较大的应力。上述计算是在厂房开挖数值模拟所得到结果的基础上进行的,只能在一定程度上提供参考。在实际开挖过程中,由于地质条件的变化、爆破开挖顺序等因素的影响,岩壁的真实变形量是复杂多变的,应根据实测数据对岩锚梁展开计算,从而得到岩壁不均匀位移对岩锚梁应力的实际影响。

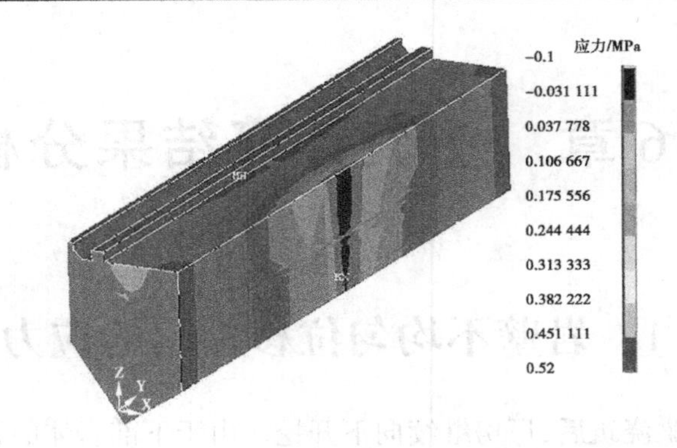

图 6-3　岩锚梁临空面一侧 σ_1 云图

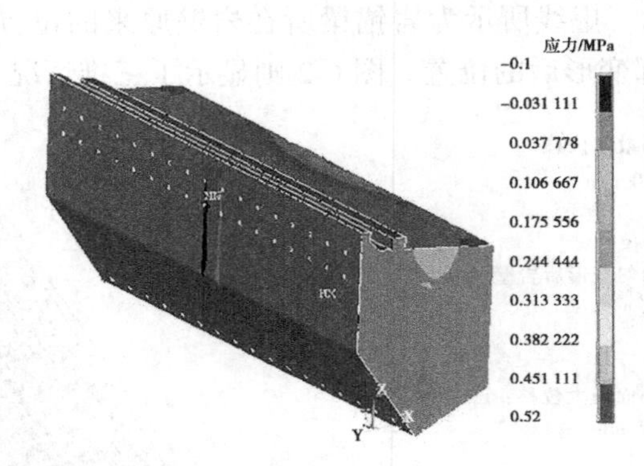

图 6-4　岩锚梁靠近岩壁一侧 σ_1 云图

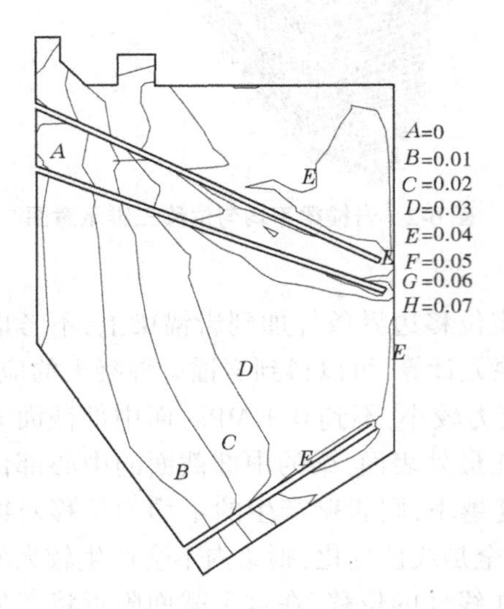

图 6-5　岩锚梁端部截面 σ_1 等值线

（单位：MPa）

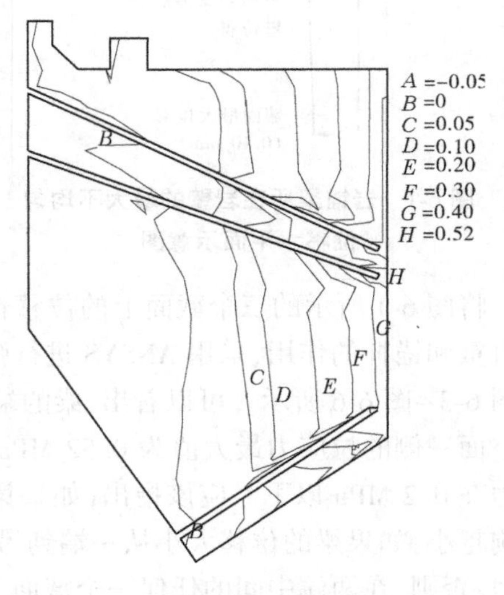

图 6-6　岩锚梁中部截面 σ_1 等值线

（单位：MPa）

6.2　温控仿真的计算工况

工况 1:2008 年 10 月 1 日 09:00 浇筑,浇筑温度视为在当日平均气温的基础上再加 4.0 ℃,在浇筑后的前 20 d 内的仿真计算中考虑昼夜温差。在维萨模板内贴镜面 PVC 板,维萨模板和镜面板规格尺寸均为 1.22 m×2.44 m,厚度分别为 18 mm 和 1 mm,假定维萨模板和同厚度的竹胶模板具有相同的保温能力。岩锚梁浇筑后直至厂房洞室的第Ⅳ层岩体被开挖爆破结束后才拆除模板,计算时假定 30 d 拆模。在本工况中不考虑其他温控措施,施工仓面裸露,模板外侧无保温措施,岩锚梁内部无冷却水管。

工况 2:在工况 1 的基础上,增加冷却水管和表面保温的温控措施。水管采用白龙管,壁厚 2 mm,内径 2.5 cm。布置形式采用图 5-4(a)所示的方案Ⅰ。水源取现场河水,根据多年月平均水温资料,水管冷却水温为 16.0 ℃。通水流量为 1.10 m^3/h,流速 0.62 m/s。水管通水持续 7 d;通水过程中每天改变一次通水方向;通水过程中不改变进口水温。表面保温措施:模板外侧不采取其他保温措施,龄期 30 d 时拆模;施工仓面覆盖一布一膜形式的土工膜进行保温,膜面朝上。

工况 3-1:采用水管布置方案Ⅱ[见图 5-5(a)],其余同工况 2。

工况 3-2:厂房岩体爆破卸荷松弛带弹性模量 5 GPa 改为 10 GPa,其余同工况 3-1。

工况 3-3:混凝土浇筑温度改为 18 ℃,其余同工况 3-1。

工况 3-4:水管通水持续时间 10 d,其余同工况 3-1。

工况 4-1:采用水管布置方案Ⅲ[见图 5-6(a)],其余同工况 2。

工况 4-2:上表面不保温,其余同工况 4-1。

6.3　工况 1 计算结果分析

如前所述,在计算结果分析时所选择的特征点的位置见图 5-10 和图 5-11。

图 6-7~图 6-22 是工况 1 各特征点的温度和应力 σ_1 变化过程线。

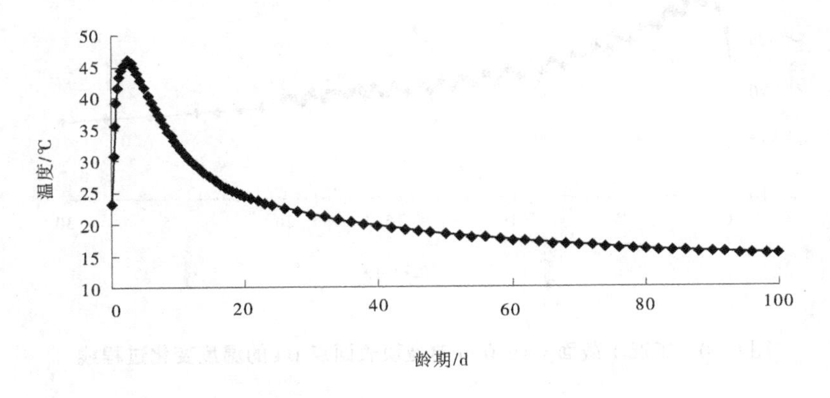

图 6-7　工况 1 截面 y=6.0 m 典型内部点 N1 的温度变化过程线

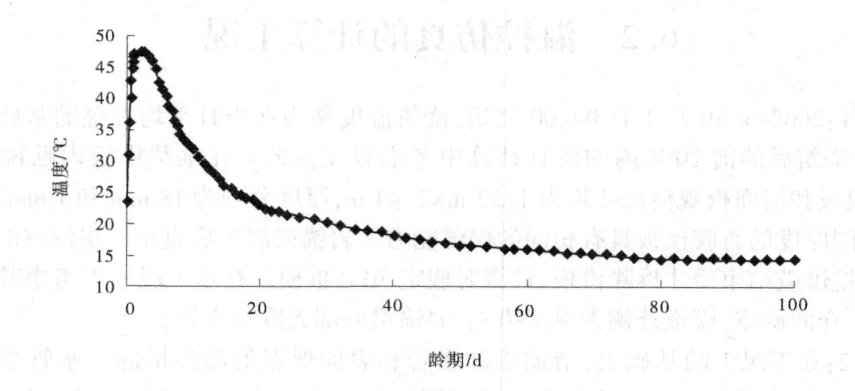

图 6-8　工况 1 截面 $y=6.0$ m 典型内部点 N2 的温度变化过程线

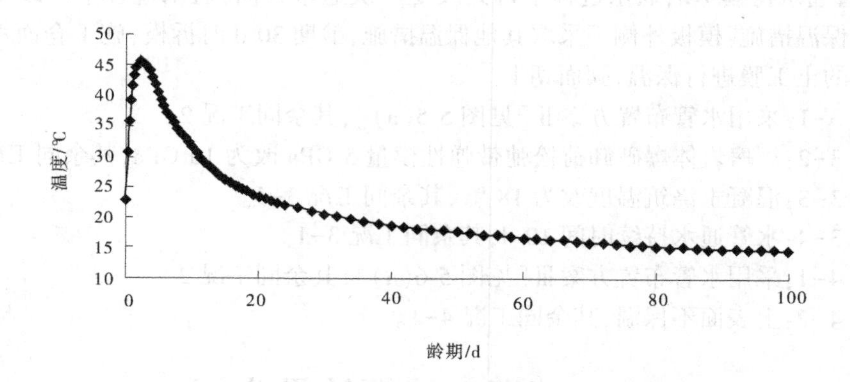

图 6-9　工况 1 截面 $y=6.0$ m 典型内部点 N3 的温度变化过程线

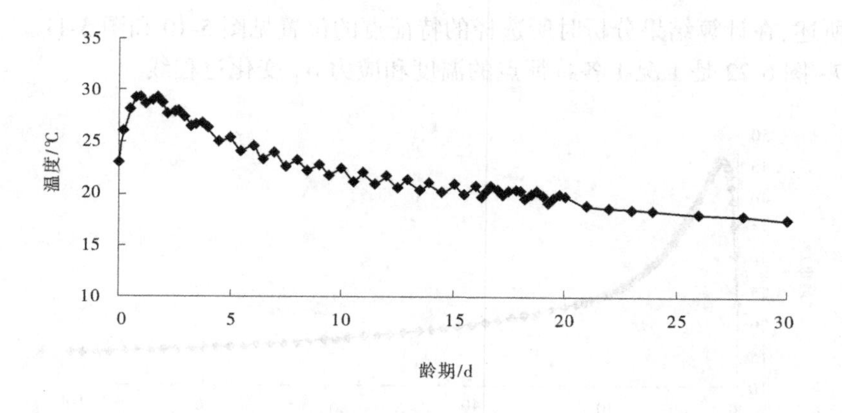

图 6-10　工况 1 截面 $y=6.0$ m 典型顶表面点 D4 的温度变化过程线

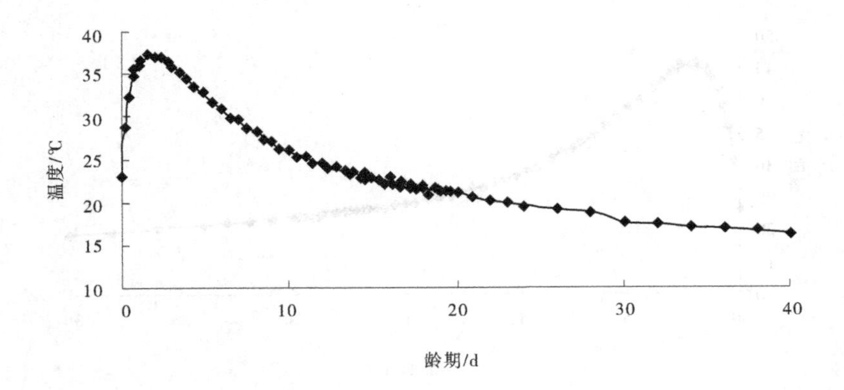

图 6-11　工况 1 截面 $y=6.0$ m 典型侧表面点 C5 的温度变化过程线

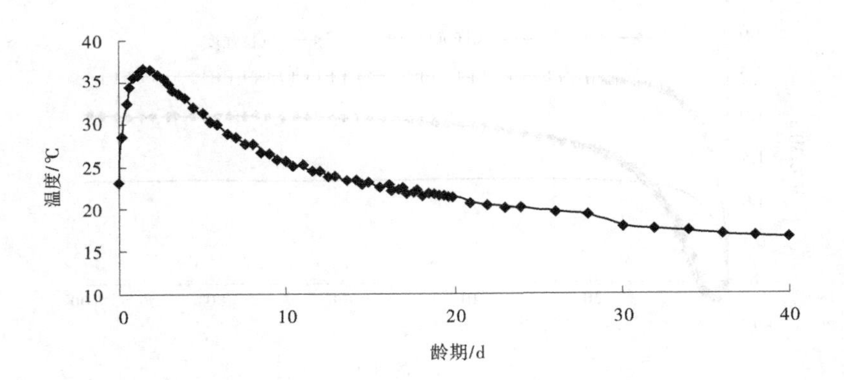

图 6-12　工况 1 截面 $y=6.0$ m 典型底表面点 S6 的温度变化过程线

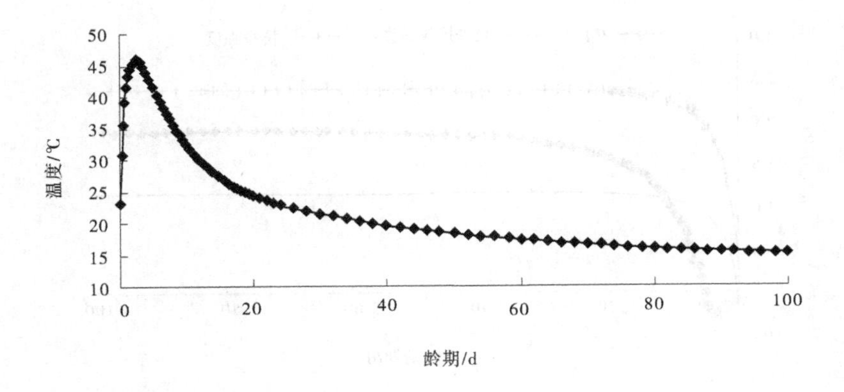

图 6-13　工况 1 截面 $y=0.59$ m 典型内部点 N7 的温度变化过程线

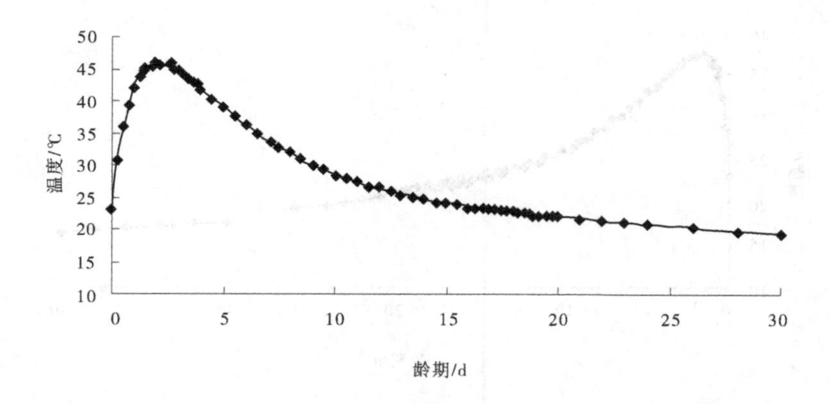

图 6-14 工况 1 截面 $y=0.59$ m 典型顶表面点 D8 的温度变化过程线

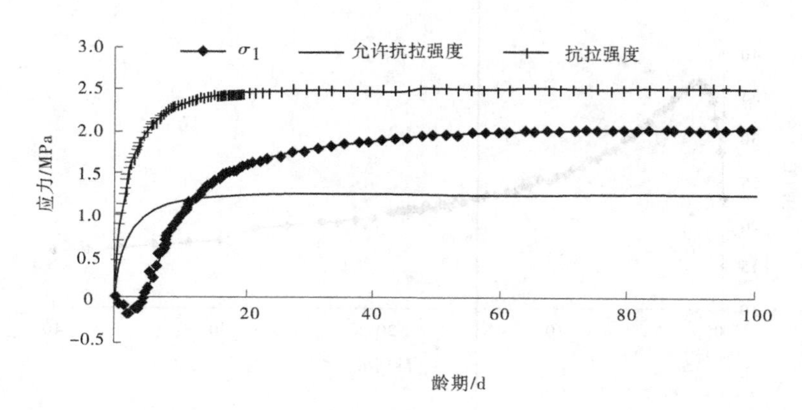

图 6-15 工况 1 截面 $y=6.0$ m 典型内部点 N1 的应力 σ_1 变化过程线

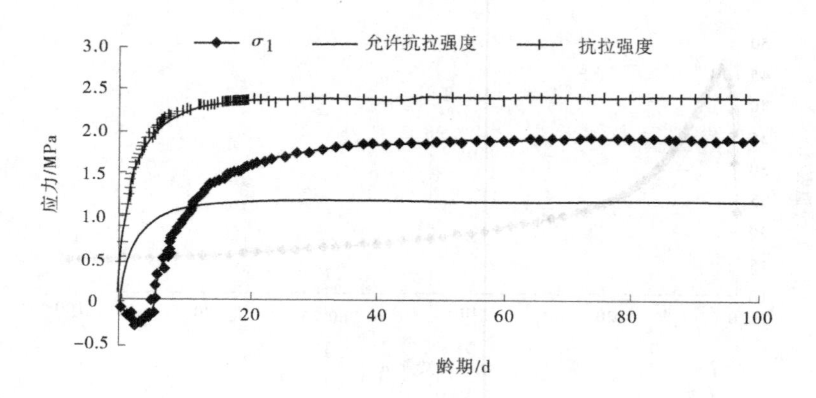

图 6-16 工况 1 截面 $y=6.0$ m 典型内部点 N2 的应力 σ_1 变化过程线

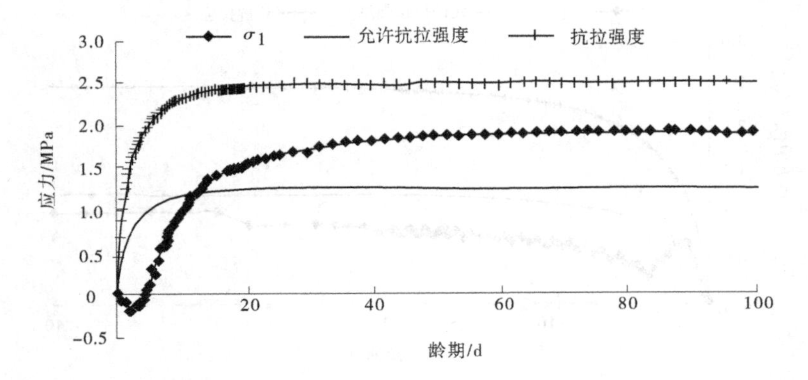

图 6-17 工况 1 截面上 $y=6.0$ m 典型内部点 N3 的应力 σ_1 变化过程线

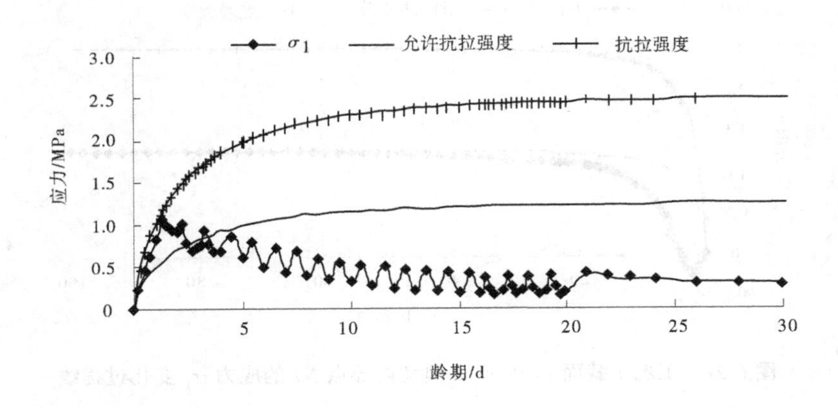

图 6-18 工况 1 截面 $y=6.0$ m 上典型顶表面点 D4 的应力 σ_1 变化过程线

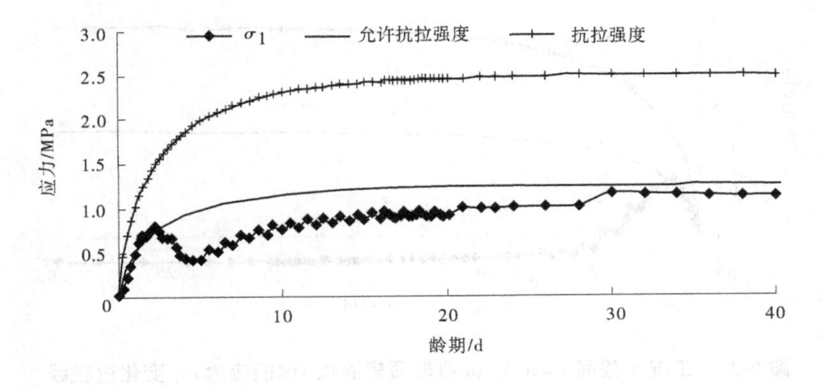

图 6-19 工况 1 截面 $y=6.0$ m 典型侧表面点 C5 的应力 σ_1 变化过程线

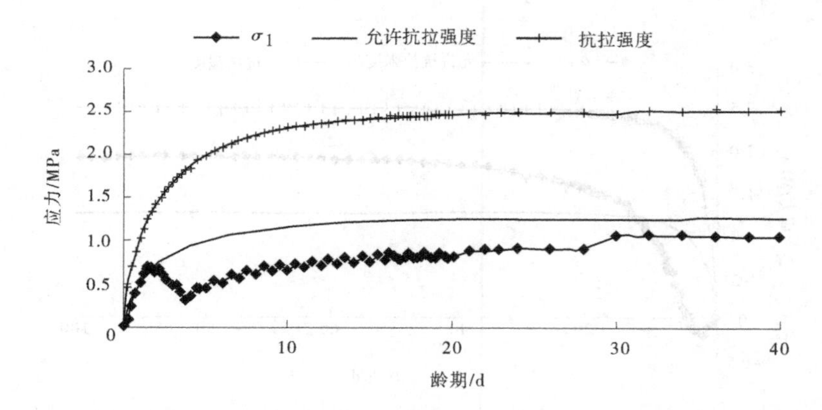

图 6-20 工况 1 截面 $y=6.0$ m 典型底表面点 S6 的应力 σ_1 变化过程线

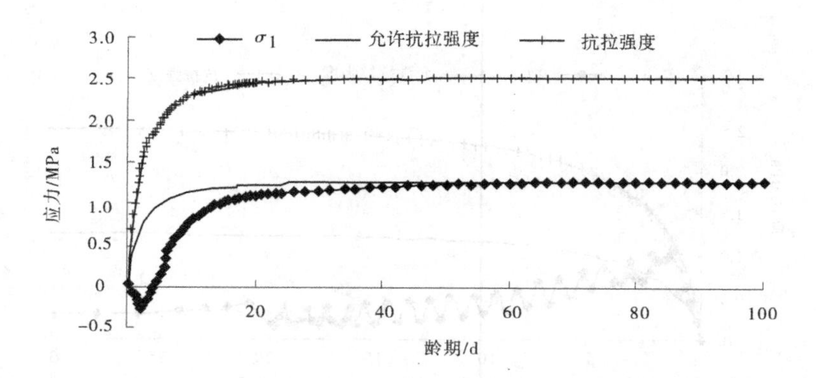

图 6-21 工况 1 截面 $y=0.59$ m 典型内部点 N7 的应力 σ_1 变化过程线

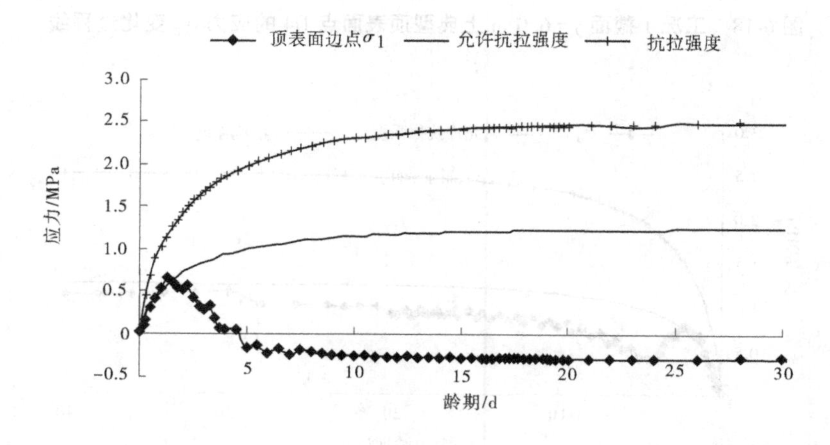

图 6-22 工况 1 截面 $y=0.59$ m 典型顶表面点 D8 的应力 σ_1 变化过程线

附图1~附图16为工况1不同截面各龄期的温度和应力分布情况。

由各特征点的温度历时过程线(见图6-7和图6-14)可以看出,混凝土浇筑后由于水化热的作用,温度快速急剧上升,在龄期2~3 d(表面混凝土稍早)时就达到峰值。往后由于混凝土表面的散热作用,岩锚梁内部温度开始下降,下降速度由快到慢。比如内部点N2,前10 d混凝土温度由47.65 ℃下降到31.67 ℃,下降15.98 ℃,平均每天降温约1.60 ℃;在下一个10 d内部温度由31.67 ℃下降到23.04 ℃,下降8.63 ℃,平均每天下降约0.86 ℃;往后下降的速度更加不断地放慢,在岩锚梁浇筑后约3个月,梁内温度基本上已经达到准稳定温度状态。

从开始温升阶段情况来看,早期混凝土的水化反应剧烈,迅速产生很大的水化热,远大于梁表面的散热量及向岩体所传的热量,混凝土温度迅速升高,距离表面或基础越远,温度升幅越大;反之,越靠近表面或岩面,温度升幅就越小。比如内部点N2,温度峰值达到47.65 ℃,而侧表面点C5,峰值仅为37.24 ℃,相差10.41 ℃。在不采取任何保温措施的混凝土表面,表面的峰值就更低了,如顶表面点N4,峰值仅为29.18 ℃,比表面有维萨模板保温时的峰值低了8.06 ℃。

从温度下降阶段的情况来看,由于此时水化放热减小,混凝土的热量向周围界面传热的作用开始处于强势地位,且洞内气温比混凝土温度低、岩锚梁的截面尺寸较小和散热表面积相对较大,岩锚梁降温速度较快。到了混凝土3个月后的后龄期阶段,梁内温度随洞内气温的变化而变化,在外界环境进入寒冬时,因洞内温度下降梁内温度也随之下降。

从梁各截面的温度变化情况来看(附图1和附图3),边截面(以$y=0.59$ m为例)较中截面(以$y=6.0$ m例)距离端面近,散热量多,因此$y=0.59$ m截面的内部温度峰值较小,最高温度约45.7 ℃,内外温差也就较小,但它们最高温度的分布位置基本相同,位于截面中心地带。后期混凝土内的温度基本趋于稳定,由附图5和附图11可见,中心截面($y=6.0$ m)温度场基本呈凹形,由外侧面向地基方向逐渐增大。由附图7、附图9、附图13和附图15显示,其余截面($x=0.2$ m和$z=2.0$ m)在龄期15 d和龄期40 d的温度分布仍是在梁的中部温度最高,距离两端越近温度越低。

据各特征点的应力历时过程线(见图6-15~图6-22),在温升期表面混凝土会产生较大的拉应力,而那时内部混凝土则相应地出现了一定的压应力,比如内部点N2在龄期3 d时产生最大压应力-0.20 MPa,对应侧表面点C5则有了早龄期的最大拉应力0.63 MPa(发生在龄期1.5 d的时刻),稍微超过了混凝土当时的允许抗拉强度0.62 MPa,而没有保温措施时的顶表面点D4的最大拉应力在混凝土龄期1 d时就达到了1.03 MPa,接近了混凝土的即时抗拉强度1.12 MPa,超过允许抗拉强度0.56 MPa,且在龄期前2.5 d内拉应力都超过了允许抗拉强度;因计算时考虑了昼夜温差的作用,在龄期3.25 d时,受环境温度改变的影响,产生了较大的拉应力0.91 MPa,也超过了当时的允许抗拉强度0.86 MPa;此后,随着混凝土内外温差的减小,表面拉应力减小且随环境温度的变化而波动。这是由于早期混凝土内部温度高,表面温度低,表面热胀变形小,亦即引起表面相对收缩变形,受内部混凝土的变形约束,表面出现拉应力,而内部出现压应力,这时内外温差越大,表面产生的拉应力就越大。然后,随着混凝土温度的下降,内外温差逐渐减小,这种由于混凝土本身互相约束而产生的应力也就减小,如顶表面点 D4 和侧表面点 C5 在温度稳定后,应力基本趋于稳定。在温降阶段,混凝土内部降幅大于表面降幅,内部冷缩变形量大于表面冷缩变形量,内部收缩受到表面混凝土的约束,此时混凝土内部逐渐表现出拉应力,而表面拉应力则逐渐减小,甚至转为压应力。仿真计算结果显示,某地下厂房岩锚梁内部混凝土拉应力大约出现在 7 d 龄期以后,且拉应力增长迅速。以内部点 N1 为例,在龄期 15 d 时拉应力达到 1. 34 MPa,超过了当时混凝土的允许抗拉强度 1. 20 MPa,且此后因梁体温度在继续降低内部拉应力仍以较快速度在增长,直到龄期 40 d 左右才趋于稳定,此时拉应力值已经达到 1. 88 MPa,比当时的允许抗拉强度 1. 25 MPa 高了 0. 63 MPa,仅比当时混凝土的抗拉强度 2. 49 MPa 低了 0. 61 MPa,即龄期 40 d 的安全系数 $k_\sigma(40) \approx 1.32 [k_\sigma(\tau) = \sigma_t(\tau)/\sigma_1(\tau)]$,在这一整个早期的降温过程中岩锚梁的抗裂安全度偏小,甚至均有可能随时开裂。分析原因:由于梁中部混凝土受岩体的强约束作用,但早期混凝土的弹性模量比较小,因此内外温差所产生的温升期内部压应力不大,到了降温阶段,混凝土弹性模量已明显变大,单位温差所产生的应力大,随着混凝土温度的逐渐降低,不但早期内部压应力被抵消,且很快就产生了较大的拉应力。另外,在岩体的变形约束作用下岩锚梁混凝土自生体积收缩也在一定程度上增加了混凝土的拉应力。

由于梁的两端受基岩的约束较小,且内外温差和温降也相对较小,温差产生的应力也较小,与截面 $y=6.0$ m 梁中截面相比,截面 $y=0.59$ m 梁边截面上各特征点的拉应力均较小,如内部点 N7 在龄期 15 d 时的拉应力仅为 1. 00 MPa,比内部点 N1 的拉应力小了 0. 34 MPa,没有超过混凝土允许抗拉强度,但是由于未采取必要的温控措施,在晚龄期仍产生了 1. 27 MPa 的拉应力,接近允许抗拉强度;另外,由于边截面内外温差较小,早期表面拉应力也较小,顶表面点 D8 在龄期 1. 25 d 时达到的最大拉应力仅有 0. 64 MPa,比顶表面点 D4 的小了 0. 38 MPa,但仍接近了当时的混凝土抗拉强度 0. 56 MPa。

从各龄期中截面($y=6.0$ m)的应力分布来看,龄期 2. 5 d 时,混凝土内部出现-0. 2~0 MPa 的压应力,而拉应力则出现在混凝土的表面,各个面的中心位置拉应力最大,有 0. 4~0. 6 MPa。龄期 15 d 时则在混凝土中心区域出现了 1. 4~1. 6 MPa 的拉应力,龄期 40 d 则升至 1. 6~1. 8 MPa,其范围约占整个截面的 40%。从其余截面($x=0.2$ m 和 $z=2.0$ m)来看,各个龄期的最大应力基本分布在梁的中间,距离两端越近应力越小。

综上分析,如果岩锚梁混凝土表面不采取保温措施,内部不采取水管导热降温的冷却措施,不论在温升阶段表层混凝土或在随后的降温阶段内部混凝土都存在开裂的风险,甚至在混凝土浇筑后的 3 个月整个龄期内都存在这样的“由表及里”或“由里及表”型的启裂和随之扩裂的可能性。

6.4　工况 2 和工况 1 计算结果对比分析

选取典型内部点 N1 和顶表面点 D4 作为工况 1 和工况 2 的计算结果对比分析特征点。

图 6-23 为工况 2 和工况 1 内部点 N1 的温度变化过程线，图 6-24 为工况 2 和工况 1 内部点 N1 的应力 σ_1 变化过程线；图 6-25 为工况 2 和工况 1 顶表面点 D4 的温度变化过程线，图 6-26 为工况 2 和工况 1 顶表面点 D4 的应力 σ_1 变化过程线。

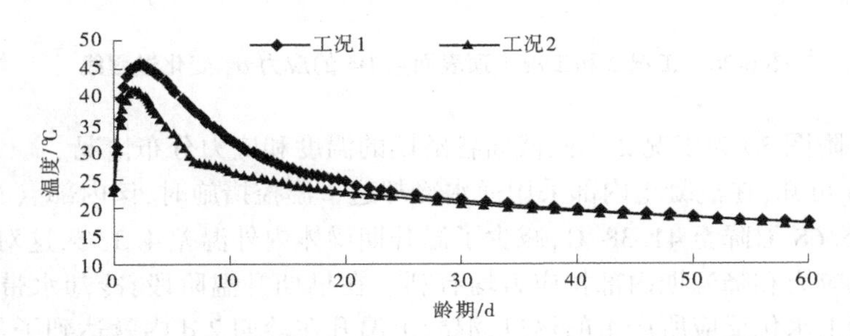

图 6-23　工况 2 和工况 1 内部点 N1 的温度变化过程线

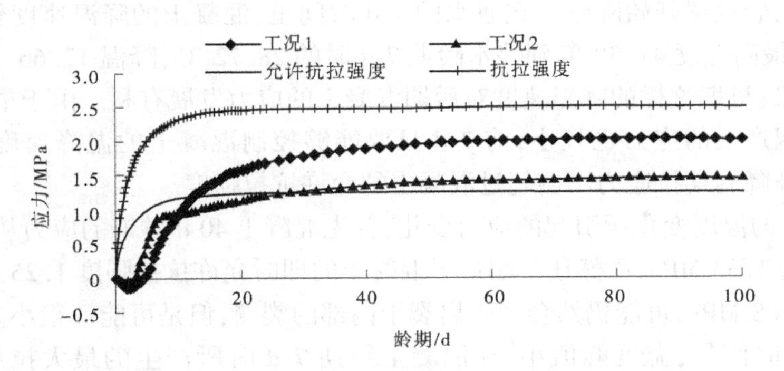

图 6-24　工况 2 和工况 1 内部点 N1 的应力 σ_1 变化过程线

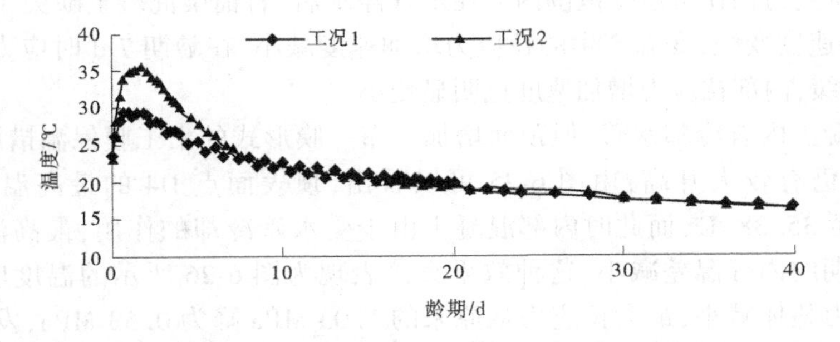

图 6-25　工况 2 和工况 1 顶表面点 D4 的温度变化过程线

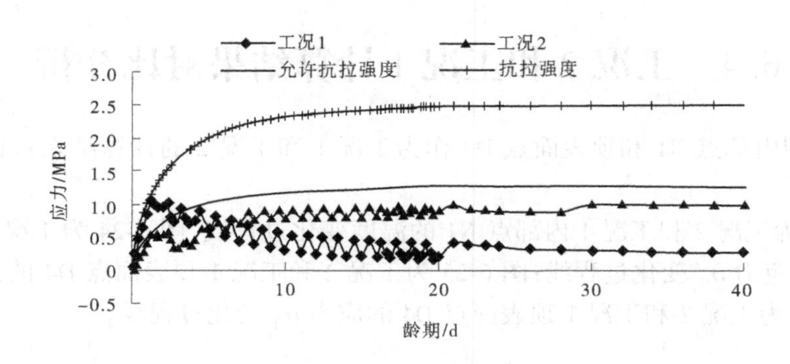

图 6-26 工况 2 和工况 1 顶表面点 D4 的应力 σ_1 变化过程线

附图 17~附图 30 为工况 2 不同截面各龄期的温度和应力分布情况。

据图 6-23 可知，在混凝土内部采用通水冷却这一温控措施时，该内部点 N1 的温度峰值从原来的 45.68 ℃降至 41.38 ℃，减少了温升期梁体内外温差 4.3 ℃，这对减小温升期混凝土表面拉应力和降温期内部拉应力均有利。在早期升温阶段，冷却水带走了相当大的一部分混凝土水化反应所产生的热量，混凝土温升在龄期 2 d 内就达到了最高温度，其后水化反应相对变缓，水化热量逐渐小于水管冷却所带走的热量和表面散热量及往岩体中传热量之和，岩锚梁开始降温。在通水的 7 d 时间里，混凝土的降温速度较快，即从龄期 1.5 d 时的最高温度 41.38 ℃到停水龄期 7 d 时的 28.72 ℃，降温 12.66 ℃，平均每天降温约 2.30 ℃，早期这样的降温速度对后期混凝土的应力发展有利。由于早期混凝土弹性模量小，变温产生的应力也较小，前 7 d 只要能够控制混凝土的温降速度不超过 2.5 ℃，就能够保证降温期拉应力不会超过混凝土的允许抗拉强度。

据图 6-24 的温度变化所引起的应力变化，首先混凝土 40 d 龄期的应力从不通水时的 1.88 MPa 减为 1.33 MPa，虽然还是超过了混凝土的即时允许抗拉强度 1.25 MPa，但超过程度仅仅为 0.08 MPa，可能仍然会产生启裂于内部的裂缝，但是可能性很小。另外，因混凝土开始降温时间早，温度峰值小，在混凝土龄期 7 d 时所产生的最大拉应力为 1.05 MPa，小于当时的允许抗拉强度 1.10 MPa，因此尽管通水期间降温速度比较快，所带来的早期降温期拉应力仍在可接受范围内。在水管停水后，岩锚梁混凝土缺失了主要降温渠道，温度下降速度变缓，变温产生的拉应力增加速度减小，在龄期 7 d 时应力过程线出现拐点，降温变缓，内部拉应力增加速度也明显变小。

虽然混凝土内有冷却水管，但顶面增加一布一膜形式的土工膜保温措施后，梁顶面的表面温度仍有较大升高，由图 6-25 可以看出，顶表面点 D4 的最高温度从原来的 29.18 ℃升至 35.38 ℃，而此时内部混凝土由于受水管冷却的作用，最高温度降低，使得混凝土早期的内外温差减小，这种效果直接表现为图 6-26 所示的温度应力情况，早期表面拉应力整体减小，最大拉应力从原来的 1.03 MPa 降为 0.53 MPa，发生了巨大的变化，甚至小于当时的允许抗拉强度 0.57 MPa，远远小于抗拉强度 1.14 MPa；同时，早期内部混凝土压应力变小，最大压应力从原来的 0.10 MPa 变成 0.08 MPa。因此，采取表面保温和内部降温两项温控措施时能够使得梁体混凝土表面早期产生启裂于表面的裂缝的可能性大大降低。

通过对工况 1 和工况 2 的比较分析可见,采用方案 I 布置冷却水管后,虽然与未通水情况相比,起到了一定的削峰降温的作用和减小拉应力的效果,但从计算结果数值上来看,仍然没有达到很好的预期效果,图 6-24 反映了内部拉应力在龄期 28 d 后仍产生了达到允许抗拉强度的拉应力 1.24 MPa,且此后内部拉应力一直高于混凝土的即时允许抗拉强度,有产生裂缝的可能性。为了可靠地避免在降温期出现“由里及表”型裂缝,需进一步改善梁内水管降温的力度和布置形式。

6.5　工况 3-1 和工况 2 计算结果对比分析

选取典型内部点 N2 和内部点 N3 作为工况 2 和工况 3-1 计算结果对比分析的特征点。

图 6-27 为工况 3-1 和工况 2 内部点 N2 的温度变化过程线,图 6-28 为工况 3-1 和工况 2 内部点 N2 的应力 σ_1 变化过程线,图 6-29 为工况 3-1 和工况 2 内部点 N3 的温度变化过程线,图 6-30 为工况 3-1 和工况 2 内部点 N3 的应力 σ_1 变化过程线。

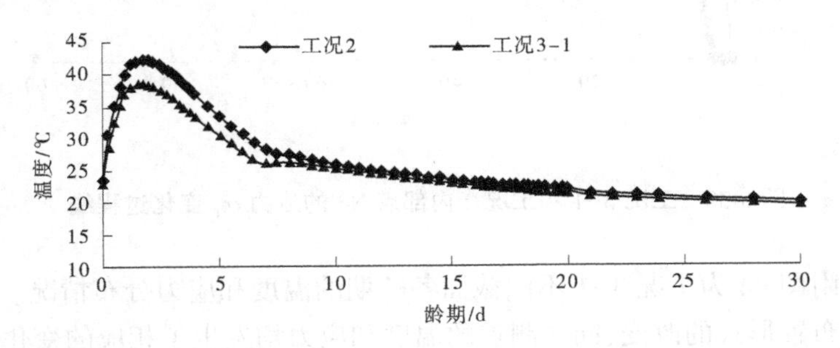

图 6-27　工况 3-1 和工况 2 内部点 N2 的温度变化过程线

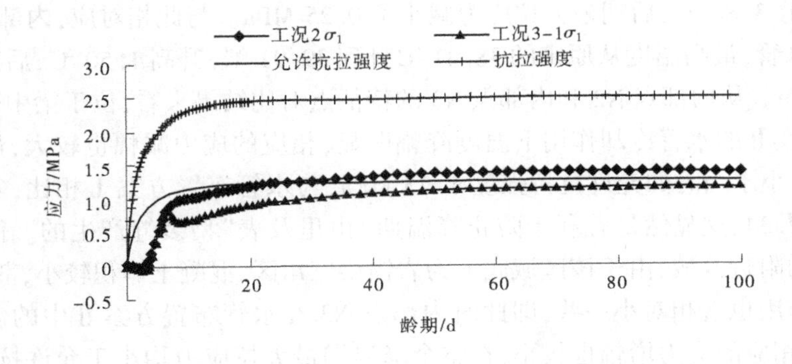

图 6-28　工况 3-1 和工况 2 内部点 N2 的应力 σ_1 变化过程线

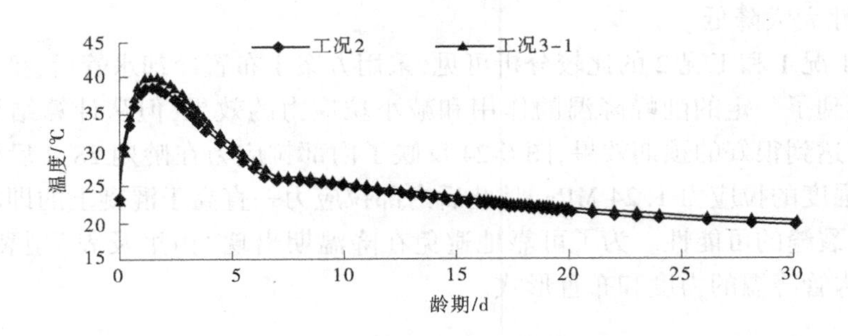

图 6-29 工况 3-1 和工况 2 内部点 N3 的温度变化过程线

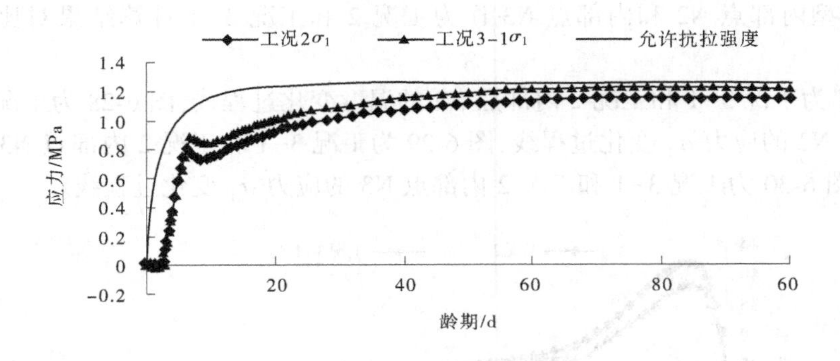

图 6-30 工况 3-1 和工况 2 内部点 N3 的应力 σ_1 变化过程线

附图 31~附图 44 为工况 3-1 不同截面各龄期的温度和应力分布情况。

由于水管布置形式的改变,同一测点的温度和应力均发生了相应的变化,反映在整个岩锚梁上为各龄期的温度和应力的分布均会发生较大的变化。如内部点 N2,由于在其附近增加了一根水管,冷却效果得到进一步改善,最高温度从原来的 42.37 ℃降为 38.49 ℃,降低 3.88 ℃,后期最大拉应力减小了 0.25 MPa。与此相对应,内部点 N3 附近减少了一根水管,最高温度从原来的 38.41 ℃升到 39.91 ℃,升高 1.50 ℃,后期拉应力增加约 0.10 MPa。从内部点 N2 和内部点 N3 的特征点对比结果来看,位于梁中部的内部点 N2 在布置方案Ⅱ的水管冷却作用下温度降幅明显,相应的应力减幅也较大,最大拉应力为 1.07 MPa,小于当时的允许抗拉强度 1.25 MPa,与水管布置方案Ⅰ相比,安全系数从 1.79 提高到 2.34,这显然是有利于防止降温期“由里及表”型裂缝产生的。而在被减少的那根水管的附近区域,由于该区域底下为岩锚梁三角区,混凝土体积较小,散热也较快,因此水管的作用也就相对小一些,即此时内部点 N3 在水管布置方案Ⅱ中的温度升幅也相对不明显,相应的应力增幅也较小,在整个降温期最大拉应力均小于允许抗拉强度,在此区域减少一根水管是合理的。

据温度和应力等值线分布附图 17~附图 30 和附图 31~附图 44 可知,从龄期 1.5 d 的温度分布来看,水管布置方案Ⅰ的高温区分布在上下冷却水管之间且范围较广,而水管布置方案Ⅱ的高温区范围则明显减小,且更接近表面,这不仅有利于减小内部混凝土的后期拉应力，还有利于减小早期混凝土的内外温差即表面拉应力。从龄期28 d的应力分布图可以看出，水管布置方案Ⅱ在中心区域出现1.0~1.1 MPa的拉应力占约30%，而水管布置方案Ⅰ则出现了1.2~1.5 MPa的拉应力占约30%。

通过对水管布置方案Ⅰ和水管布置方案Ⅱ的比较分析，可以看出，方案Ⅰ和方案Ⅱ的水管用量相同，但水管布置方案Ⅱ的导热降温工作效率更高，针对性更强，危险区域的抗裂安全系数高一些，相应的防裂效果就可靠一些。

6.6 工况3-1与工况3-2、工况3-3、工况3-4计算结果对比分析

选取典型内部点N1作为工况3-1和工况3-2的对比分析特征点，选取内部点N2作为工况3-1和工况3-3、工况3-4的对比分析特征点。

图6-31为工况3-1和工况3-2内部点N1的应力σ_1变化过程线，图6-32为工况3-1和工况3-3内部点N2的温度变化过程线，图6-33为工况3-1和工况3-3内部点N2的应力σ_1变化过程线，图6-34为工况3-1和工况3-4内部点N2的温度变化过程线，图6-35为工况3-1和工况3-4内部点N2的应力σ_1变化过程线。

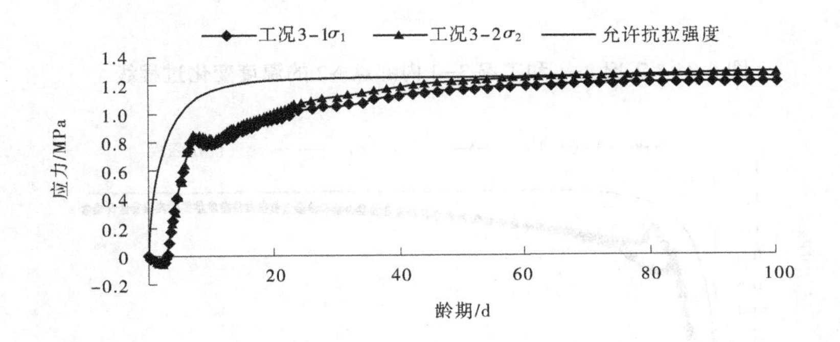

图6-31 工况3-1和工况3-2内部点N1的应力σ_1变化过程线

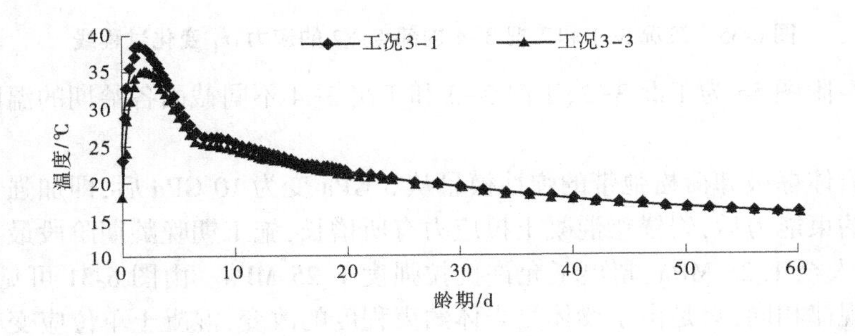

图6-32 工况3-1和工况3-3内部点N2的温度变化过程线

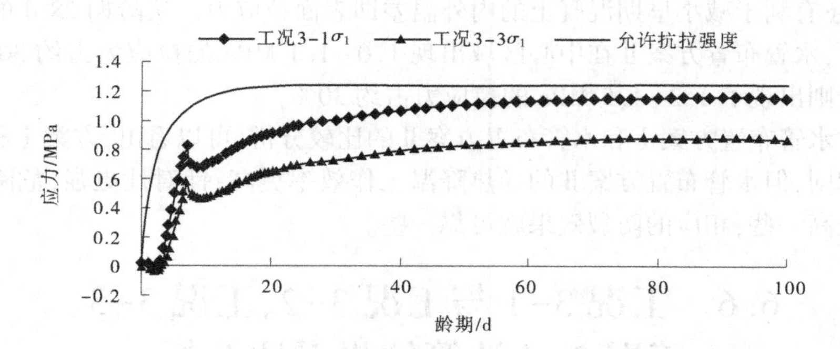

图 6-33 工况 3-1 和工况 3-3 内部点 N2 的应力 σ_1 变化过程线

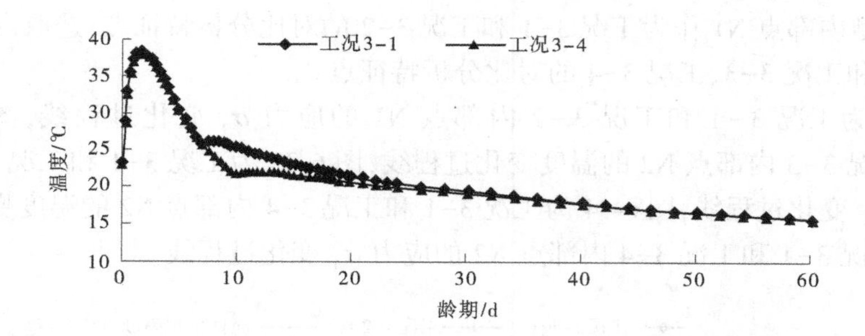

图 6-34 工况 3-1 和工况 3-4 内部点 N2 的温度变化过程线

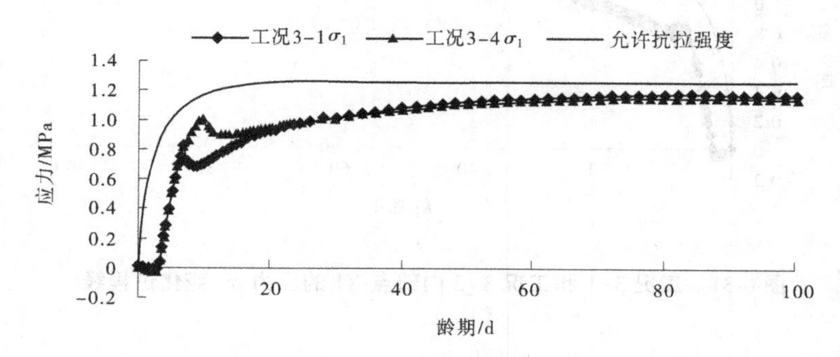

图 6-35 工况 3-1 和工况 3-4 内部点 N2 的应力 σ_1 变化过程线

附图 45~附图 56 为工况 3-2、工况 3-3 和工况 3-4 不同截面各龄期的温度和应力分布情况。

当假设岩体爆破卸荷松弛带的弹性模量从 5 GPa 变为 10 GPa 后,即加强了岩体对混凝土变形的约束能力后,岩锚梁混凝土拉应力有所增长,施工期晚龄期阶段最大拉应力从 1.21 MPa 增大至 1.28 MPa,超出了允许抗拉强度 1.25 MPa。由图 6-31 可见,两条曲线的应力发展规律相同,只是由于梁体受岩体约束程度的改变,混凝土单位应变所产生的应力值也随之改变,随着混凝土成熟度的发展而变得明显起来。

当混凝土浇筑温度从原来的约 23 ℃变为 18 ℃时,由图 6-32 可见,混凝土的最高温度从原来的 38.50 ℃降为 35.18℃,降低 3.32 ℃;而在龄期 7 d 时,两曲线的温度差仅有

1.00 ℃,即工况 3-1 在龄期第 7 天降温 12.73 ℃,工况 3-3 在龄期第 7 天降温 10.44 ℃,这说明了浇筑温度对混凝土最高温度的影响很显著,同时也证明混凝土内部温度越高,水管冷却的效果也就越好。温度的改变引起的应力变化见图 6-33,由于龄期前 7 d 的降温较小,因此工况 3-3 产生的拉应力也较小,仅 0.57 MPa,减幅 0.23 MPa。总体而言,降低浇筑温度后,后降温期最大第一主应力从原来的 1.15 MPa 降低为 0.87 MPa,降幅 0.28 MPa。

当通水持续时间从原来的 7 d 变为 10 d 时,前 7 d 龄期内温度发展规律一致,而在龄期 7 d 后出现分叉,持续通水的仍保持相对快速降温,而停水的则因水化热的作用内部温度略有反弹。据图 6-34 可知,工况 3-4 的温度从龄期 7 d 时刻的 25.77 ℃下降到 10 d 时刻的 21.67 ℃,降速为(25.77-21.67)℃/3 d=1.37 ℃/d,比较通水 7 d 就停水时的降温速度 0.17 ℃/d,降速明显加快,在龄期 10 d 时,工况 3-1 和工况 3-4 的温度差为 3.59 ℃,这意味着通水 10 d 比通水 7 d 在龄期前 10 d 多降温 3.59 ℃。相应的混凝土应力变化情况可见图 6-35,工况 3-4 的应力在龄期前 10 d 迅速增长到 0.99 MPa,但后期拉应力发展则变缓,在龄期 80 d,应力为 1.13 MPa,仅增长了 0.14 MPa。与此不同,工况 3-1 仅在龄期前 7 d 的应力发展较快,达 0.80 MPa,7 d 后应力发展变缓但比工况 3-4 发展要快,在龄期 80 d 时应力为 1.15 MPa,增长了 0.35 MPa,但是两者后期最大拉应力仅相差 0.02 MPa。分析原因:如果混凝土弹性模量一直不随时间变化,则通水 7 d 和通水 10 d 两种情况在后期的拉应力都应该是相同的,因为最终准稳定温度场均一样;但是由于混凝土的弹性模量随龄期增加,因此早期同样程度的降温所产生的拉应力较小,因此通水 10 d 情况的拉应力要小一点。由于本工程所用混凝土在龄期 7~10 d 时,弹性模量发展已经较为成熟,约为 80%或以上,因此后 3 d 的冷却效果不再明显,也就说明连续通水 10 d 与多通水 3 d 的工况的最大拉应力相比,减小量仅为 0.02 MPa。

6.7　工况 4-1 和工况 2 计算结果对比分析

选取典型内部点 N2 作为工况 4-1 和工况 2 计算结果对比分析的特征点。

图 6-36 为工况 4-1 和工况 2 内部点 N2 的温度变化过程线,图 6-37 为工况 4-1 和工况 2 内部点 N2 的应力 σ_1 的变化过程线。

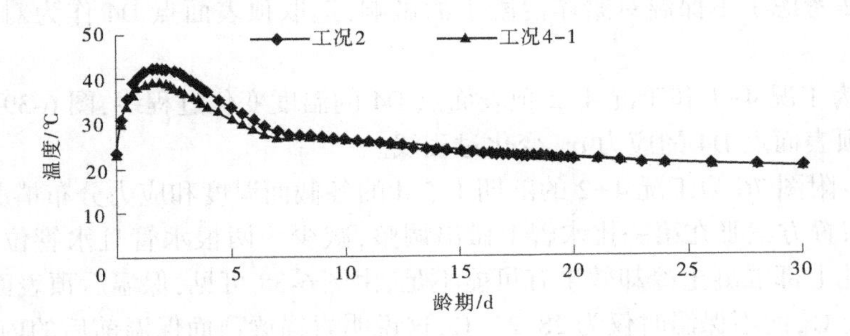

图 6-36　工况 4-1 和工况 2 内部点 N2 的温度变化过程线

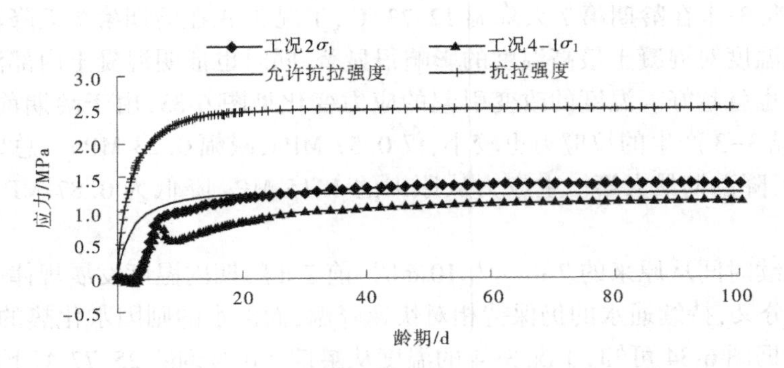

图 6-37 工况 4-1 和工况 2 内部点 N2 的应力 σ_1 变化过程线

附图 57~附图 70 为工况 4-1 不同截面各龄期的温度和应力分布情况。

工况 4-1 采用水管布置方案Ⅲ,截面上仅有 7 根水管,比水管布置方案Ⅰ和水管布置方案Ⅱ都少了 2 根水管[见图 5-4(a)、图 5-5(a)和图 5-6(a)],但其对内部点 N2 的冷却效果仍然较好。由图 6-36 可见,与水管布置方案Ⅰ相比,最高温度为 38.96 ℃,比水管布置方案Ⅰ中的情况下降了 3.41 ℃,比水管布置方案Ⅱ中的情况略高,但效果已经非常好;相应的后期最大拉应力情况也很好,最大拉应力 1.14 MPa(见图 6-37),较水管布置方案Ⅰ中的结果下降了 0.23 MPa,比水管布置方案Ⅱ中的 1.12 MPa 略高,说明水管布置方案Ⅲ在对内部点 N2 点所在区域的冷却效果较好。

由附图 57~附图 70 可见,从龄期 1.5 d 的温度分布来看,40 ℃以上高温区向岩锚梁底部三角区域移动,但是由于水管较少,40~42 ℃的次高温区分布较广,占整个截面的 40%以上,且在近岩体区域仍有分布。从龄期 28 d 时的梁内应力分布情况看,虽然水管布置方案Ⅲ(工况 4-1)与水管布置方案Ⅰ(工况 2)相比使得中心部位混凝土的拉应力有较明显的减小,但是其他区域的拉应力仍然较大,1.0~1.2 MPa 的次高拉应力区就占整个截面的 70%左右,而水管Ⅱ(工况 3-1)仅占 30%,说明水管Ⅲ虽然对中心区域混凝土起到了很好的冷却效果,但对其余部位的冷却力度不够。

6.8 工况 4-1 与工况 4-2 计算结果对比分析

工况 4-2 考虑了不保温对梁体混凝土的影响,选取顶表面点 D4 作为对比分析特征点。

图 6-38 为工况 4-1 和工况 4-2 顶表面点 D4 的温度变化过程线,图 6-39 为工况 4-1 和工况 4-2 顶表面点 D4 的应力 σ_1 变化过程线。

附图 71~附图 76 为工况 4-2 的龄期 1.5 d 的各截面温度和应力分布情况。

因水管布置方案Ⅲ在第一排水管上做出调整,减少为两根水管且水管位置向下移动了 10 cm,因此上部混凝土冷却效果有可能不足,由图 6-38 可见,保温后顶表面点 D4 的温度达到 35.87 ℃,而不保温时仅为 28.25 ℃,这说明岩锚梁顶面保温前后的内外温差会相差 7~8 ℃;这一现象反映在应力上会使得早期表面拉应力增加,在龄期 1.25 d 时就有了 0.62 MPa,超过了当时的允许抗拉强度 0.57 MPa(见图 6-39)。

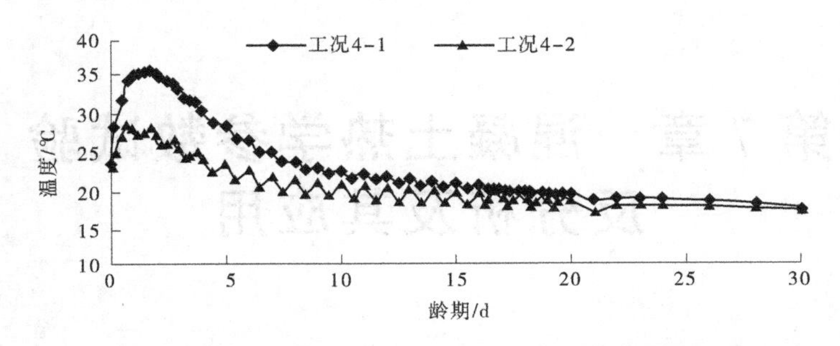

图 6-38　工况 4-1 和工况 4-2 顶表面点 D4 的温度变化过程线

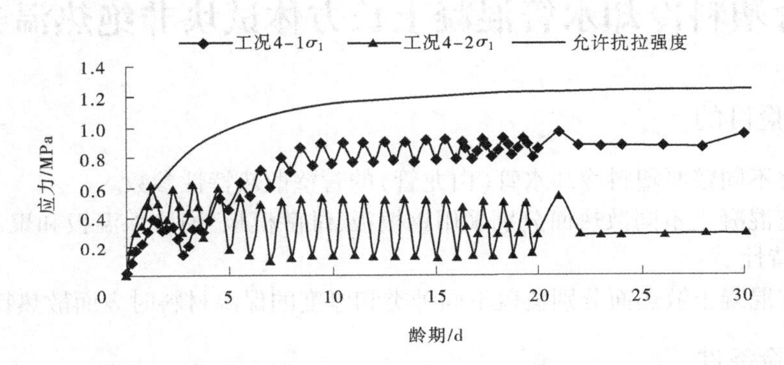

图 6-39　工况 4-1 和工况 4-2 顶表面点 D4 的应力 σ_1 化过程线

由附图 57~附图 76 可见,在龄期 1.5 d 时,工况 4-1 和工况 4-2 的内部温度分布相差不大,但是由于顶表面不保温,工况 4-2 所反映的顶表层混凝土的温度与工况 4-1 相比有较大幅度的下降,降低 7 ℃左右,这说明不保温后,混凝土的内部与顶表面的温差增大,相应的顶表层混凝土的应力增加,从工况 4-1 所显示的 0.2~0.4 MPa 增加为工况 4-2 的 0.4~0.6 MPa,因此采用水管布置方案Ⅲ时,要特别注意岩锚梁顶面混凝土的保温力度。

第 7 章　混凝土热学参数试验反分析及其应用

7.1　含塑料冷却水管混凝土长方体试块非绝热温升试验

7.1.1　试验目的

（1）研究不同壁厚塑料冷却水管（白龙管）的管壁散热特性参数。

（2）研究混凝土不同散热面分别采用钢模板、维萨模板、泡沫保温板和聚乙烯保温板时表面散热特性。

（3）研究混凝土散热面分别覆盖不同种类和厚度的保温材料时表面散热特性。

7.1.2　试验条件

非封闭洞内环境，气温和湿度随洞室内气温和湿度变化，基本无风。

7.1.3　试验模型

长方体试块的尺寸为 4.00 m×2.00 m×1.80 m（长×宽×高），采用实际工程中岩锚梁的施工配合比混凝土。长方体表面的覆盖情况：底面采用施工钢模板；一个端面采用厚为 1.80 cm 的维萨模板（附带 1.0 mm 厚的 PVC 板），外贴 7.00 cm 厚的聚乙烯保温板；另外一个端面采用厚为 1.80 cm 的维萨模板（附带 1.0 mm 厚的 PVC 板），外贴 7.00 cm 厚的泡沫保温板；1 个长侧面采用厚为 1.80 cm 的维萨模板（附带 1.0 mm 厚的 PVC 板），外贴 5.00 cm 厚的聚乙烯保温板；另外一个长侧面采用厚为 1.80 cm 的维萨模板（附带 1.0 mm 厚的 PVC 板），不贴保温板；顶面共长 4.00 m，每米范围内用不同保温材料进行覆盖：第一个 1.00 m 段用 1 层农用塑料膜覆盖，第二个 1.00 m 段用 1 层工业油毛毡覆盖，第三个 1.00 m 段用“1 层农用塑料膜+1 层草袋+1 层土工膜”覆盖，第四个 1.00 m 段用“1 层农用塑料膜+2 层草袋+1 层土工膜”覆盖。本试验用到的土工膜都是一布一膜形式的。覆盖材料搭接长度在 5~10 cm，覆盖材料的边缘应适当的延伸，将混凝土包裹严实。具体表面覆盖情况见图 7-1。试块内布置 24 个数字式温度探头，用导线从温度探头接到混凝土外部的测温仪上，测点布置如图 7-2 所示。

水管 a 的内径为 2.0 cm，管壁厚度为 0.25 cm，外径为 2.50 cm；水管 b 的内径为 2.50 cm，管壁厚度为 0.42 cm，外径为 3.34 cm；水管 c 的内径为 2.50 cm，管壁厚度为 0.50 cm，外径为 3.50 cm。

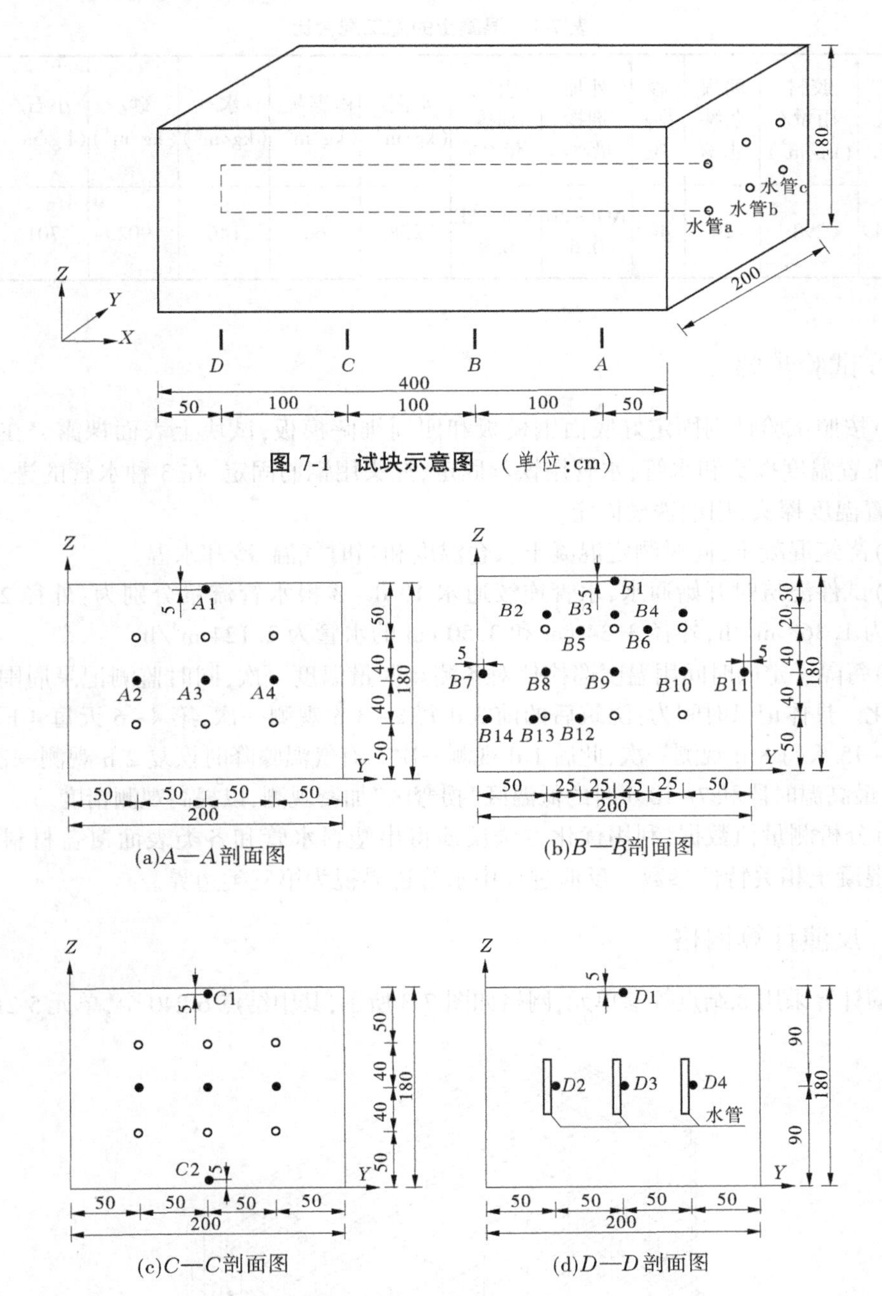

图 7-1　试块示意图　（单位：cm）

图 7-2　试块剖面　（单位：cm）

7.1.4　试块混凝土配合比

试块混凝土配合比和施工现场实际混凝土配合比相同，具体见表 7-1。

表 7-1　混凝土的施工配合比

混凝土强度等级	水胶比	胶材用量/(kg/m³)	粉煤灰掺量/%	砂率/%	外加剂掺量/%	引气剂掺量/%	水泥/(kg/m³)	粉煤灰/(kg/m³)	水/(kg/m³)	砂/(kg/m³)	小石/(kg/m³)	中石/(kg/m³)
C25	0.49	298	20	44	NOF-2B 0.6	NOF-AE 0.8	238	60	146	902	701	467

7.1.5　试验步骤

(1)按照试验计划固定好底面钢模板和四周维萨模板,试块上表面裸露。在内部按图 7-2 布置温度探头和水管,水管用铁丝固定,探头用钢筋固定,在 3 种水管的进、出口也分别布置温度探头,用细铁丝固定。

(2)浇筑混凝土,同时测定混凝土入仓温度和当时气温、冷却水温。

(3)试件浇筑时开始通水,水管连续通水 10 d。3 根水管流量分别为:外径 2.50 cm 的水管为 1.368 m^3/h,外径 3.34 cm 和 3.50 cm 的水管为 2.124 m^3/h。

(4)每隔一定的时间用温度巡检仪对各测点测量温度一次,同时监测记录周围环境温度的变化。具体记录时间为:浇筑后的前 3 d 每 2~3 h 观测一次,第 4~6 天每 4 h 观测一次,第 7~15 天每 8 h 观测一次,此后 1 d 观测一次。有气温骤降时恢复 2 h 观测一次。(开始时段、最高温时段和 7~10 d 时的低温区“拐弯区”加密观测,以提高观测精度。)

(5)分析测量值数据,利用优化方法反演得出塑料水管和各类表面覆盖材料的放热系数及混凝土相关特性参数。反演过程中水管边界视为第三类边界。

7.1.6　反演计算网格

反演计算采用 8 结点等参单元,网格如图 7-3 所示,其中结点 6 240 个,单元 5 214 个。

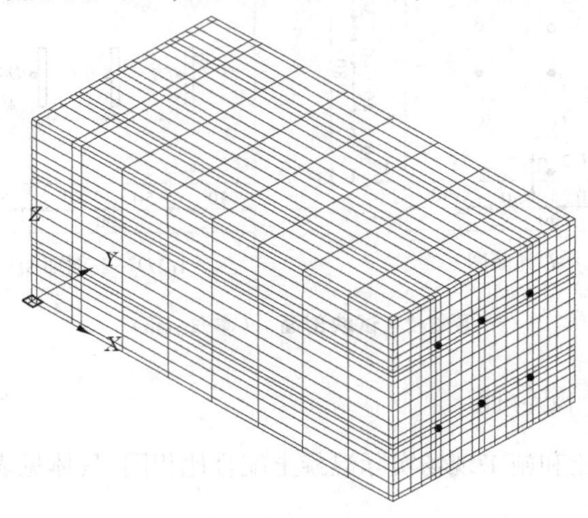

图 7-3　反演计算网格

7.1.7 试验和反演结果

试块浇筑时间为2008年9月18日17:00~21:00,当时洞内气温26.0 ℃,入仓温度25.0 ℃,17:00开始通水。特殊情况说明:当试块浇筑到0.65 m高度时发现水泥不够用,当时立即换用了另一品牌的水泥,具体配合比不变。所以,试块内实际含有两种不同的混凝土。

(1)测量结果见附表2~附表5。

(2)反演得出参数如下:

①下层混凝土(0.65 m高度以下混凝土)绝热温升模型:

最终绝热温升:$\theta_0=39.86$ ℃;

绝热温升函数参数:$a=1.919$,$b=0.565$;

绝热温升公式:$\theta(\tau)=39.86\times(1-e^{-1.919\tau^{0.565}})$ ℃。

②上层混凝土(0.65 m高度以上混凝土)绝热温升模型:

最终绝热温升:$\theta_0=40.16$ ℃;

绝热温升函数参数:$a=1.856$,$b=0.587$;

绝热温升公式:$\theta(\tau)=40.16\times(1-e^{-1.856\tau^{0.587}})$ ℃。

反演得到混凝土的表面热交换系数β,结果如下:

施工钢模板表面放热系数为:35.42 kJ/(m² · h · ℃);

1.80 cm厚的维萨模板表面放热系数为:12.52 kJ/(m² · h · ℃);

1.80 cm厚的维萨模板(附带1.0 mm厚的PVC板),外贴7.00 cm的聚乙烯保温板表面放热系数为:1.53 kJ/(m² · h · ℃);

1.80 cm厚的维萨模板(附带1.0 mm厚的PVC板),外贴7.00 cm的泡沫保温板表面放热系数为:1.55 kJ/(m² · h · ℃);

1.80 cm厚的维萨模板(附带1.0 mm厚的PVC板),外贴5.00 cm的聚乙烯保温板表面放热系数为:1.88 kJ/(m² · h · ℃);

1层农用塑料膜覆盖表面放热系数为:16.67 kJ/(m² · h · ℃);

1层工业油毛毡覆盖表面放热系数为:12.50 kJ/(m² · h · ℃);

1层农用塑料膜+1层草袋+1层土工膜覆盖表面放热系数为:1.875 kJ/(m² · h · ℃);

1层农用塑料膜+2层草袋+1层土工膜覆盖表面放热系数为:1.33 kJ/(m² · h · ℃);

外径2.50 cm、管壁厚度0.25 cm的白龙管管壁放热系数:133.33 kJ/(m² · h · ℃);

外径3.34 cm、管壁厚度0.42 cm的白龙管管壁放热系数:104.17 kJ/(m² · h · ℃);

外径3.50 cm、管壁厚度0.50 cm的白龙管管壁放热系数:80.33 kJ/(m² · h · ℃)。

7.1.8 结果分析

7.1.8.1 温度测量数据分析

(1)D4测点可能在浇筑时损坏,无法测量,其他测点正常。除了意外停水期间,基本无明显的异常测量值出现。

(2)水管通水 9.75 d 后停水,停水时混凝土的温度有一定的回弹,一般在 1.0 ℃以下。

(3)从各个断面的测点温度变化曲线来看,总体变化规律较为合理。钢模板和水管管壁附近混凝土温度较低,表面覆盖越厚的区域温升越高。

(4)混凝土内的最高温度出现在距离水管较远,且覆盖最厚的区域,温度值为 48.81 ℃,在龄期 1 d 时出现。如果没有冷却水管,最高温值将会推迟出现。

(5)钢模板附近最高温度为 35.50 ℃,维萨模板附近最高温度为 42.44 ℃,可见,后者具有比较明显的保温效果。

(6)1 层农用塑料膜覆盖以下 5 cm 处的混凝土最高温为 39.31 ℃,可见,塑料膜有一定的保温作用,过去在计算中不计塑料膜的保温效果是不准确的。

(7)水管管壁上的最高温度在 37.0~38.0 ℃,也是在龄期 1 d 时出现,与混凝土内最高温之差在 10.0 ℃左右。

7.1.8.2 反演结果与实测结果对比分析

分析反演结果及测点温度反演计算值与实测值的对比图(见图 7-4~图 7-26)以及龄期第 1 天和第 10 天在 4 个断面上的温度场仿真计算等值线分布图(附图 77~附图 84),可得:

(1)反演计算值与测量值的对比曲线显示两者吻合较好,除通水冷却时由于意外停水造成一些测点的实测值和反演计算值有一定差距外,计算值与测量值的最大误差基本上控制在 2.0 ℃以内。

(2)反演得到的钢模板表面放热系数为 35.42 kJ/(m^2·h·℃)。按照传统理论,无风条件下,固体表面放热系数在 18.50~23.90 kJ/(m^2·h·℃),而且一般认为,钢模板没有保温效果,因此在无风条件下,以往使用的钢模板放热系数都是在 18.50~23.90 kJ/(m^2·h·℃)。

(3)外径 2.50 cm 的水管流量为 1.368 m^3/h,外径 3.34 cm 和 3.50 cm 的水管流量为 2.214 m^3/h,后者为前者的 1.62 倍。而反演结果显示,3 种水管的等效表面放热系数分别为 133.33 kJ/(m^2·h·℃)、104.17 kJ/(m^2·h·℃)和 83.33 kJ/(m^2·h·℃),流量小的细管放热系数反而要好于粗管,这主要是因为粗管管壁明显比细管厚。可以看出,塑料水管的等效表面放热系数和水管的管壁厚度有很大的关系,和通水流量的关系相对较小。

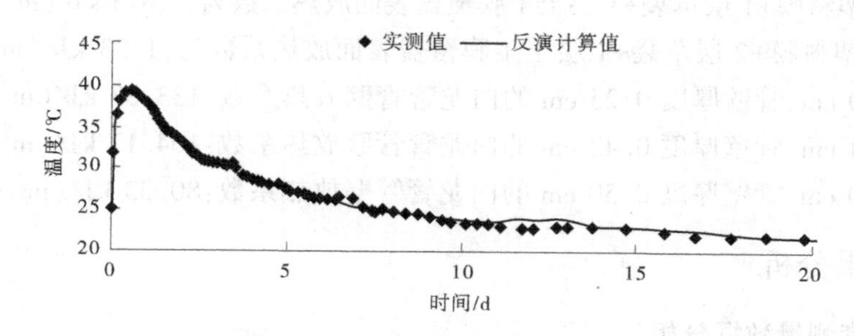

图 7-4 测点 A1 温度实测值和反演计算值对比

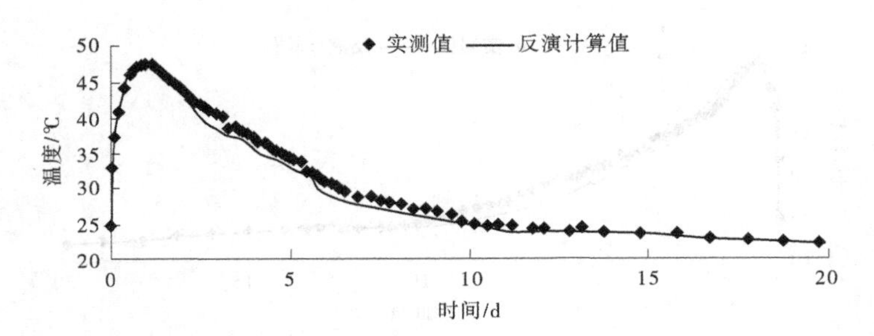

图 7-5　测点 A2 温度实测值和反演计算值对比

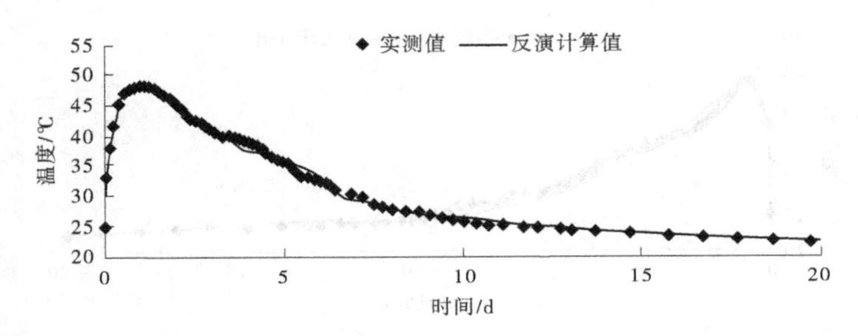

图 7-6　测点 A3 温度实测值和反演计算值对比

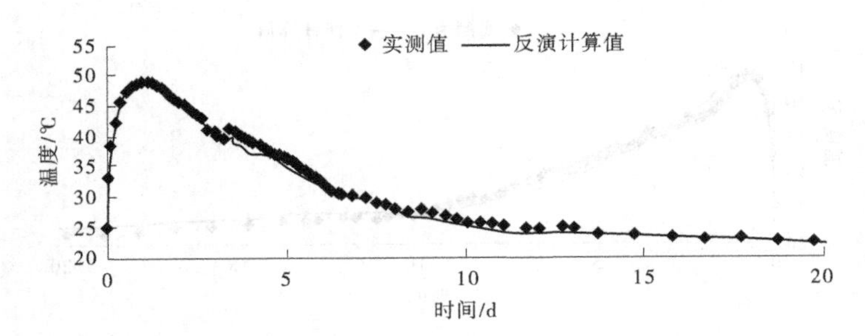

图 7-7　测点 A4 温度实测值和反演计算值对比

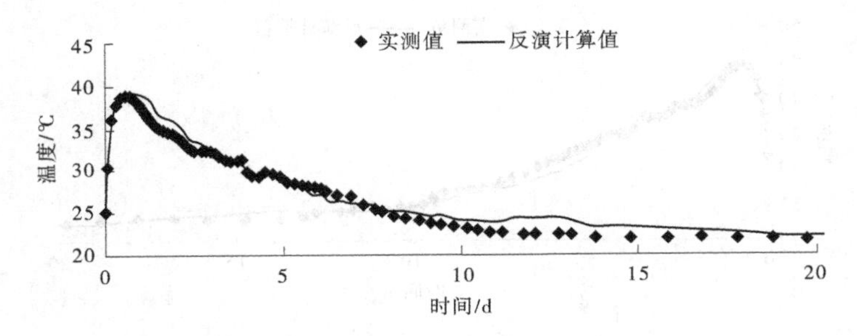

图 7-8　测点 B1 温度实测值和反演计算值对比

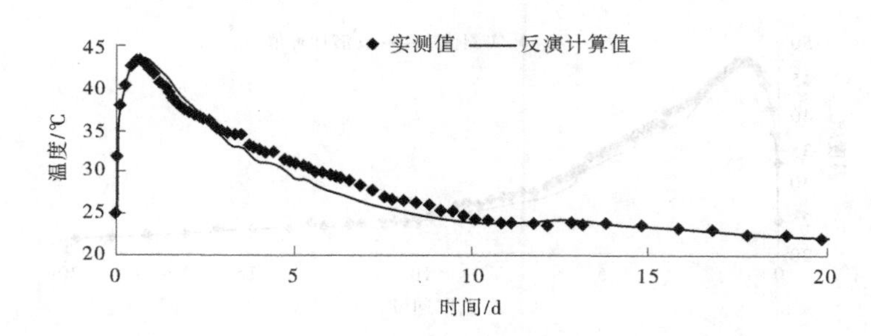

图 7-9　测点 B2 温度实测值和反演计算值对比

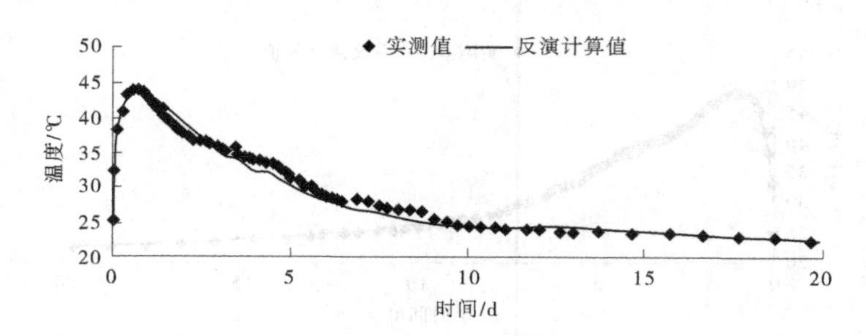

图 7-10　测点 B3 温度实测值和反演计算值对比

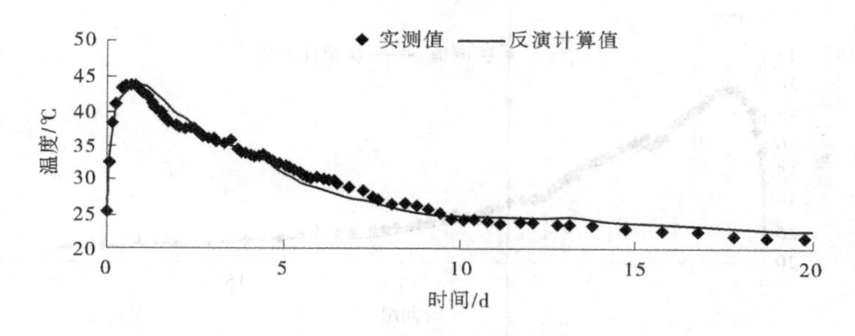

图 7-11　测点 B4 温度实测值和反演计算值对比

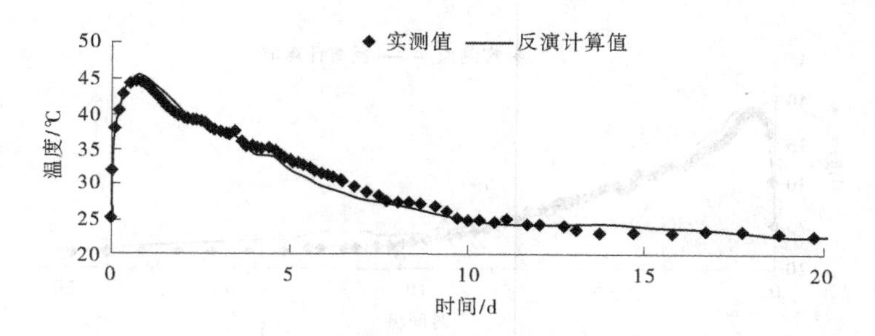

图 7-12　测点 B5 温度实测值和反演计算值对比

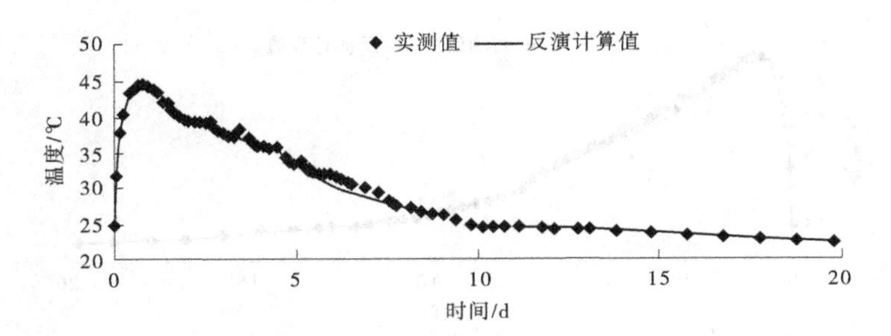

图 7-13　测点 B6 温度实测值和反演计算值对比

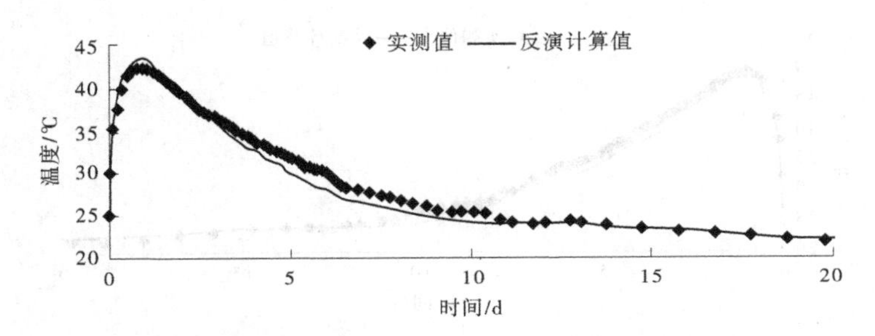

图 7-14　测点 B7 温度实测值和反演计算值对比

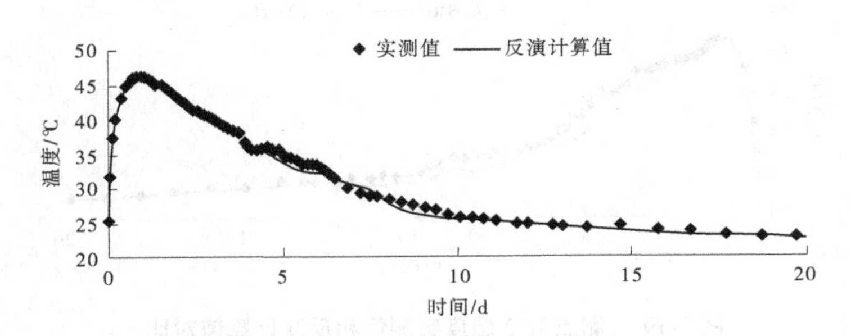

图 7-15　测点 B8 温度实测值和反演计算值对比

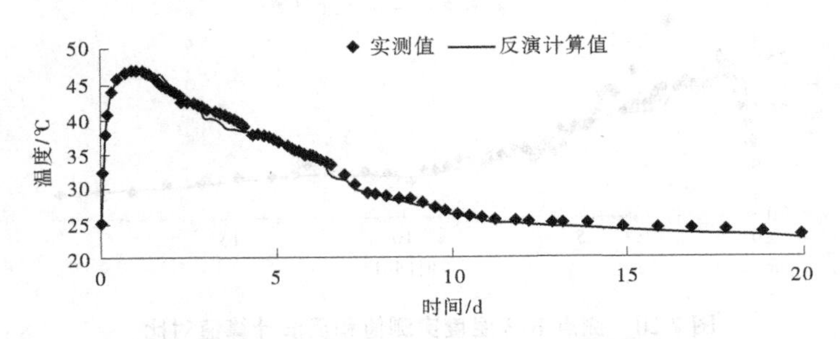

图 7-16　测点 B9 温度实测值和反演计算值对比

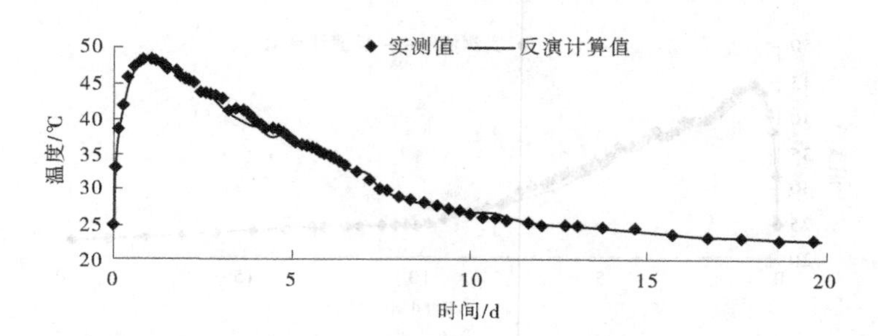

图 7-17　测点 B10 温度实测值和反演计算值对比

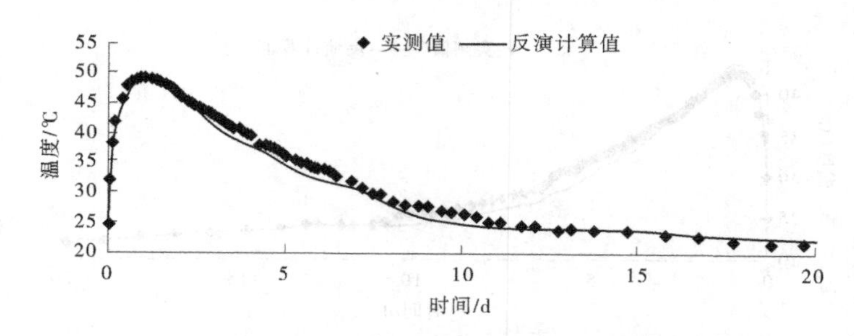

图 7-18　测点 B11 温度实测值和反演计算值对比

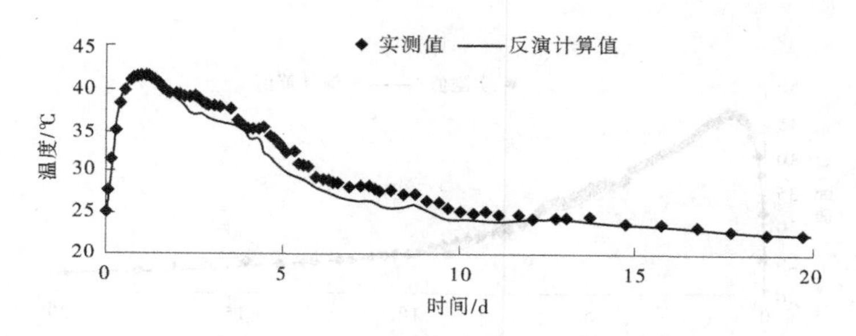

图 7-19　测点 B12 温度实测值和反演计算值对比

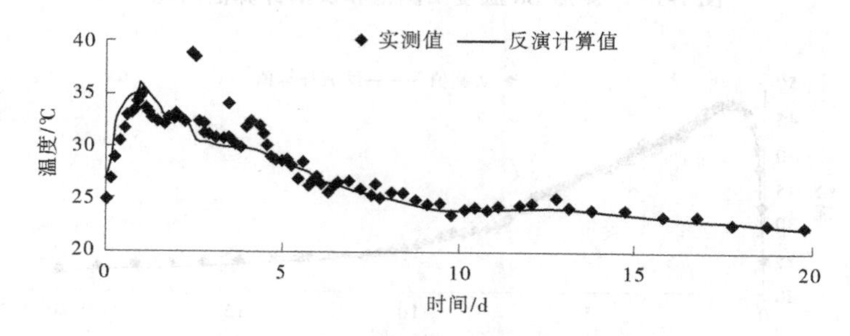

图 7-20　测点 B13 温度实测值和反演计算值对比

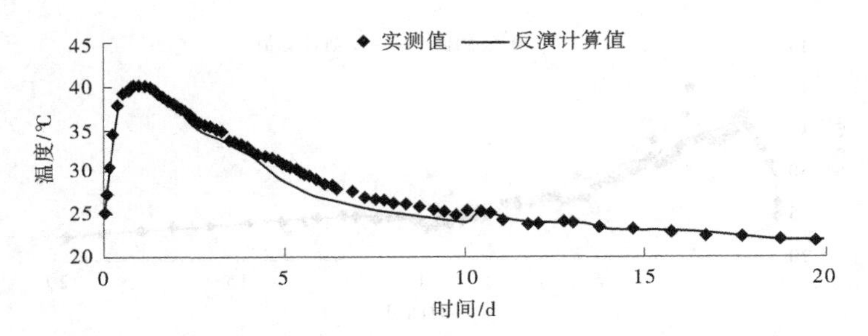

图 7-21　测点 B14 温度实测值和反演计算值对比

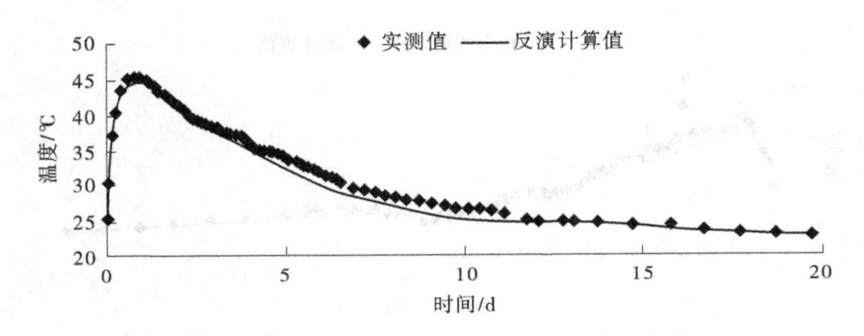

图 7-22　测点 C1 温度实测值和反演计算值对比

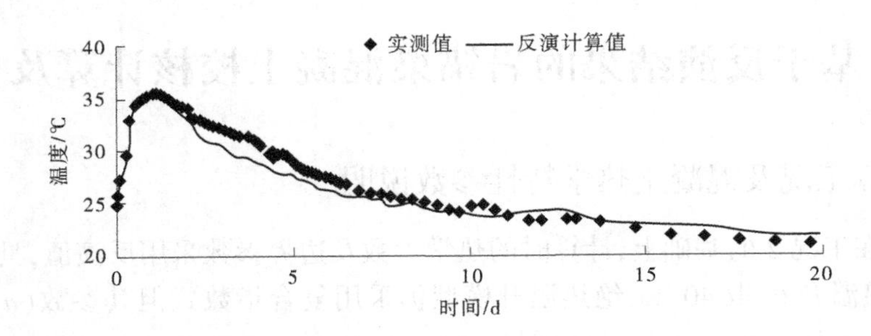

图 7-23　测点 C2 温度实测值和反演计算值对比

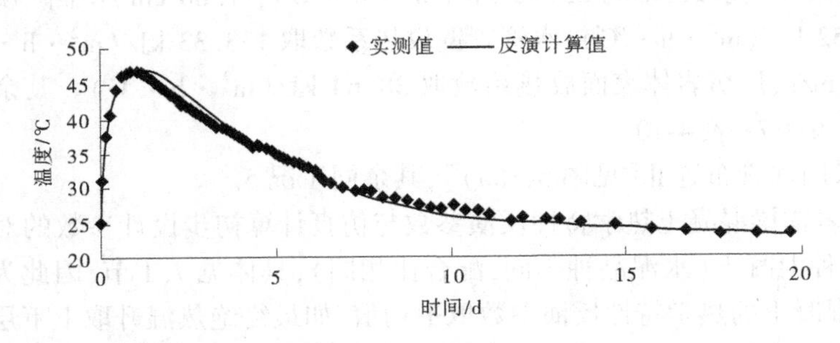

图 7-24　测点 D1 温度实测值和反演计算值对比

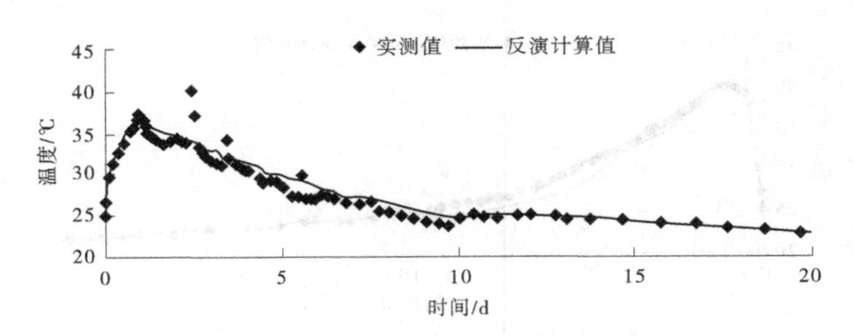

图 7-25　测点 D2 温度实测值和反演计算值对比

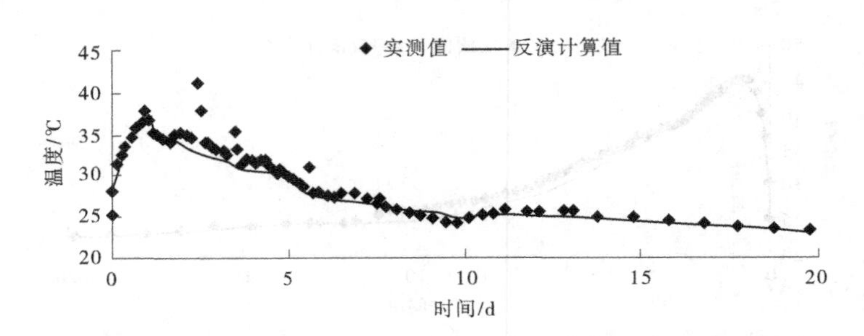

图 7-26　测点 D3 温度实测值和反演计算值对比

7.2　基于反演结果的岩锚梁混凝土校核计算及分析

7.2.1　计算工况及混凝土热学特性参数说明

工况 5：在工况 2 的基础上，计算时的热学参数及边界参数采用反演值，具体如下：

最终绝热温升 θ_0 取 40 ℃，绝热温升模型仍采用复合指数式但其参数（a、b 值）采用反演结果，即 $\theta(\tau)=40.00\times(1-e^{-1.856\tau^{0.587}})$ ℃；裸露混凝土表面放热系数取为反演得到的施工钢模板表面放热系数，即为 35.42 kJ/(m^2 · h · ℃)；1.80 cm 厚维萨模板的表面放热系数为 12.52 kJ/(m^2 · h · ℃)；水管管壁放热系数取 133.33 kJ/(m^2 · h · ℃)；洞内平均风速取 1.0 m/s，厂房岩体表面放热系数取 38.64 kJ/(m^2 · h · ℃)。其余混凝土仿真计算参数仍同表 4-7～表 4-10。

工况 6：采用水管布置Ⅱ[见图 5-5(a)]，其余同工况 5。

表 7-2 为岩锚梁混凝土热学特性反演参数与仿真计算初步设计参数的对照表。由于试块内含有两种混凝土（水泥品种不同，配合比相同），具体见 7.1 节，因此为了减小反演误差，岩锚梁混凝土的热学特性反演参数取平均值，如最终绝热温升取上下层混凝土反演获得的平均值为 40 ℃。

表 7-2　岩锚梁混凝土热学特性反演参数与仿真计算初步设计参数对照

项目	最终绝热温升 θ_0/℃	绝热温升模型参数 $[\theta(\tau)=\theta_0(1-e^{-a\tau^b})]$		热交换系数 β/[kJ/(m^2·h·℃)]	
		a	b	维萨模板(厚 1.80 cm)	混凝土
初步设计值	39.50	1.06	0.79	14.30	49.40
反演值	40.00	1.89	0.57	12.52	35.42

由表 7-2 可见,初步设计时的最终绝热温升值接近反演值,相差约 0.5 ℃,绝热温升模型参数(a、b 值)差别较大,初步设计的 a 值比反演值小,而 b 值则比反演值大,由图 7-27 可见,初步设计的水化反应速度比反演结果的水化反应速度稍缓,说明实际岩锚梁混凝土的温升速度很快。另外,初步设计时的无模板混凝土表面放热系数和有模板的混凝土表面放热系数均比反演值稍大,基本上满足初步设计时仿真计算是从偏危险角度考虑的设计思路。

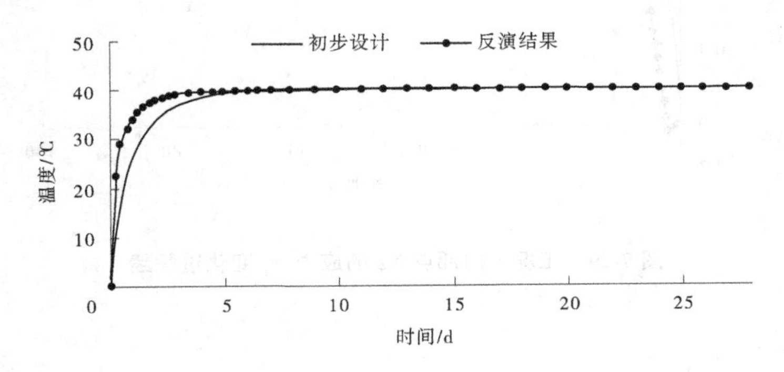

图 7-27　初步设计与反演结果绝热温升模型发展过程线

7.2.2　工况 5 计算结果分析

选取典型内部点 N2 和侧表面点 C5 作为工况 5 计算结果分析特征点,同时与工况 2 相应特征点进行比较分析。

图 7-28 为工况 5 内部点 N2 的温度变化过程线,图 7-29 为工况 5 内部点 N2 的应力 σ_1 变化过程线,图 7-30 为工况 5 侧表面点 C5 的温度变化过程线,图 7-31 为工况 5 侧表面点 C5 的应力 σ_1 变化过程线,图 7-32 为工况 2 内部点 N2 的温度变化过程线,图 7-33 为工况 2 内部点 N2 的应力 σ_1 变化过程线,图 7-34 为工况 2 侧表面点 C5 的温度变化过程线,图 7-35 为工况 2 侧表面点 C5 的应力 σ_1 变化过程线。

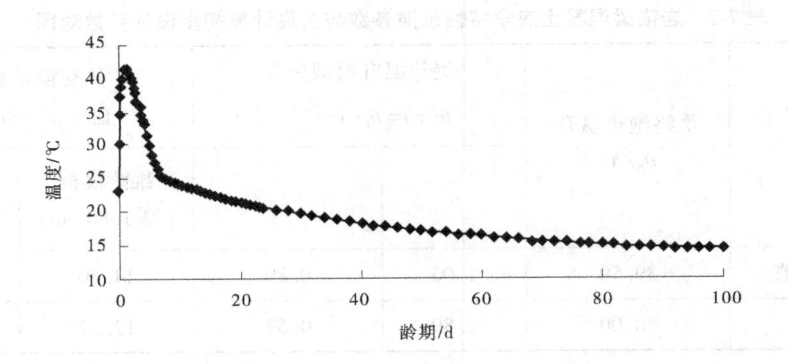

图 7-28　工况 5 内部点 N2 的温度变化过程线

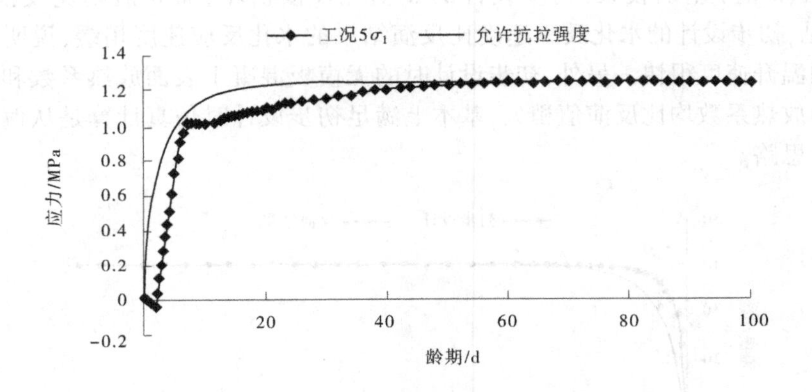

图 7-29　工况 5 内部点 N2 的应力 σ_1 变化过程线

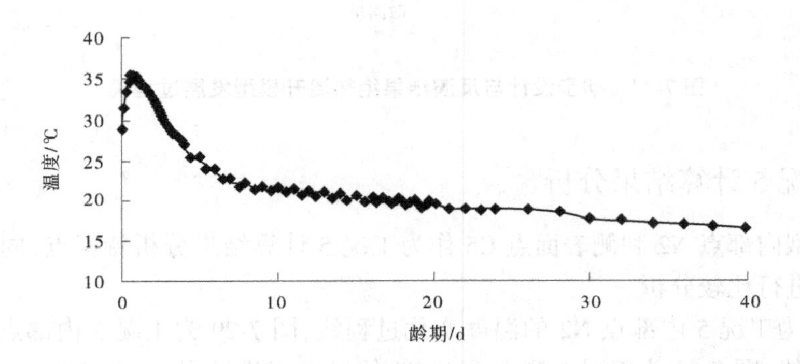

图 7-30　工况 5 侧表面点 C5 的温度变化过程线

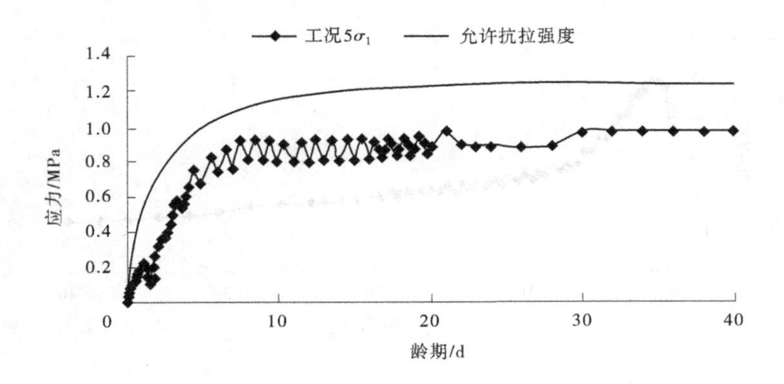

图 7-31　工况 5 侧表面点 C5 的应力 σ_1 变化过程线

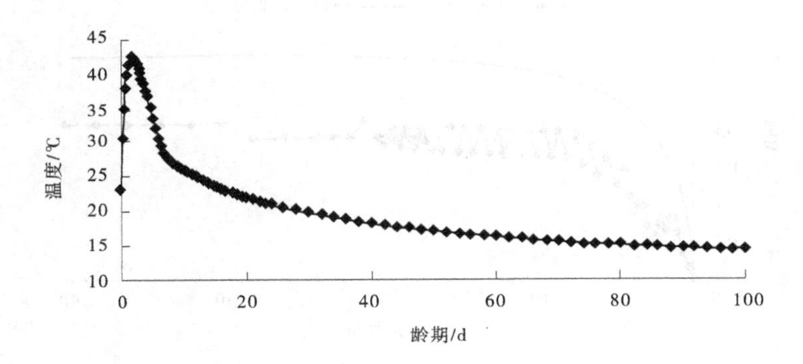

图 7-32　工况 2 内部点 N2 的温度变化过程线

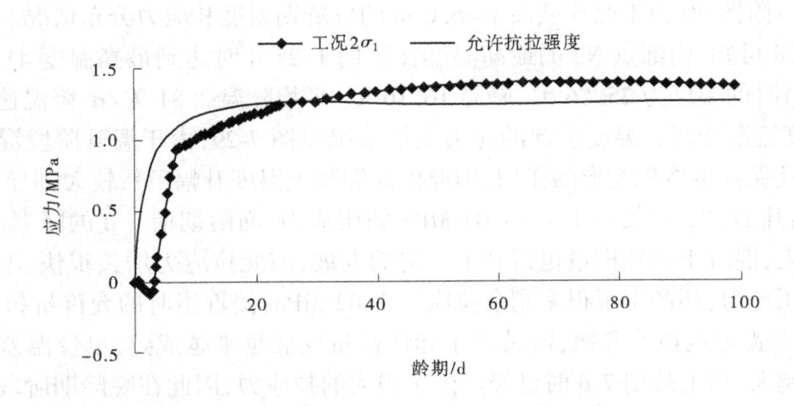

图 7-33　工况 2 内部点 N2 的应力 σ_1 变化过程线

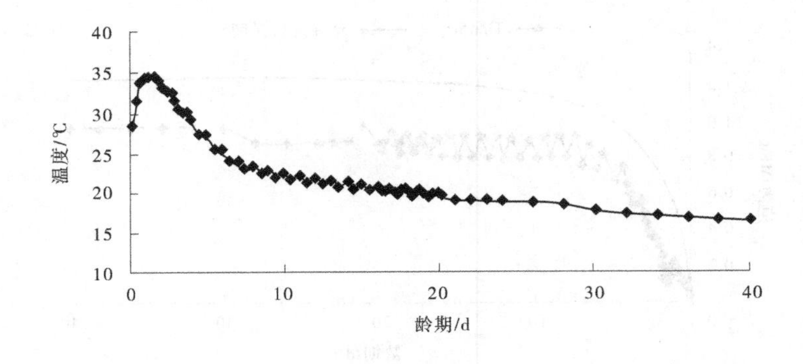

图 7-34　工况 2 侧表面点 C5 的温度变化过程线

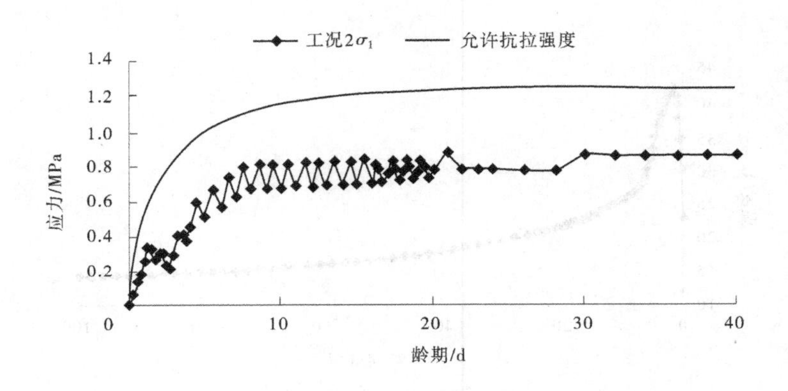

图 7-35　工况 2 侧表面点 C5 的应力 σ_1 变化过程线

附图 85~附图 90 为工况 5 截面 y=6.0 m 的各龄期温度和应力分布情况。

由图 7-28 可知,内部点 N2 的最高温度在龄期 1.25 d 时达到最高温度 41.72 ℃,龄期 7 d(停水)时的温度为 25.56 ℃,降温 16.16 ℃,平均降温 2.81 ℃/d,降温速度较快,7 d 后降温速度逐渐变缓。温度引起的应力发展情况见图 7-29,由于温升阶段混凝土的弹性模量较小及受自生体积变形的作用,因此内部混凝土温度升幅虽然较大,但产生的压应力却较小,温升 18.72 ℃仅产生了-0.04 MPa 的压应力,而龄期前 7 d 的降温阶段,由于降温幅度较大,混凝土弹性模量也得到了一定的发展,因此拉应力增长很快,不仅抵消了早期产生的压应力,还产生了很多剩余拉应力 1.02 MPa,接近当时的允许抗拉强度 1.08 MPa,此后的降温速度虽然变缓,但是由于弹性模量发展越来越成熟,单位温差产生的拉应力也越来越大,加上龄期 7 d 时已经产生了很大的拉应力,因此在晚龄期阶段内部混凝土产生了超过允许抗拉强度的拉应力 1.26 MPa。与工况 5 相比,工况 2 的内部点 N2 的后期拉应力则还要大一些,后期最大拉应力达到 1.39 MPa(见图 7-33),分析原因:由于工况 5 的热学特性参数采用的是反演结果参数,其水化反应速度比工况 2 所采用的初步设计参数要快,从温度场仿真计算结果上看(见图 7-28 和图 7-32),虽然二者最高温升值相差不大,但是最高温度达到时间不同,龄期前 7 d 的降温幅度不同(工况 i,最高温度达到龄期,最高温度值,龄期前 7 d 降温幅度:工况 5,1.25 d,41.72 ℃,16.16 ℃;工况 2,1.75 d,42.37 ℃,14.26 ℃)。可见,在早龄期弹性模量还较小的时候,工况 5 开始降温时间更早,降温幅度更大,这有利于减小后期的温度降幅,即有利于减小后期的拉应力值。

受表面保温效果和水化反应过程的影响,侧表面点 C5 的最大温升值在采用反演结果参数时的变化不大,最高温度在龄期 0.75 d 达到,为 35.50 ℃,与工况 2 的 1.75 d 达到最高温度 35.50 ℃相比,仅在时间上提前达到温度最大值(见图 7-30 和图 7-32),反映在应力变化上可见图 7-31 和图 7-35,两者的应力在龄期前 40 d 均小于允许抗拉强度,还是比较安全的。

7.2.3　工况 6 计算结果分析

选取典型内部点 N2 作为工况 6 计算结果分析特征点,并与工况 5 计算结果进行对比分析。

图 7-36 为况 6 内部点 N2 的温度变化过程线,图 7-37 为工况 6 内部点 N2 的应力 σ_1 变化过程线。

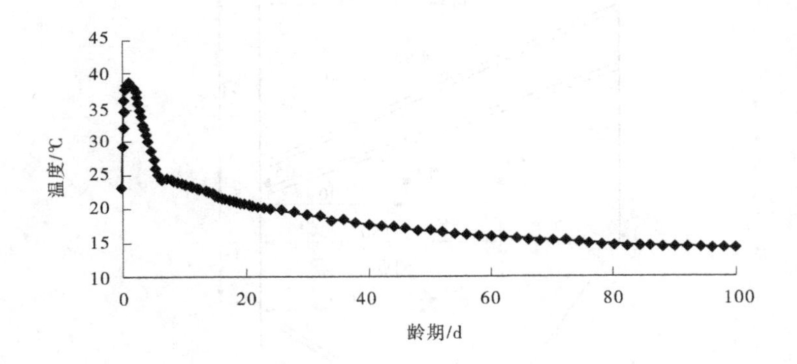

图 7-36　工况 6 内部点 N2 的温度变化过程线

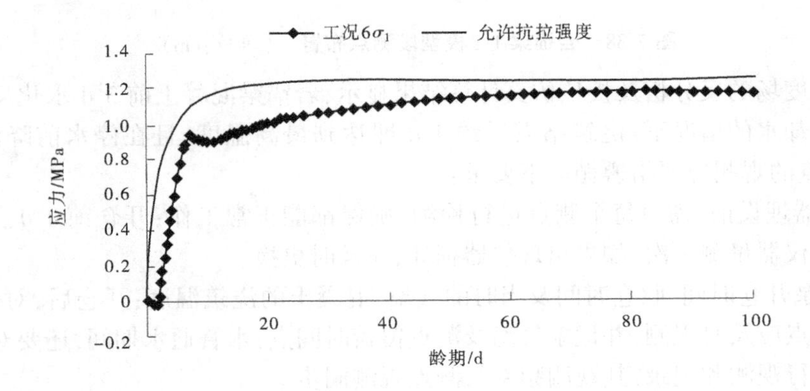

图 7-37　工况 6 内部点 N2 的应力 σ_1 变化过程线

附图 91～附图 96 为工况 6 截面 $y=6.0$ m 的各龄期温度和应力分布情况。

采用水管布置方案Ⅱ时，由图 7-36 可见，在龄期 1.125 d 达到最高温度 38.69 ℃，比采用水管布置方案Ⅰ时（工况 5）的内部点 N2 小了 3.03 ℃，龄期 7 d 时的温度为 24.48 ℃，降温 14.21 ℃，相应的拉应力为 0.94 MPa，比工况 5 的 1.02 MPa 小，晚龄期最大拉应力 1.17 MPa，比工况 5 的 1.26 MPa 小，且小于允许抗拉强度，这些数据均说明了水管布置方案Ⅱ的水管冷却效果在中心区域的冷却效果好于布置方案Ⅰ。

7.3 岩锚梁 1:1模型的测点布置要求

现场 1:1比例尺原型岩锚梁段的测点布置如图 7-38 所示，N1、N2、N3 为三个混凝土内部点，D4 为混凝土顶表层点，C5 为混凝土侧表层点，均距离表面 5 cm，所有测点均布置在岩锚梁的中心截面上。

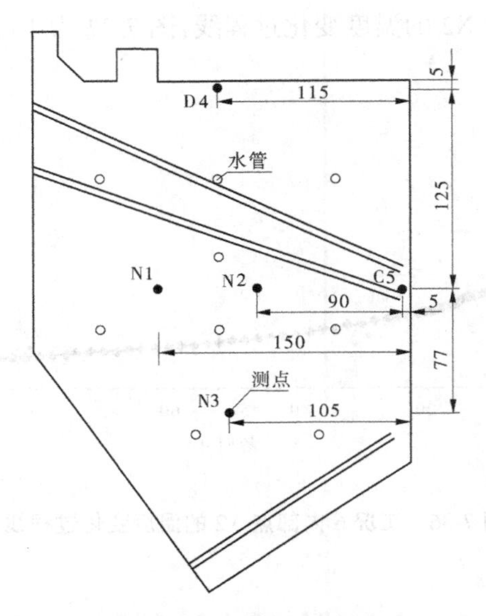

图 7-38 岩锚梁 1:1模型段测点布置 （单位：cm）

试块温度场的反分析及校核仿真计算结果显示，岩锚梁混凝土前 3 d 水化反应剧烈，在内部通冷却水的情况下，浇筑结束后约 1 d 即达到最高温度，且在停水前降温速度较快，因此测点的观测应严格遵循以下要求：

（1）仪器埋设前，需对每个测点进行检测，确保都能正常工作；开仓前 1 d，再将全部埋设的测点仪器量测一次，如果出现仪器损坏，应及时更换。

（2）记录开仓时间、收仓时间及当时的气温、混凝土的浇筑温度；开仓后，对每个埋入混凝土的测点应及时观测，并记录气温及测点覆盖时间点；水管通水期间，还要对水管进、出口水温进行观测和记录，其观测频率与测点观测同步。

（3）开仓至收仓期间，对已埋入混凝土的测点应每隔 3 h 测量一次；收仓后，每 2 h 一测，直到测点 N2 达到最高温度且温度出现较明显下降（约在龄期 1.5 d）；之后，改为每

6 h 一测，直到停水前 1 d(约在龄期 6 d)；之后 2 d(在龄期 6~8 d)加密测量，改为 3 h 一测；之后，改为 6 h 一测，持续 1 d；之后改为 12 h 一测，持续 2 d；之后，改为 24 h 一测直至混凝土 28 d 龄期(龄期从混凝土浇筑完算起)。

(4)所有测点都将参与温度场的反分析，因此观测时需仔细认真，减少人为误差，另外 N2 和 C5 作为该段岩锚梁温控指标的控制测点。

(5)现场若出现特殊情况，比如气温骤降、测量中断、冷却水管停水等情况，需在备注详细说明。

(6)每天都需将测量结果保存为电子档，发送给研究方。

图 7-39 为其余段岩锚梁混凝土浇筑时应布置的测点，作为各段岩锚梁混凝土温控指标的控制点。因混凝土最高温度、混凝土最大内外温差、水管最大内外温差均出现在早期(约龄期前 3 d)，因此如果不作其他研究，测量可在龄期前 3 d 进行，观测频率为每 3 h 观测一次。

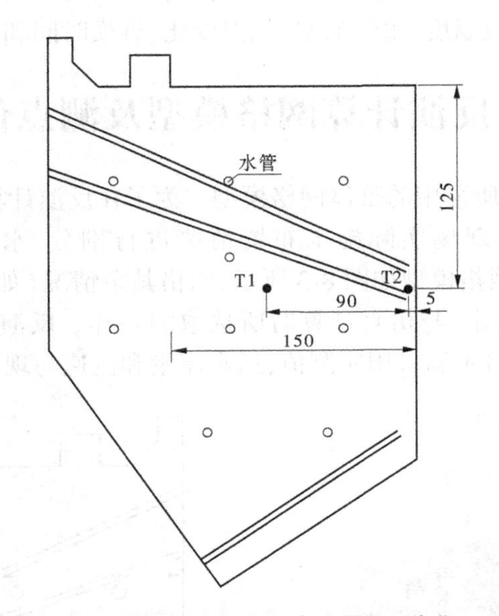

图 7-39　岩锚梁其余段测点布置　(单位：cm)

第 8 章　现场原型岩锚梁段温控反演计算成果

由于仿真计算必须是在模型及其参数与问题的物理机制及其规律充分接近的情况下，才能得到满意的解答，因此为了能够提高三维仿真计算模型的可靠性和混凝土热学特性计算参数及边界条件的准确性，要求在现场率先施工的岩锚梁段布置多个观测点，且测出数量足够的有效温度值（一般要求有 28 d 龄期的温度量测值），并记录施工期影响混凝土温度的外界因素，如浇筑温度、水管通水、气温变化、拆模时间和表面保温等相关信息。

8.1　反演计算网格模型及测点位置

图 8-1 为反演计算时所采用的整体网格模型。为了在反演计算时能与实际情况充分接近，网格内的水管依照现场实际施工布置情况进行剖分，水管布置的截面形式如图 8-2 所示，水管布置的网格模型如图 8-3 所示，网格其余情况（如岩体范围的选取、约束情况、锚杆布置、坐标原点等）与仿真计算时所选取的一样。反演计算时，计算步长与测量频次相对应，气温和进口水温采用实测值，通水流量和流速与现场相符。

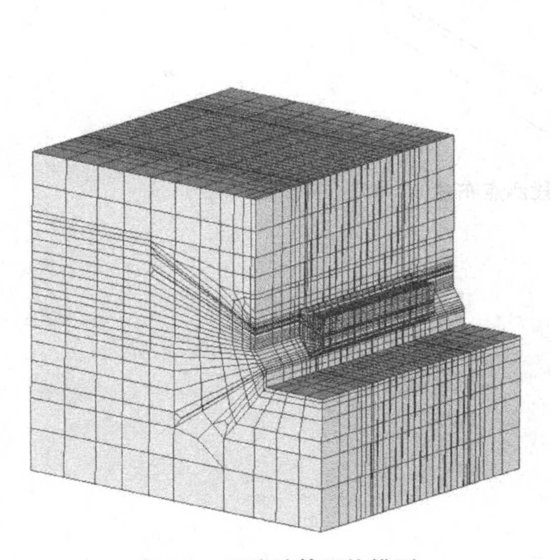

图 8-1　反演计算网格模型

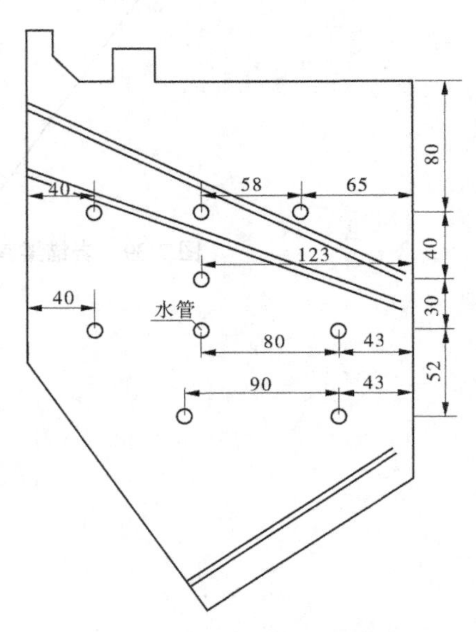

图 8-2　岩锚梁原型段水管布置截面形式　（单位：cm）

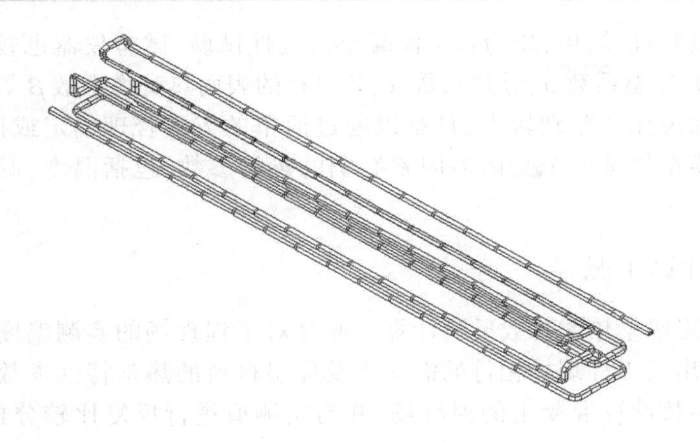

图 8-3　岩锚梁原型段水管布置网格模型

图 8-4 为现场温度观测测点布置图，共布置 5 个测点，内部 3 个测点（N1、N2、N3），表面两个测点［分别位于顶面（D4）和侧面（C5）］。

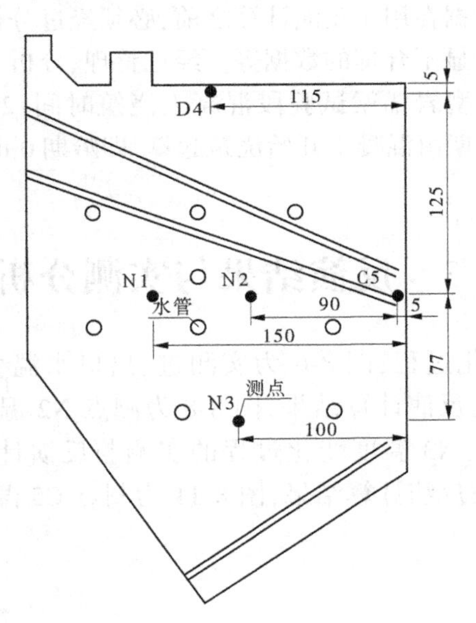

图 8-4　岩锚梁原型段中截面测点布置　（单位：cm）

8.2　反演计算条件

要准确地对实际混凝土工程的温度场和应力场进行精密的仿真计算分析，首先必须对混凝土的热力学参数进行准确地描述，混凝土的比热 c、密度 ρ 等参数对不同的混凝土来说，其值差别不是很大，可由混凝土的各种材料配合比计算得到，或通过试验来获取，这几项试验方法简单，均为水工混凝土常规性试验，试验仪器也较普及。而混凝土的绝热温升 θ、导温系数 a、导热系数 λ、各材料的表面热交换系数 β 等参数对不同配合比的混凝土来说往往差别较大，且难以通过简单的方式合理确定或拟定，另外混凝土的表面热交换系数是一个受诸多因素影响的热学参数，包括温度、湿度、风速等，需反演得到。

8.2.1　反演计算工况

反演工况：岩锚梁热学参数反演计算。通过对工程现场的实测温度数据的定性和定量分析，反演出与工程现场相符的混凝土及保温材料的热学特性参数，反演过程中，利用反演所得参数计算混凝土的温度场，并与实测值进行反复比较分析，最终得到最优值。

8.2.2　数据采集与整理

现场观测的数据难免会存在人为记录或仪器输出的误差，使一些数据产生变异而变得不合理，所以现场所测数据在用于反演计算之前，必须经过分析，剔除不合理的数据，比如突变的数据、龄期变化明显不合理的数据等。经过整理、分析、剔除以后，用于反演的实测数据如附表 3 所示。原型岩锚梁试验段混凝土浇筑时间：2008 年 10 月 19 日，上午 10:30 至下午 5:30，表中龄期由混凝土开始浇筑起算，即龄期 0 d 为 2008 年 10 月 19 日上午 10:30。

8.3　反演结果与实测分析

图 8-5 为实测气温变化过程，图 8-6 为实测进、出口水温变化过程，图 8-7 为测点 N1 温度变化过程的实测与反演计算结果，图 8-8 为测点 N2 温度变化过程的实测与反演计算结果，图 8-9 为测点 N3 温度变化过程的实测与反演计算结果，图 8-10 为测点 D4 温度变化过程的实测与反演计算结果，图 8-11 为测点 C5 温度变化过程的实测与反演计算结果。

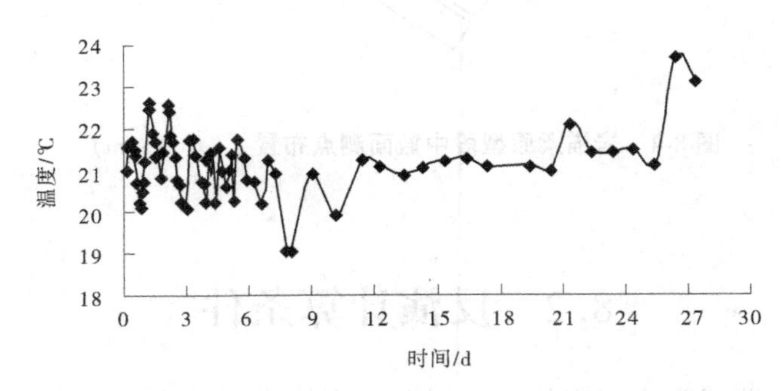

图 8-5　实测气温变化过程

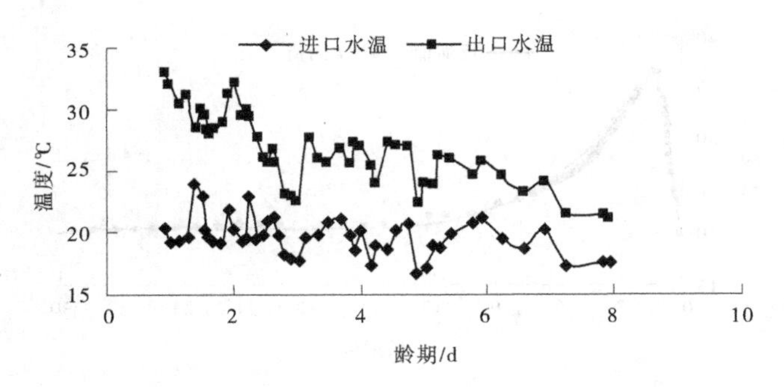

图8-6 实测进、出口水温变化过程

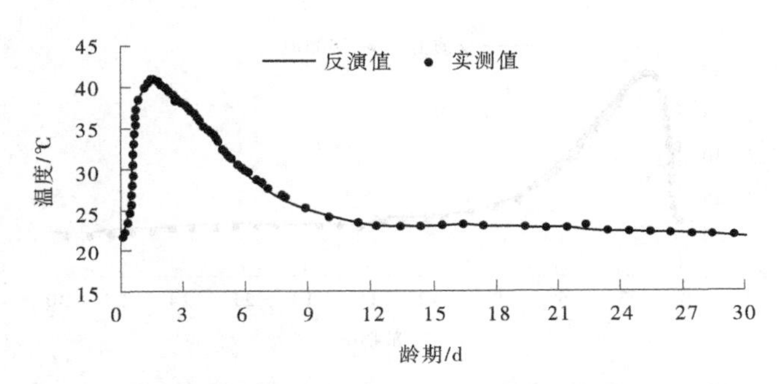

图8-7 测点N1温度变化过程的实测与反演计算结果

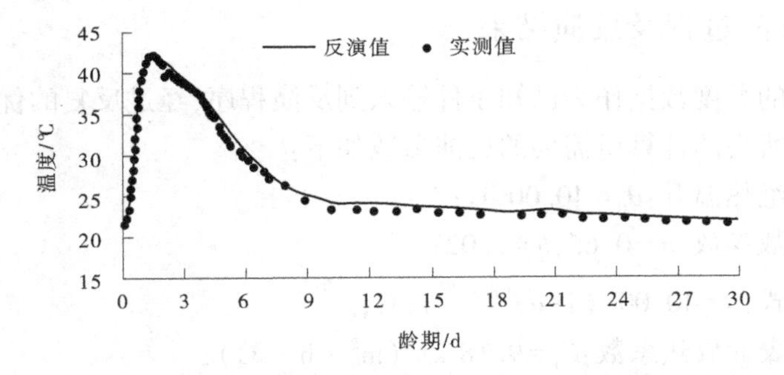

图8-8 测点N2温度变化过程的实测与反演计算结果

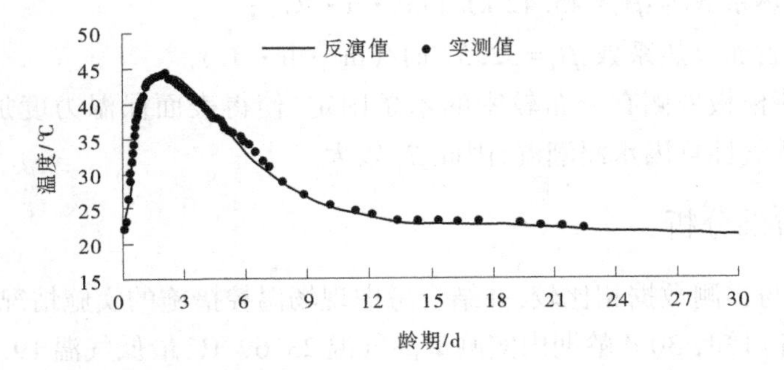

图8-9 测点N3温度变化过程的实测与反演计算结果

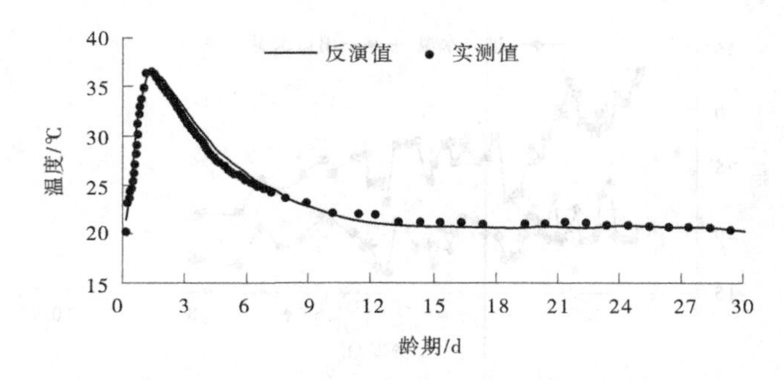

图 8-10　测点 D4 温度变化过程的实测与反演计算结果

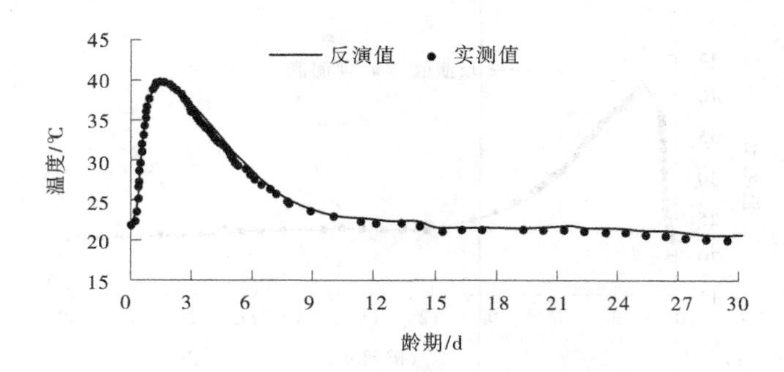

图 8-11　测点 C5 温度变化过程的实测与反演计算结果

8.3.1　参数反演过程及反演结果

将现场实测的温度数据作为已知条件输入到反演程序，经过反复的优化计算，得到了一组最优参数。所得的计算所需要的反演参数如下：

混凝土最终绝热温升：$\theta_0=40.00$ ℃；

绝热温升函数参数：$a=0.65$，$b=1.02$；

绝热温升公式：$\theta=40.00\times(1-e^{-0.60\tau^{1.02}})$ ℃；

维萨模板的表面放热系数：$\beta_1=9.18$ kJ/(m^2·h·℃)；

麻布(湿)的表面放热系数：$\beta_2=22.61$ kJ/(m^2·h·℃)；

水管管壁放热系数为：$\beta_3=45.42$ kJ/(m^2·h·℃)；

裸露混凝土表面放热系数：$\beta_4=32.37$ kJ/(m^2·h·℃)。

说明：因维萨模板外侧有分布较密的木条固定，使得表面保温力度加强，所以 β_1 较小，而麻布具有透气性且因水浸潮湿，因此 β_2 较大。

8.3.2　反演结果分析

将反演结果与实测数据相比较，并结合考虑现场温控措施的实施情况，可以看出：

(1)由图 8-5 可知，30 d 龄期内实测最高气温 23.69 ℃，最低气温 19.06 ℃，且实测 1 d 内最大气温温差仅 2.50 ℃，这一方面说明表层测点的实测值与反演值均没有较大波动，另一方面说明与洞外环境温度相比，洞内气温的日变幅不大。

(2)由于岩锚梁1:1试验段水管开始通水时间较晚，即浇筑结束后14.5 h才开始通水。由图8-6可知，通水前期的最大进、出口水温温差达12.80 ℃，最大进口水温达23.81 ℃，这一事实说明了早期通水流速较小，通水水温较高，反映在测点上为早期内部测点温升速度较快(水管冷却力度不够)，在这一点上反演结果也基本反映出梁内测点温度的这一变化规律，是可靠的。

(3)由图8-7~图8-11可知，利用反演所得的参数计算得到的温度值(反演值)与现场实测温度相比，其温升规律基本一致，除个别点外，大部分测点温度值都很接近，吻合较好，这说明了反演所得的参数具有较好的可靠性，可以应用于后续施工的岩锚梁混凝土的温控仿真预报工作中。

(4)在缺乏试验数据的情况下，对混凝土的热力学参数进行反演计算，能够得到一些表征材料特性的参数，同时这也充分说明了混凝土热力学参数反演的重要性和必要性。

第9章 反馈仿真计算结果分析

9.1 反馈计算工况

反馈工况1:在试块反演和原型试验段反演的基础上,对后续施工岩锚梁混凝土进行精细的反馈计算分析。结合实际情况,假定浇筑结束后9 h通水,通水流量2.21 m^3/h,通水水温取19.0 ℃,水管布置采用推荐形式,如图9-1所示,浇筑温度取20.0 ℃;仿真计算时,混凝土等材料的热学特性参数取反演结果值。龄期10 d拆模,并模拟顶面在水管通水1 d后的流水现象。

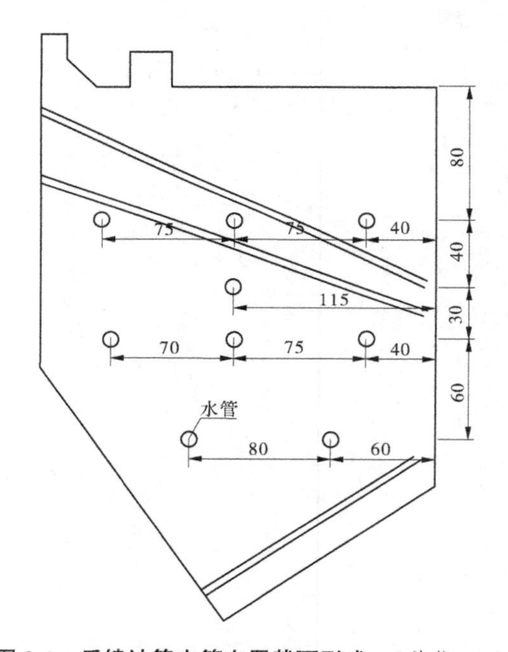

图9-1 反馈计算水管布置截面形式 (单位:cm)

反馈工况2:假定浇筑结束后即通水,通水流量为4.5 m^3/h,通水水温取15.0 ℃,顶面无水流现象,其余同反馈工况1。

反馈工况3:水管通水持续时间的敏感性分析。本工况旨在分析12月水管通水持续时间对混凝土温度及其应力的影响,仿真计算时浇筑温度取20.0 ℃。浇筑结束后即通水,水温13.0 ℃,通水流量3.00 m^3/h,水管采用内径4.00 cm、壁厚0.50 cm的白龙管,水管布置形式不变(参看5.2节所述)。侧面14 d拆模且无爆破情况。顶面14 d掀除覆盖物且无水流现象。水管通水持续7 d,且每12 h改变一次通水方向。

为了进行通水持续时间对混凝土内部温度及应力状态的敏感性分析,调整通水持续

时间为 3 d 和 15 d 作为对比研究,分别如下:

反馈工况 3-1:更改通水持续时间为 3 d,其余同反馈工况 3。

反馈工况 3-2:更改通水持续时间为 15 d,其余同反馈工况 3。

现场有部分水管为内径 2.00 cm、壁厚 0.25 cm 的白龙管,因此对这类水管也必须进行反馈计算。

反馈工况 4:采用内径 2.00 cm、壁厚 0.25 cm 的白龙管,其余同反馈工况 3。

反馈工况 4-1:对拆模时间进行敏感性分析。侧面 7 d 拆模,顶面 7 d 掀除覆盖物,其余同反馈工况 4。

反馈工况 4-2:侧面 30 d 拆模,顶面 30 d 掀除覆盖物,其余同反馈工况 4。

根据前面几个月的实际情况来看,每月的实际浇筑温度和实际水温比较稳定,故不再对浇筑温度和水温进行敏感性分析。

9.2 反馈工况 1 计算结果分析

计算结果分析时所选择的特征点位置见图 9-2,各特征剖面见图 9-3。

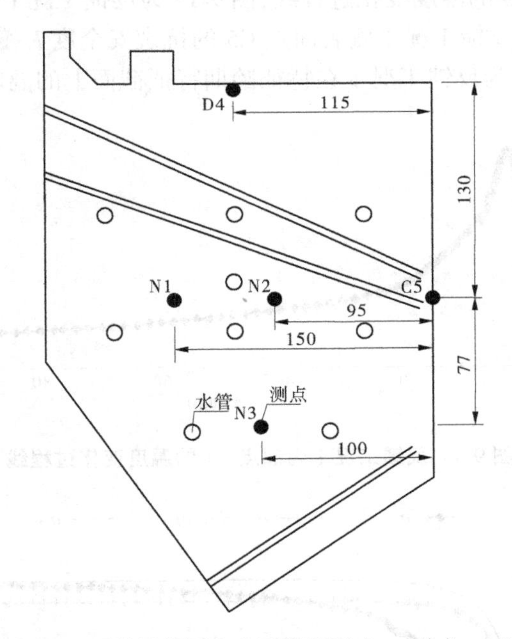

图 9-2　反馈计算测点布置截面形式　(单位:cm)

图 9-4 为反馈工况 1 内部点 N1 的温度变化过程线,图 9-5 为反馈工况 1 内部点 N1 的应力 σ_1 变化过程线,图 9-6 为反馈工况 1 内部点 N1 的抗裂安全度 K 变化过程线,图 9-7 为反馈工况 1 内部点 N2 的温度变化过程线,图 9-8 为反馈工况 1 内部点 N2 的应力 σ_1 变化过程线,图 9-9 为反馈工况 1 内部点 N2 的抗裂安全度 K 变化过程线,图 9-10 为反馈工况 1 内部点 N3 的温度变化过程线,图 9-11 为反馈工况 1 内部点 N3 的应力 σ_1 变化过程线,图 9-12 为反馈工况 1 内部点 N3 的抗裂安全度 K 变化过程线,图 9-13 为反

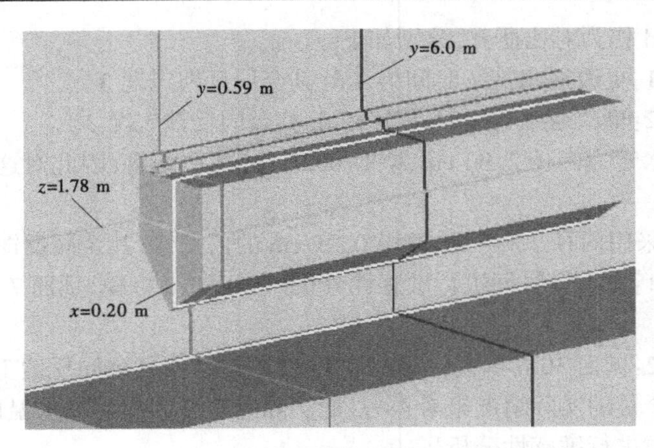

图 9-3　反馈计算各特征剖面示意

馈工况 1 顶表面点 D4 的温度变化过程线，图 9-14 为反馈工况 1 顶表面点 D4 的应力 σ_1 变化过程线，图 9-15 为反馈工况 1 顶表面点 D4 的抗裂安全度 K 变化过程线，图 9-16 为反馈工况 1 侧表面点 C5 的温度变化过程线，图 9-17 为反馈工况 1 侧表面点 C5 的应力 σ_1 变化过程线，图 9-18 为反馈工况 1 侧表面点 C5 的抗裂安全度 K 变化过程线。

附图 97～附图 116 为反馈工况 1 在特征龄期特征截面上的温度和应力等值线分布。

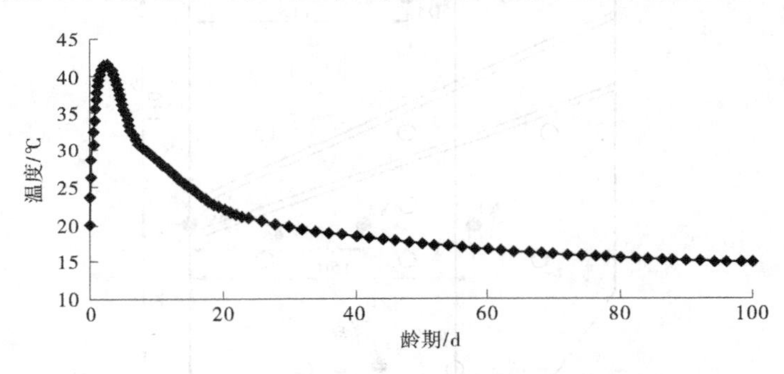

图 9-4　反馈工况 1 内部点 N1 的温度变化过程线

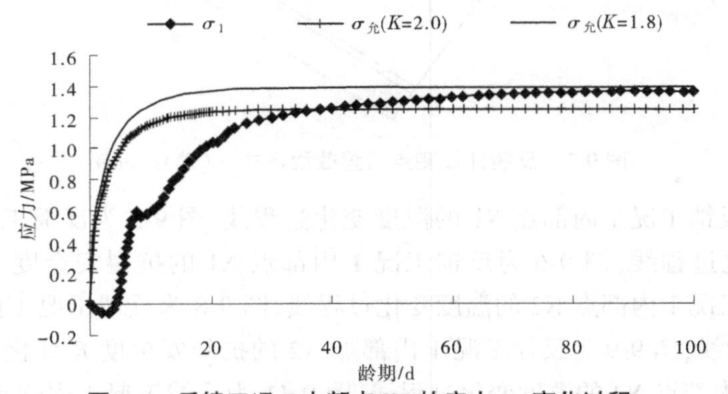

图 9-5　反馈工况 1 内部点 N1 的应力 σ_1 变化过程

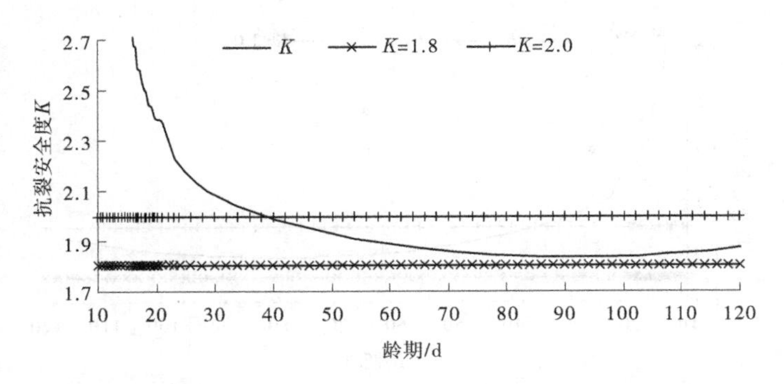

图 9-6　反馈工况 1 内部点 N1 的抗裂安全度 K 变化过程线

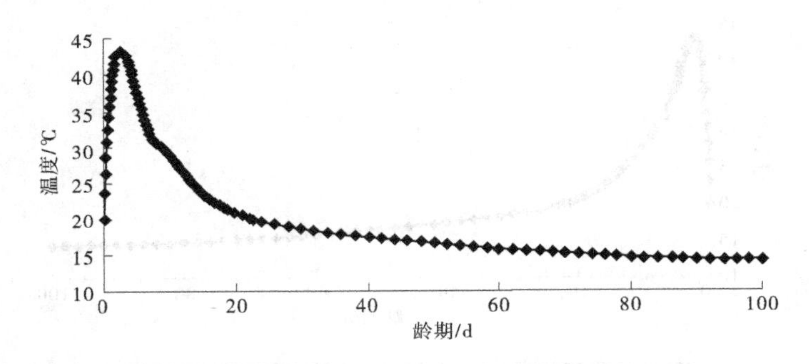

图 9-7　反馈工况 1 内部点 N2 的温度变化过程

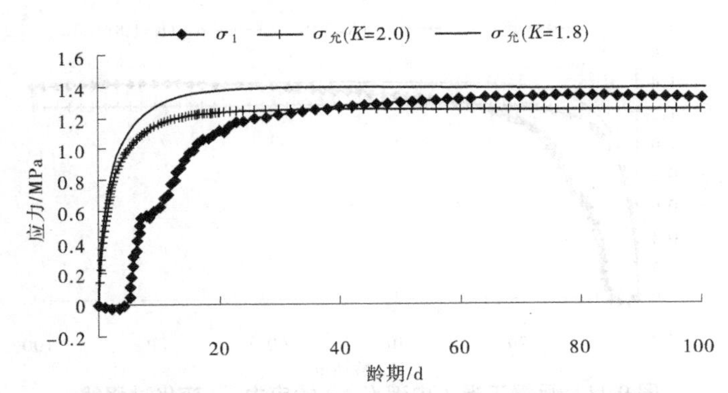

图 9-8　反馈工况 1 内部点 N2 的应力 σ_1 变化过程线

从各特征点的温度历时曲线可以看出，三个内部特征点中 N3 的最高温度值最大，在龄期 2.5 d，达到 43.16 ℃，这是由水管布置形式的变更引起的，与施工前的仿真计算相比，反馈计算时的水管向梁的中间集中，使得在岩锚梁下部三角区域冷却效果相对不够，因此 N3 比其余两个点 N1（龄期 2.25 d，41.65 ℃）和 N2（龄期 2.5 d，42.83 ℃）的温度最大值要稍高。水管对各内部特征点的影响，可以从停水时，各测点的反映情况看出，在龄期 7.25 d（停水）时，N1 和 N2 出现明显的拐点而 N3 则稍不明显。现以 N3 点为例，说明一下混凝土早期降温阶段的情况：混凝土达到最高温度后开始降温，由于水管的冷却作用，早期降温速度较快，停水前降温 12.40 ℃，平均每天降温 2.48 ℃，停水后降温变缓，到

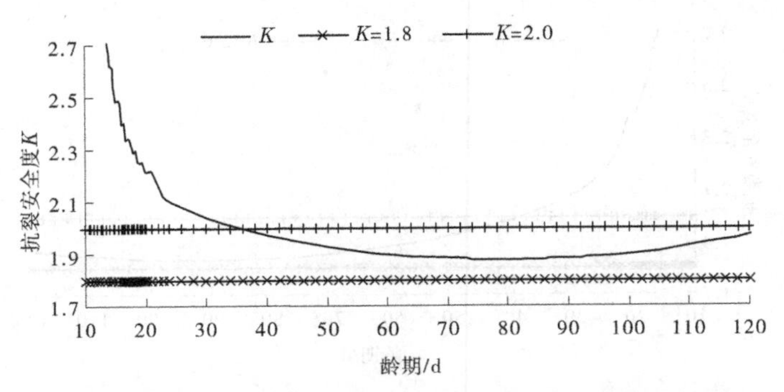

图 9-9 反馈工况 1 内部点 N2 的抗裂安全度 K 变化过程线

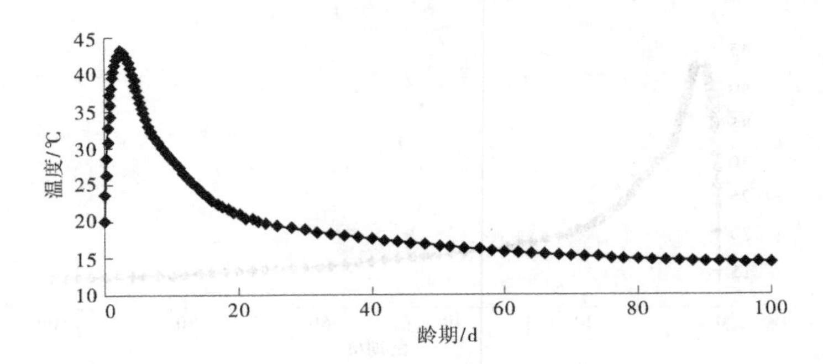

图 9-10 反馈工况 1 内部点 N3 的温度变化过程线

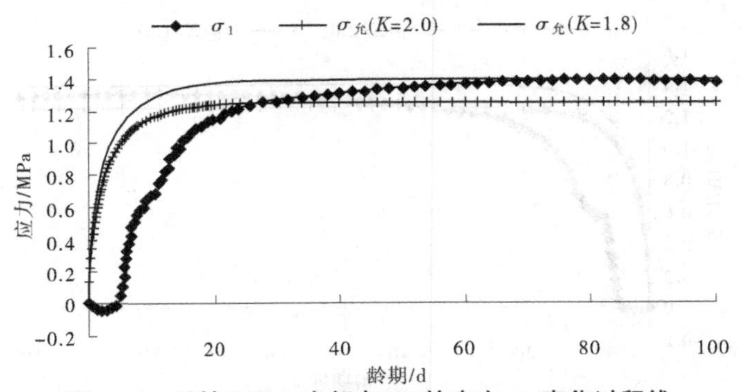

图 9-11 反馈工况 1 内部点 N3 的应力 σ_1 变化过程线

龄期 20 d，降温 10.65 ℃，为 0.84 ℃/ d，此后降温速度更慢，直到准稳定温度阶段。

与内部点相比，温升阶段的表面温度则要低一些，由图 9-13 和图 9-16 可见，表面保温较好的侧表面点 C5，在龄期 2.5 d，达到 38.6 ℃，表面保温较差的顶表面点 D4 在龄期 1.375 d，最高温度 34.6 ℃，这是由于表面混凝土与周围环境接触，蓄热能力较弱，当然这也与表面热交换系数有关，如侧表面点 C5 的最高温度就比顶表面点 D4 的最高温度高 4.0 ℃，且最高温度到达时间推迟 1.125 d 达到。另外，由于反馈计算所取表面特征点选择混凝土的危险部位（混凝土的最外表面），因此其温度是受洞内气温变化的影响而波动，当然，由于洞内气温日变幅不大，所以表面点的温度变化也不大。

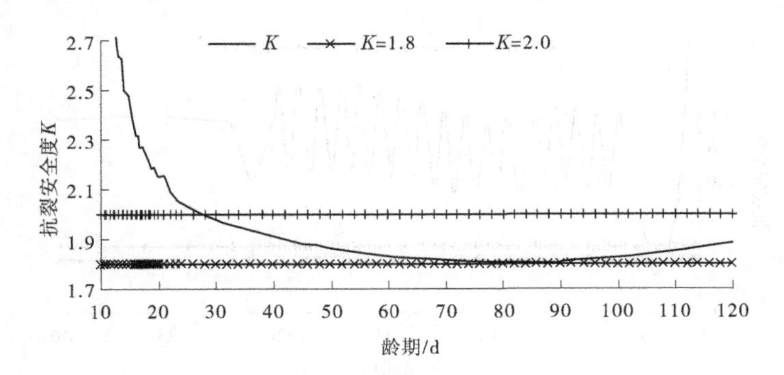

图 9-12　反馈工况 1 内部点 N3 的抗裂安全度 K 变化过程线

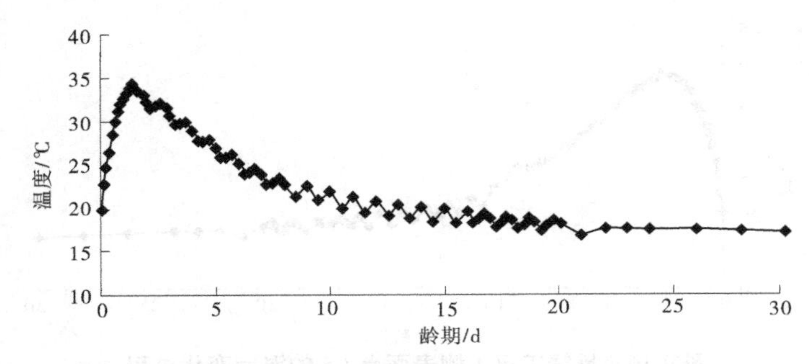

图 9-13　反馈工况 1 顶表面点 D4 的温度变化过程

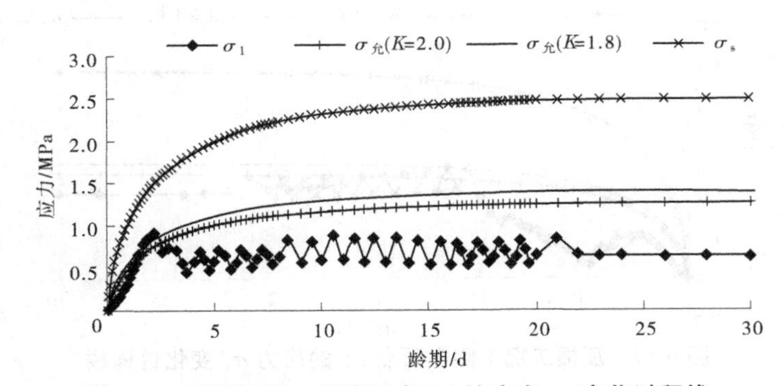

图 9-14　反馈工况 1 顶表面点 D4 的应力 σ_1 变化过程线

受内部温度的影响,混凝土内部的温度应力变化可见图 9-5、图 9-8 和图 9-11。内部点升温阶段多表现为少许压应力,随着混凝土温度逐步下降和弹性模量的发展,受到岩体的约束及混凝土自身约束作用,内部温度拉应力逐渐增加。虽然通水期间,降温速度很快(2.48 ℃/d),但由于期间弹性模量较小,应力增幅不大,以 N3 为例,到停水时应力仅 0.51 MPa,停水后,随着混凝土弹性模量的增大,单位降温温差产生的拉应力增加,在龄期 28 d 时,拉应力达到了 1.24 MPa,接近了允许抗拉强度(K=2.0),到龄期 80 d,应力达到 1.28 MPa,接近了 K=1.8 的允许抗拉强度。

相比较内部温度应力情况,表面温度应力的变化略有不同,表面混凝土的最大拉应力多出现在早期,由图 9-17 可见,侧表面点 C5 出现两个拉应力峰值,一个是在龄期 2.25 d,

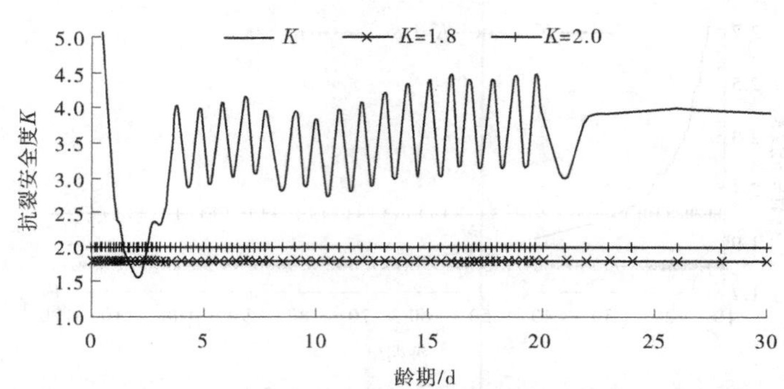

图 9-15　反馈工况 1 顶表面点 D4 的抗裂安全度 K 变化过程线

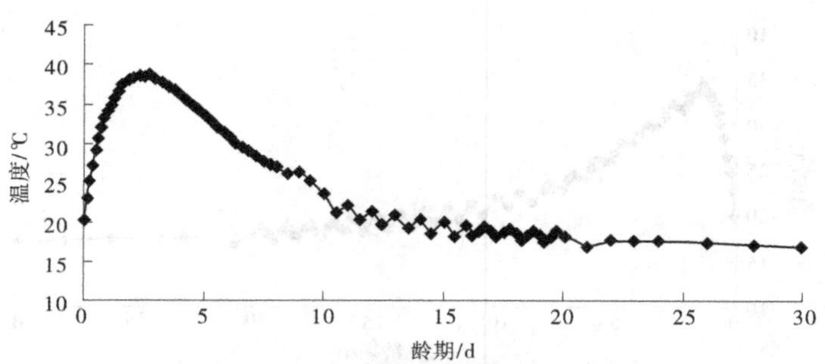

图 9-16　反馈工况 1 侧表面点 C5 的温度变化过程

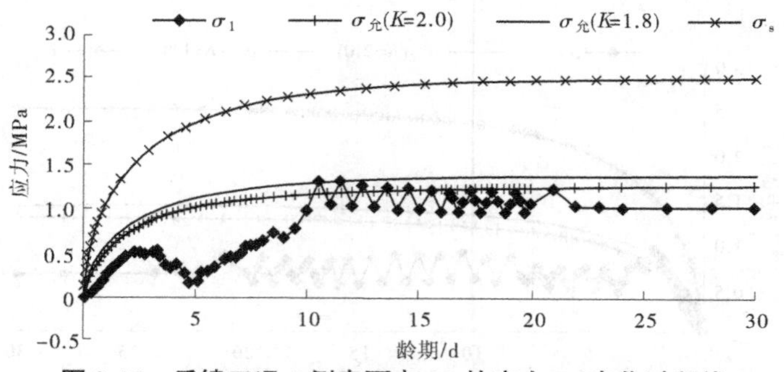

图 9-17　反馈工况 1 侧表面点 C5 的应力 σ_1 变化过程线

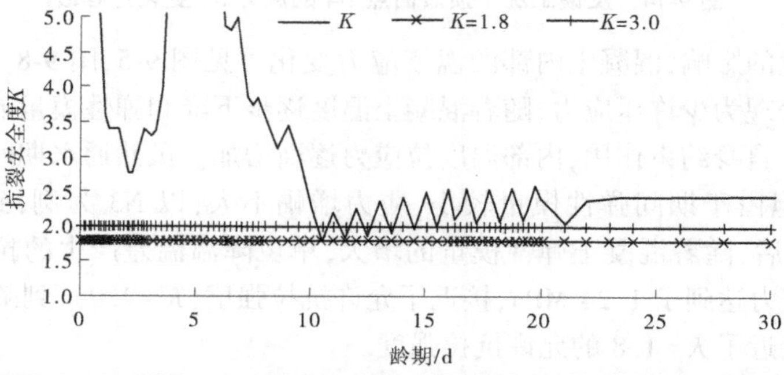

图 9-18　反馈工况 1 侧表面点 C5 的抗裂安全度 K 变化过程线

拉应力 0.54 MPa,是由混凝土温度应变不均匀和自生体积变形引起的应力,由于侧表面保温效果较好,内外温差较小,因此应力小于当时的抗裂安全度为 2.0 的允许抗拉强度 0.75 MPa;另一个是在龄期 10 d 拆模时,应力产生突变,在龄期 0.5 d 内应力从 0.98 MPa 增大到 1.30 MPa,略超过了抗裂安全度为 1.8 的允许抗拉强度 1.29 MPa。此后,受环境温度影响,表面拉应力在波动中减小,在考虑洞内昼夜温差的计算阶段,拉应力值均接近抗裂安全度 2.0 的允许抗拉强度。而顶表面点 D4 在考虑顶表面有水流时,应力出现突变,从龄期 1 d 的 0.38 MPa 突增为 1.25 d 的 0.51 MPa,并在龄期 2.125 d 时,达到最大拉应力 0.93 MPa,超过了当时的允许抗拉强度($K=1.8$)0.8 MPa,此后拉应力在波动中逐渐减小并趋于稳定。到了后期逐渐表现为压应力,不再具有产生表面温度裂缝的危险,因此在历时曲线图中只给出了龄期 30 d 的部分。

与应力变化相对应,混凝土各测点抗裂安全度 K 随龄期变化过程如图 9-6、图 9-9、图 9-12、图 9-15 和图 9-18 所示。随混凝土温度应力的增加,内部点 N3 的抗裂安全度逐渐减小,在龄期 28 d 时,达到 2.0 的抗裂安全度,到龄期 80 d,达到 1.8 的抗裂安全度,80 d 后抗裂安全度出现增加的趋势。而顶表面点 D4 在龄期 1.5 d 和 2.375 d 期间抗裂安全度均小于 2.0,最低在龄期 2.125 d 仅 1.57,其余时段,基本满足抗裂安全度大于 2.0 的要求,而侧表面点 C5 的抗裂安全度 K 小于 2.0 的时间主要出现在龄期 10 d(混凝土拆模时)~10.5 d,最小的抗裂安全度接近 1.8,此后抗裂安全度基本满足 2.0 的要求。

9.3 反馈工况 2 计算结果分析

计算结果分析时所选择的特征点的位置如图 9-2 所示,各特征剖面如图 9-3 所示。

图 9-19 为反馈工况 2 内部点 N1 的温度变化过程线,图 9-20 为反馈工况 2 内部点 N1 的应力 σ_1 变化过程线,图 9-21 为反馈工况 2 内部点 N2 的温度变化过程线,图 9-22 为反馈工况 2 内部点 N2 的应力 σ_1 变化过程线,图 9-23 为反馈工况 2 内部点 N3 的温度变化过程线,图 9-24 为反馈工况 2 内部点 N3 的应力 σ_1 变化过程线,图 9-25 为反馈工况 2 顶表面点 D4 的温度变化过程线,图 9-26 为反馈工况 2 顶表面点 D4 的应力 σ_1 变化过程线,图 9-27 为反馈工况 2 侧表面点 C5 的温度变化过程线,图 9-28 为反馈工况 2 侧表面点 C5 的应力 σ_1 变化过程线。

附图 117~附图 136 为反馈工况 2 在各特征龄期特征截面上的温度和应力等值线分布图。

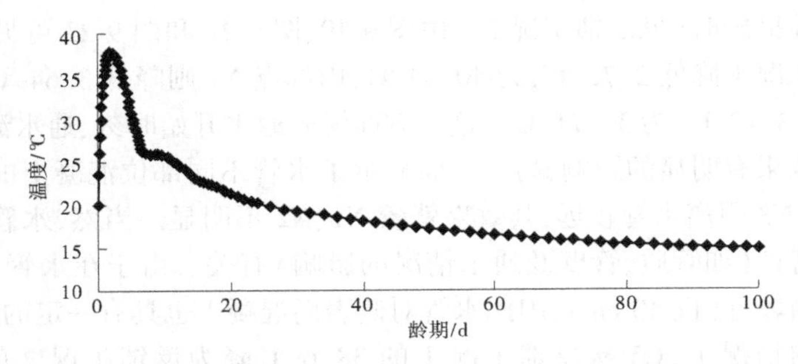

图 9-19 反馈工况 2 内部点 N1 的温度变化过程线

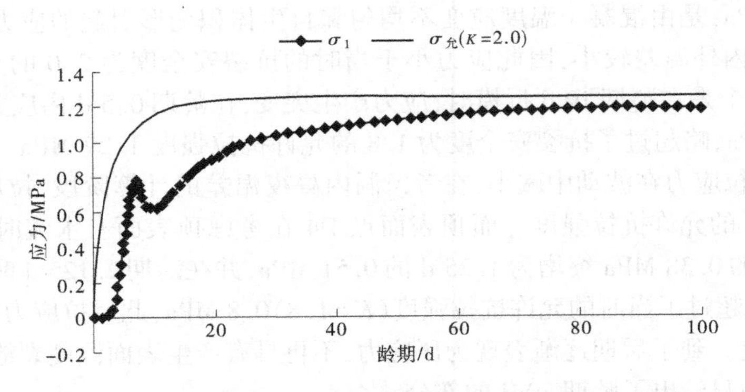

图 9-20 反馈工况 2 内部点 N1 的应力 σ_1 变化过程线

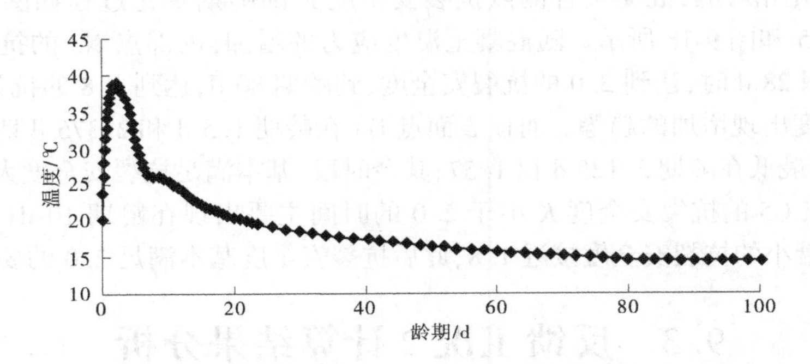

图 9-21 反馈工况 2 内部点 N2 的温度变化过程线

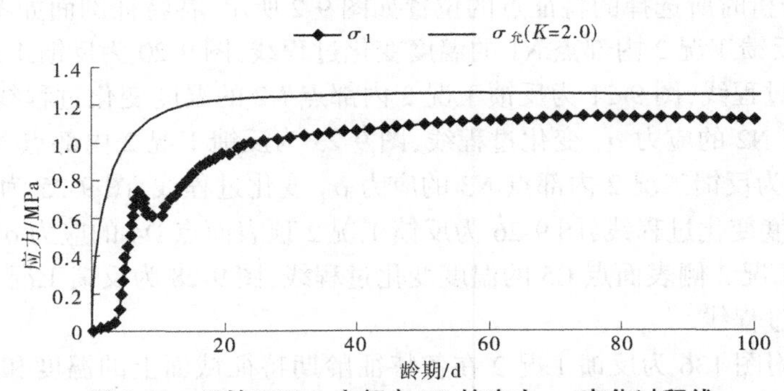

图 9-22 反馈工况 2 内部点 N2 的应力 σ_1 变化过程线

当加强温控措施时(见反馈工况 2),由图 9-19、图 9-21 和图 9-23 可见,内部点 N3 最高温度较反馈工况 1 降低 2.72 ℃,为 40.44 ℃,内部点 N1 则降低 3.64 ℃,为 38.01 ℃,内部点 N2 降低 3.12 ℃,为 39.71 ℃。这一方面说明通水开始时刻、通水流量及通水水温对水管的冷却效果有明显的影响,另一方面显示了水管不同部位混凝土的影响程度是受距离影响的,如 N3 距离水管较远,其效果就较 N1、N2 不明显。当然,水管的冷却范围还与水管的其他特性(如管质、管壁及通水情况的影响)有关。由于在水管布置时,有两根水管距离侧表面较近(仅 40 cm),因此水管对侧表面混凝土也具有一定的冷却效果,如在保温措施不变的情况下,C5 从反馈工况 1 的 38.6 ℃降为反馈工况 2 的 36.53 ℃,如

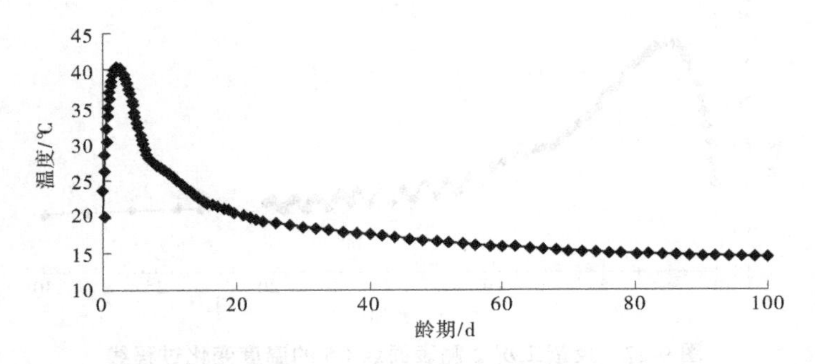

图 9-23　反馈工况 2 内部点 N3 的温度变化过程线

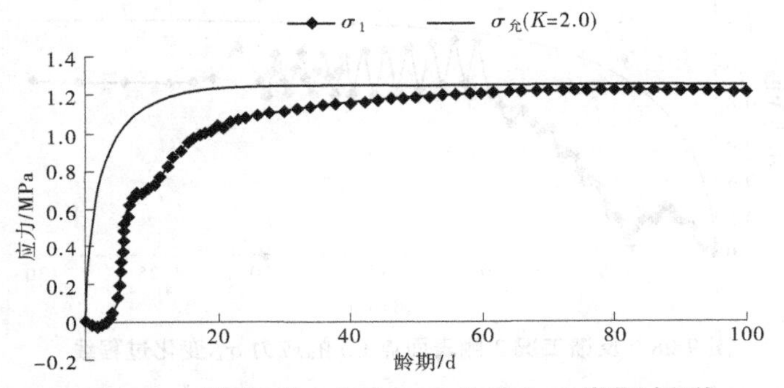

图 9-24　反馈工况 2 内部点 N3 的应力 σ_1 变化过程线

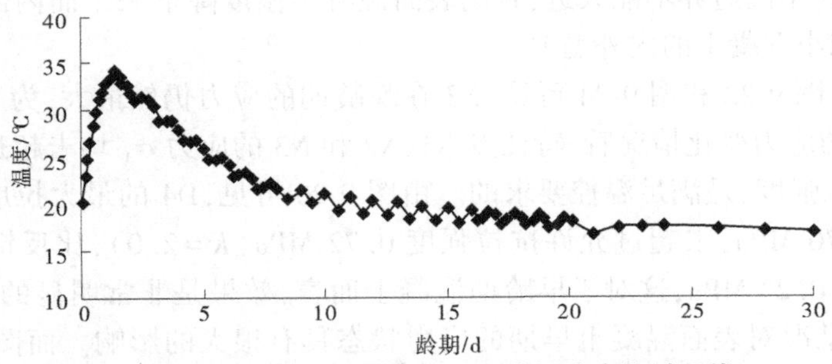

图 9-25　反馈工况 2 顶表面点 D4 的温度变化过程线

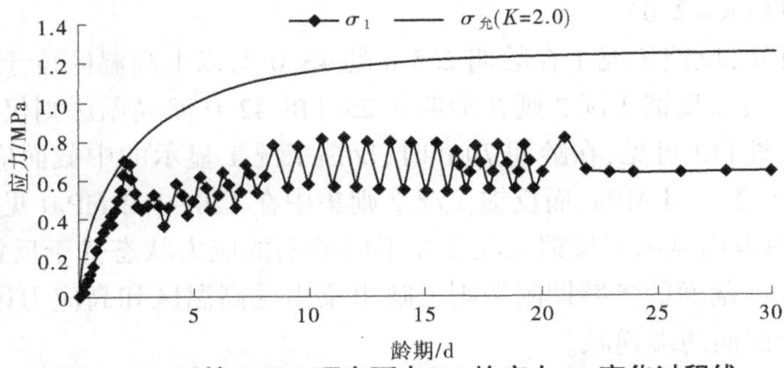

图 9-26　反馈工况 2 顶表面点 D4 的应力 σ_1 变化过程线

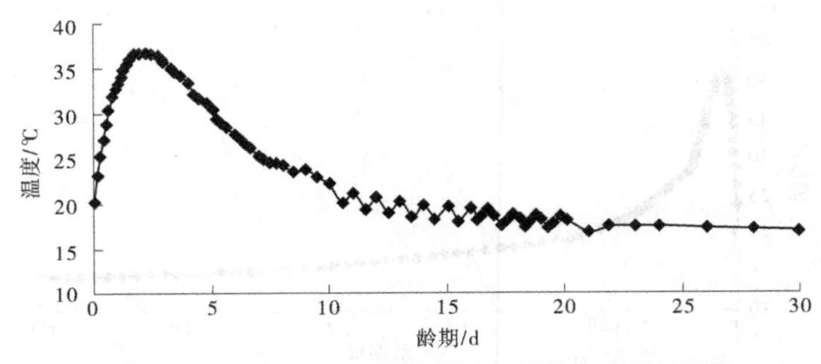

图 9-27　反馈工况 2 侧表面点 C5 的温度变化过程线

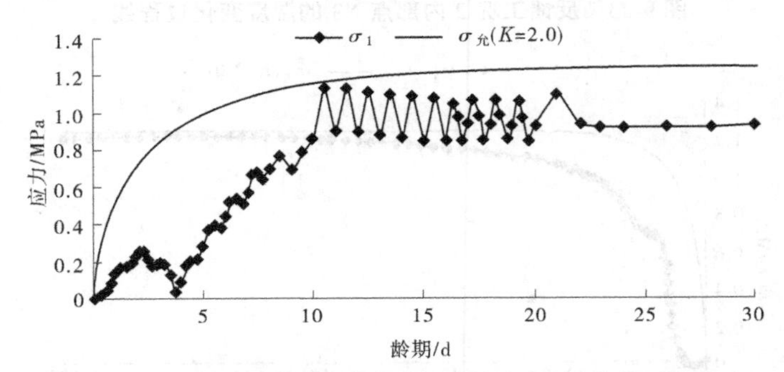

图 9-28　反馈工况 2 侧表面点 C5 的应力 σ_1 变化过程线

图 9-27 所示,这说明了水管在削减内部水化温升的同时,也减小表面混凝土的温度,这进一步显示了水管距离边界不能太近,否则表面混凝土温度降下来了而内部混凝土温度还较高,不利于减小混凝土的内外温差。

由图 9-20、图 9-22 和图 9-24 可见,N3 在晚龄期的应力仍然最大,为 1. 22 MPa,并且在 120 d 龄期的应力变化情况看,特征点 N1、N2 和 N3 的应力 σ_1 均未超过抗裂安全度为 2. 0 的允许抗拉强度,是满足温控要求的。由图 9-26 可见,D4 的最大拉应力出现在龄期 2. 125 d,为 0. 70 MPa,未超过允许抗拉强度 0. 72 MPa(K=2. 0),比反馈工况 1 显示的 0. 93 MPa 低了 0. 23 MPa,这对于早龄期混凝土而言,效果是非常明显的,说明水管冷却及表面无水流情况对表面混凝土早期的应力状态具有很大的影响。而图 9-28 则进一步说明了拆模对表面混凝土应力的影响,C5 在拆模后 10. 5 d,应力达到最大,为 1. 13 MPa,接近允许抗拉强度(K=2. 0)。

由附图 97 可知,反馈工况 1 在龄期 2. 5 d 的 43. 0 ℃以上高温区位于截面中部,占整个截面的 40%左右;而反馈工况 2 则在龄期 2. 25 d 的 42. 0 ℃高温区则仅占 20%左右(见附图 117)。由附图 112 可见,在龄期 70 d 时,反馈工况 1 显示的中截面应力有 60%的区域拉应力集中在 1. 2~1. 4 MPa,而反馈工况 2 则集中在 1. 0~1. 2 MPa(见附图 132)。y=6. 0 m 的其他附图也均显示了反馈工况 2 在不同龄期的应力状态优于反馈工况 1,而 x=0. 2 m 和 z=1. 78 m 剖面的各龄期附图则反映出梁内的高温区和高应力区均集中在梁的中部,且应力由中部向两端递减。

9.4　反馈工况 3 计算结果分析

图 9-29 为反馈工况 3 内部点 N1 的温度变化过程线,图 9-30 为反馈工况 3 内部点 N2 的温度变化过程线,图 9-31 为反馈工况 3 内部点 N3 的温度变化过程线,图 9-32 为反馈工况 3 顶表面点 D4 的温度变化过程线,图 9-33 为反馈工况 3 侧表面点 C5 的温度变化过程线,图 9-34 为反馈工况 3 内部点 N1 的应力 σ_1 变化过程线,图 9-35 为反馈工况 3 内部点 N2 的应力 σ_1 变化过程线,图 9-36 为反馈工况 3 内部点 N3 的应力 σ_1 变化过程线,图 9-37 为反馈工况 3 顶表面点 D4 的应力 σ_1 变化过程线,图 9-38 为反馈工况 3 侧表面点 C5 的应力 σ_1 变化过程线。

附图 137~附图 142 为反馈工况 3 在截面 y=6.0 m 的各龄期温度和应力等值线分布图。

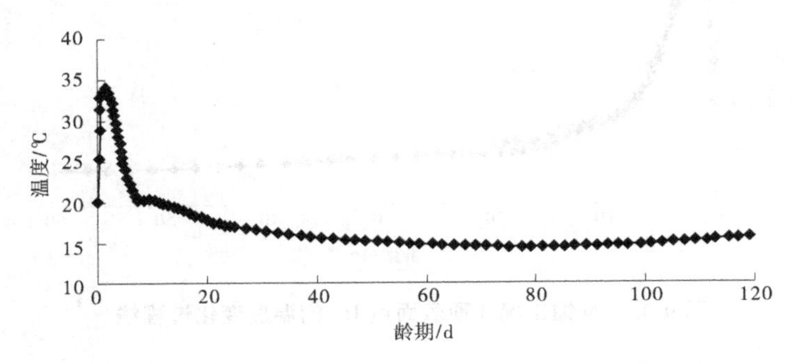

图 9-29　反馈工况 3 内部点 N1 的温度变化过程线

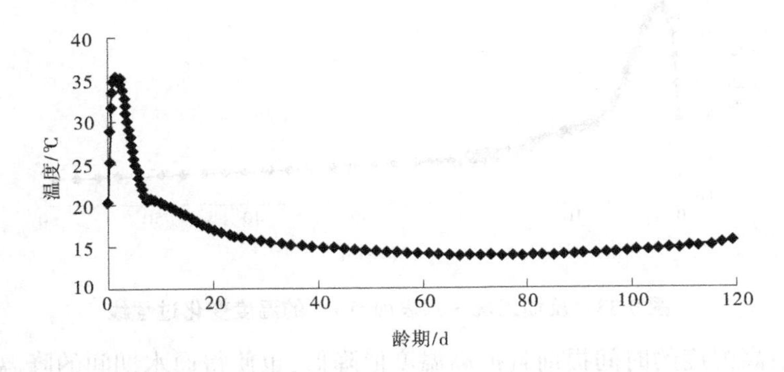

图 9-30　反馈工况 3 内部点 N2 的温度变化过程线

与 11 月的外界条件相比,12 月的洞内气温、冷却水水温及浇筑温度更低,因此岩锚梁的温度分布在整体上有所下降,由图 9-29~图 9-31 可见,内部点 N1、N2、N3 的最高温度分别为 33.99 ℃、35.38 ℃、36.63 ℃,分别在龄期 1.5 d、1.75 d、1.75 d 达到,龄期前 7 d(停水前)分别降温 14.03 ℃、14.96 ℃、14.75 ℃,降温速率分别为 2.55 ℃/d、2.85 ℃/d、2.81 ℃/d。停水以后内部混凝土温度略有回升,回升幅度小于 0.50 ℃,此后开始缓慢下降直到准稳定温度。由此可知,因混凝土的冷却水水温较低,早期带走的热量较多,使得

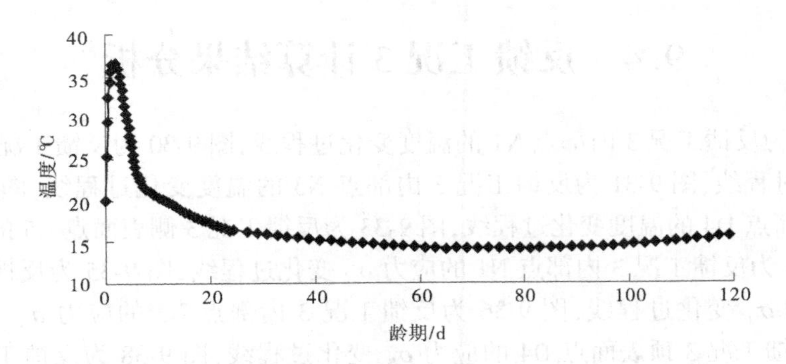

图 9-31　反馈工况 3 内部点 N3 的温度变化过程线

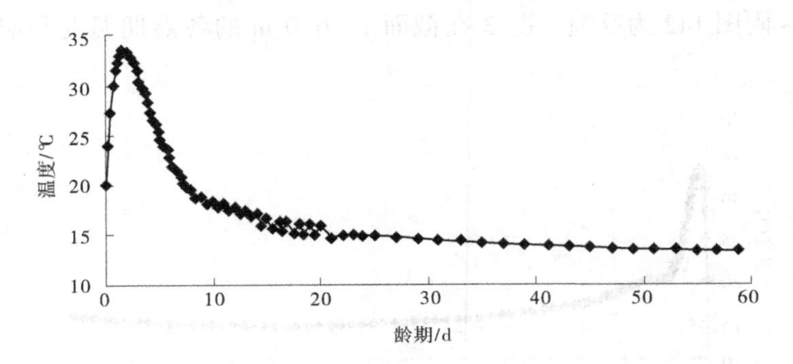

图 9-32　反馈工况 3 顶表面点 D4 的温度变化过程线

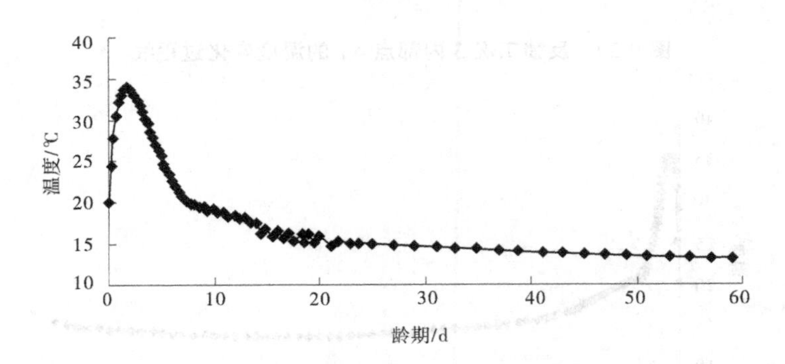

图 9-33　反馈工况 3 侧表面点 C5 的温度变化过程线

混凝土到达最高温度的时间提前且最高温度值降低，也使得通水期间的降温速度加快，这个过程有利于减小混凝土早期的内外温差和后期的拉应力值。由图 9-32 和图 9-33 可知，顶表面点 D4 的最高温度为 33.60 ℃(在龄期 1.75 d 达到)、侧表面点 C5 的最高温度为 34.15 ℃(在龄期 1.75 d 达到)，混凝土测点最大内外温差为 3.38 ℃，在龄期 1.25 d 出现。这些结果是满足防裂要求的，也直观地说明了水管冷却和表面保温这两项温控措施的效果，这种效果反映在混凝土的应力结果上(见图 9-34～图 9-38)，虽然在通水期间降温速度较快，但是由于早龄期混凝土弹性模量还较小，因此单位温降产生的拉应力值不大，晚龄期由于温降幅度已经较小，因此拉应力增幅也不多。以 N3 为例，在龄期 7 d 产生

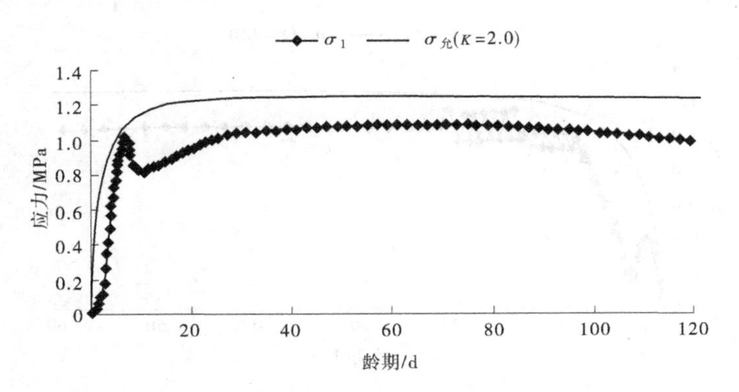

图 9-34　反馈工况 3 内部点 N1 的应力 σ_1 变化过程线

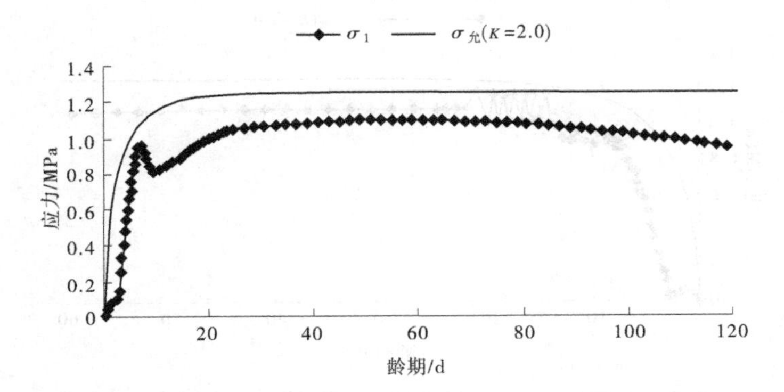

图 9-35　反馈工况 3 内部点 N2 的应力 σ_1 变化过程线

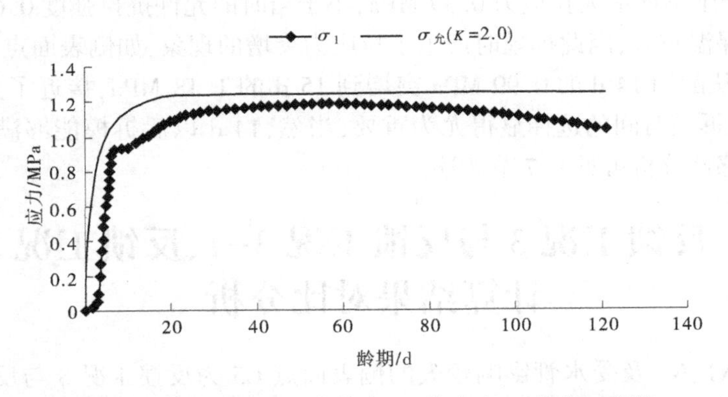

图 9-36　反馈工况 3 内部点 N3 的应力 σ_1 变化过程线

0.93 MPa 的拉应力，小于允许抗拉强度（抗裂安全度 2.0，下同）1.07 MPa，在龄期 60 d 产生的最大拉应力 1.19 MPa，小于允许抗拉强度 1.25 MPa，龄期 7 d 至龄期 60 d 仅产生 0.26 MPa 的拉应力增幅，此后随洞内温度回升，混凝土温度也相应升高，拉应力值逐渐降低，即 N3 点在应力变化的整个过程均能够满足岩锚梁混凝土的温控要求。由于早期（龄期前 3 d）内外温差较小，因此表面点产生的拉应力也较小，内外温差较大的顶表面点 D4

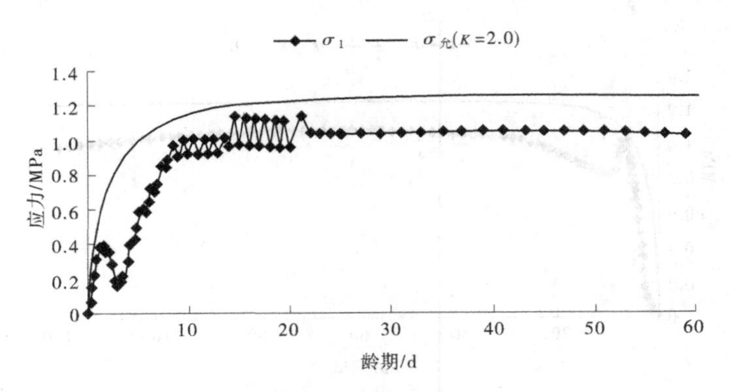

图 9-37　反馈工况 3 顶表面点 D4 的应力 σ_1 变化过程线

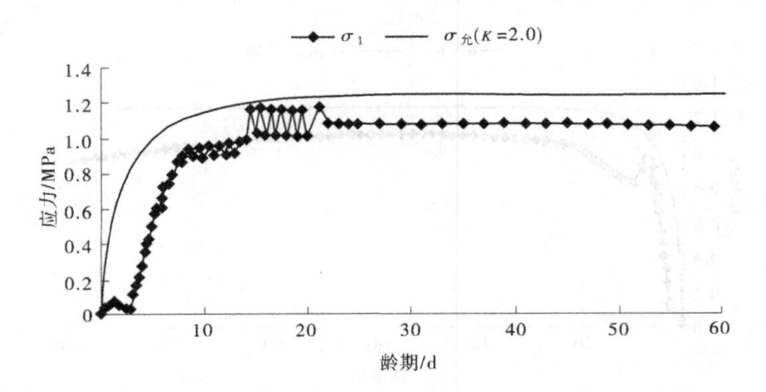

图 9-38　反馈工况 3 侧表面点 C5 的应力 σ_1 变化过程线

在龄期 1.5 d 产生早期最大拉应力 0.39 MPa，小于当时的允许抗拉强度 0.62 MPa。由于维萨模板表面保温较好，因此拆模时产生了拉应力突增的现象，如侧表面点 C5 在龄期 14 d 拆模后，应力从龄期 14 d 的 0.99 MPa 突增到 15 d 的 1.18 MPa，接近了允许抗拉强度 1.21 MPa，因此拆模时间的选择显得尤为重要，当然，14 d 以后拆模能够满足温控要求，拆模时间的敏感性分析可见 9.7 节所述。

9.5　反馈工况 3 与反馈工况 3-1、反馈工况 3-2 计算结果对比分析

以内部点 N1、N3 及受水管影响较大的侧表面点 C5 为反馈工况 3 与反馈工况 3-1、反馈工况 3-2 的对比分析特征点。

图 9-39 为反馈工况 3 与反馈工况 3-1、反馈工况 3-2 内部点 N1 的温度变化过程线，图 9-40 为反馈工况 3 与反馈工况 3-1、反馈工况 3-2 内部点 N1 的应力 σ_1 变化过程线，图 9-41 为反馈工况 3 与反馈工况 3-1、反馈工况 3-2 内部点 N3 的温度变化过程线，图 9-42 为反馈工况 3 与反馈工况 3-1、反馈工况 3-2 内部点 N3 的应力 σ_1 变化过程线，图 9-43 为反馈工况 3 与反馈工况 3-1、反馈工况 3-2 侧表面点 C5 的温度变化过程线，图 9-44 为反馈工况 3 与反馈工况 3-1、反馈工况 3-2 侧表面点 C5 的应力 σ_1 变化过程线。

附图 143、附图 144 为反馈工况 3-1 在截面 $y=6.0$ m 和龄期 70 d 的温度和截面应力等值线分布图。

附图 145、附图 146 为反馈工况 3-2 在截面 $y=6.0$ m 和龄期 15 d 的温度和截面应力等值线分布图，附图 147、附图 148 为龄期 70 d 的温度和截面应力等值线分布图。

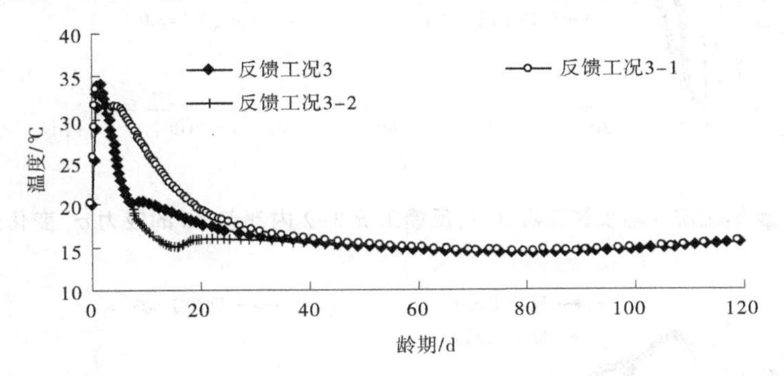

图 9-39　反馈工况 3 与反馈工况 3-1、反馈工况 3-2 内部点 N1 的温度变化过程线

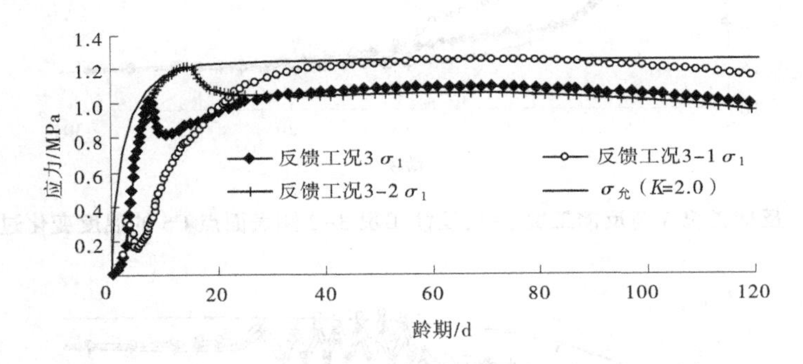

图 9-40　反馈工况 3 与反馈工况 3-1、反馈工况 3-2 内部点 N1 的应力 σ_1 变化过程线

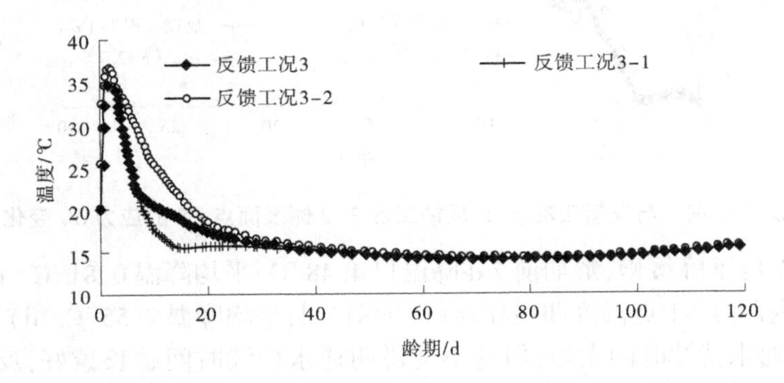

图 9-41　反馈工况 3 与反馈工况 3-1、反馈工况 3-2 内部点 N3 的温度变化过程线

由于 12 月浇筑岩锚梁混凝土的最高温度在龄期 1.5 d 左右即达到(通水情况下)，因此通水持续 3 d、7 d 和 15 d 在龄期前 3 d 的温度和应力变化规律及所达到的最高温度值是相同的。在龄期 3 d 后，如图 9-39 所示，由于通水 3 d 即停水，反馈工况 3-1 内部点 N1 点温度曲线反弹较大，从龄期 3 d 的 30.41 ℃升高到龄期 4.5 d 的 31.55 ℃，达到另一个

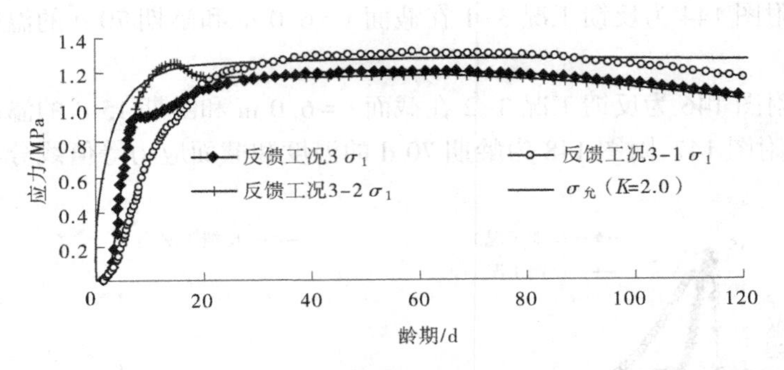

图 9-42　反馈工况 3 与反馈工况 3-1、反馈工况 3-2 内部点 N3 的应力 σ_1 变化过程线

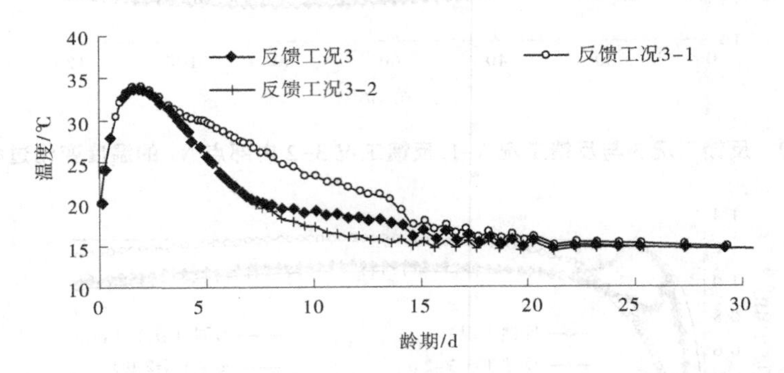

图 9-43　反馈工况 3 与反馈工况 3-1、反馈工况 3-2 侧表面点 C5 的温度变化过程线

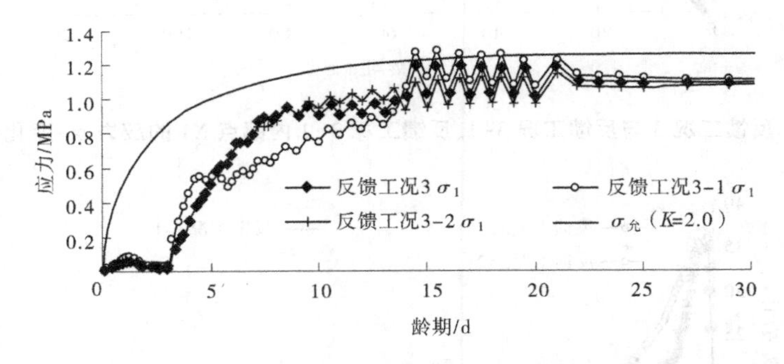

图 9-44　反馈工况 3 与反馈工况 3-1、反馈工况 3-2 侧表面点 C5 的应力 σ_1 变化过程线

小峰值。此后温度下降缓慢，龄期前 7 d 降温仅 4.48 ℃，平均降温 0.81 ℃/d，与通水 7 d 的反馈工况 3 内部点 N1 点温度曲线相比(龄期前 7 d，平均降温 2.55 ℃/d)，降温幅度明显不足，即 3 d 通水持续时间太短；但这不能说明通水持续时间越长越好，反馈工况 3-2 内部点 N1 点温度曲线反映的是通水持续 15 d 的温度变化情况，如图 9-39 所示，15 d 停水时 N1 的温度仅为 15.00 ℃，比洞内气温还低，这是没有必要的。通水持续时间的长短对梁内应力变化的影响如图 9-40 所示，其应力变化情况可以通过对 3 条曲线的比较得出，反馈工况 3 内部点 N1 的应力 σ_1 变化曲线(通水 7 d)在整个过程第一主应力均不超过允许抗拉强度(具体见 9.4 节)，而通水 3 d 的反馈工况 3-1 内部点 N1 的应力 σ_1 变化曲线由于早期冷却不足，后期产生的拉应力较大，在龄期 70 d 产生了 1.26 MPa 的拉应

力，达到了允许抗拉强度 1.25 MPa，与此相反，通水 15 d 的反馈工况 3-2 内部点 N1 的应力 σ_1 曲线由于早龄期冷却过剩，混凝土内部温度降低过多，在通水停止时已经积累了较大的拉应力，即在龄期 15 d 产生了 1.22 MPa 的拉应力，超过了允许抗拉强度 1.21 MPa，而通水 15 d 对减小后期拉应力值的贡献则很小。水管通水时间反映在距离水管较远的内部点 N3 则仍较为明显，由图 9-42 和图 9-44 可知，在通水 7 d 的反馈工况 3 内部点 N1 的应力 σ_1 变化曲线的应力在整个过程均能满足抗裂安全度为 2.0 的要求，而通水 3 d 的反馈工况 3-1 内部点 N3 的应力 σ_1 变化曲线在龄期 70 d 时产生了 1.28 MPa 的拉应力，超过了允许抗拉强度 1.25 MPa，而通水 15 d 的反馈工况 3-2 内部点 N3 的 σ_1 变化曲线在停水时（龄期 15 d）产生了 1.25 MPa，超过了当时的允许抗拉强度 1.21 MPa，而温度的变化过程则与内部点 N1 类似。

由于岩锚梁结构的断面尺寸较小，因此通水持续时间对表面温度变化仍有较大的影响，现以受冷却水管影响较大的侧表面点 C5 为例，如图 9-43 和图 9-44 所示，由于通水 3 d 的降温幅度不足，拆模时温度下降较多；相应的拉应力增幅较大，从 14 d 的 1.07 MPa 突增到 14.5 d 的 1.26 MPa，超过了允许抗拉强度 1.20 MPa，而通水 7 d 和通水 15 d 拆模前后均未超过混凝土的允许抗拉强度。

9.6　反馈工况 4 计算结果分析

图 9-45 为反馈工况 4 内部点 N1 的温度变化过程线，图 9-46 为反馈工况 4 内部点 N2 的温度变化过程线，图 9-47 为反馈工况 4 内部点 N3 的温度变化过程线，图 9-48 为反馈工况 4 顶表面点 D4 的温度变化过程线，图 9-49 为反馈工况 4 侧表面点 C5 的温度变化过程线，图 9-50 为反馈工况 4 内部点 N1 的应力 σ_1 变化过程线，图 9-51 为反馈工况 4 内部点 N2 的应力 σ_1 变化过程线，图 9-52 为反馈工况 4 内部点 N3 的应力 σ_1 变化过程线，图 9-53 为反馈工况 4 顶表面点 D4 的应力 σ_1 变化过程线，图 9-54 为反馈工况 4 侧表面点 C5 的应力 σ_1 变化过程线。

附图 149～附图 154 为反馈工况 4 在截面 $y=6.0$ m 的各龄期温度和截面应力等值线分布图。

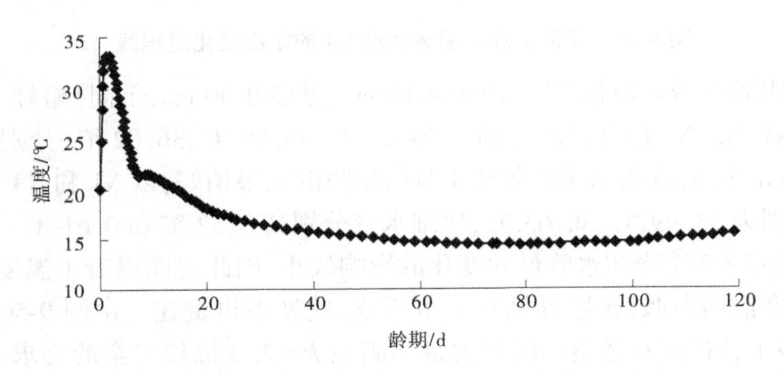

图 9-45　反馈工况 4 内部点 N1 的温度变化过程线

虽然细水管（内径 2.00 cm、壁厚 0.25 cm，下同）的管径较小，但是由于其壁厚（0.25

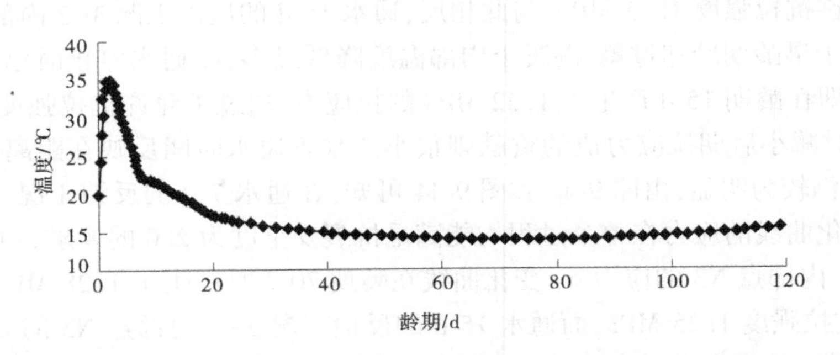

图 9-46　反馈工况 4 内部点 N2 的温度变化过程线

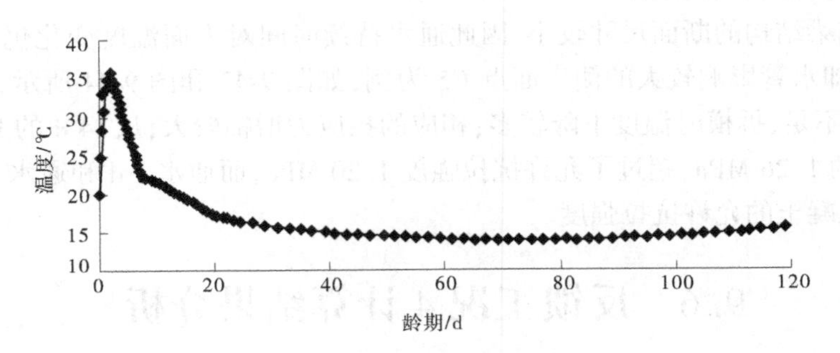

图 9-47　反馈工况 4 内部点 N3 的温度变化过程线

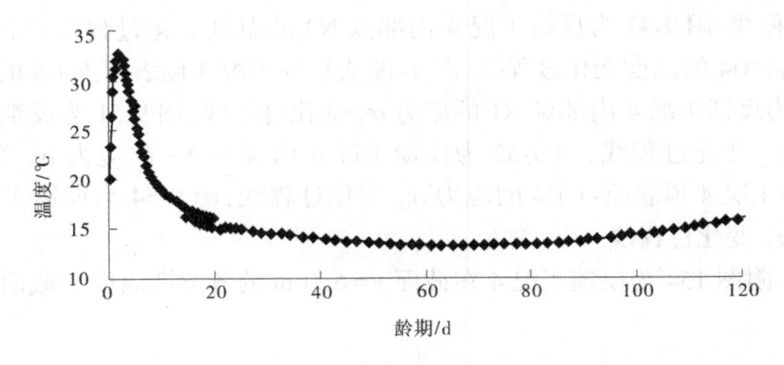

图 9-48　反馈工况 4 顶表面点 D4 的温度变化过程线

cm)较薄,因此其冷却效果较粗水管(内径 4.00 cm、壁厚 0.50 cm,下同)略好。由图 9-45～图 9-47 可知,N1、N2、N3 最高温度分别为 33.47 ℃、35.09 ℃、36.02 ℃,分别在龄期 1.75 d、2.00 d、2.00 d 达到,这组结果比较 9.4 节所反映的结果稍好,以 N1 和 N3 为例,粗水管的最高温度分别为 33.99 ℃、36.63 ℃,比细水管分别高 0.52 ℃和 0.61 ℃。由于顶表面点 D4 和侧表面点 C5 受冷却水管尺寸变化的影响较小,因此表面混凝土温度和应力变化规律和最高温度值均类似,具体可见 9.4 节所述,此处不再赘述。由图 9-50～图 9-54 可知,细水管的各个特征点在各龄期的应力也均满足 $K=2.0$ 抗裂安全的要求,且相比较粗水管,其应力最大值稍小。以 N3 为例,在龄期 60 d 产生 1.16 MPa 的拉应力,未达到允许抗拉强度 1.25 MPa,且比粗水管的 1.19 MPa 略低 0.03 MPa。这些说明细水管比粗水管

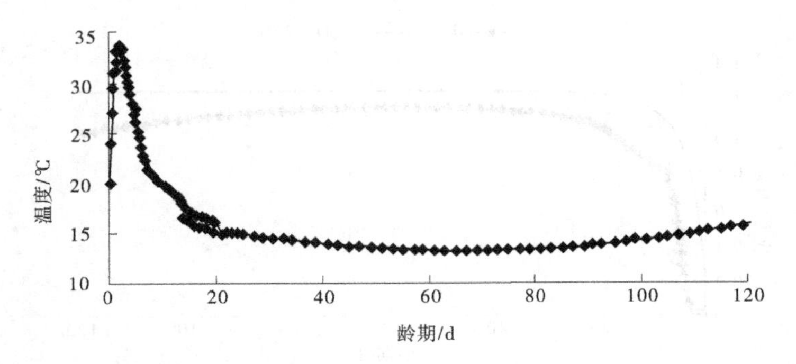

图 9-49 反馈工况 4 侧表面点 C5 的温度变化过程线

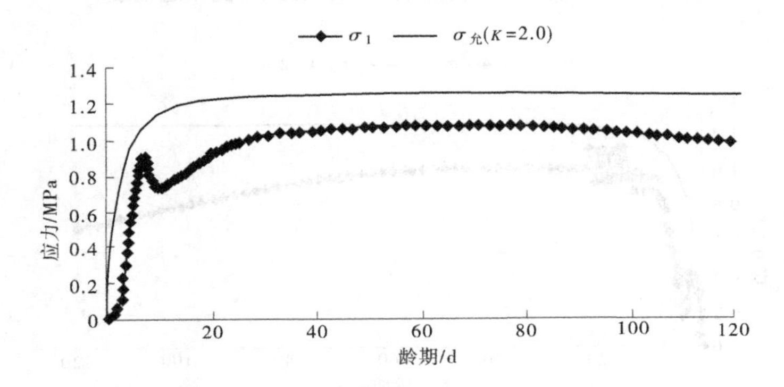

图 9-50 反馈工况 4 内部点 N1 的应力 σ_1 变化过程线

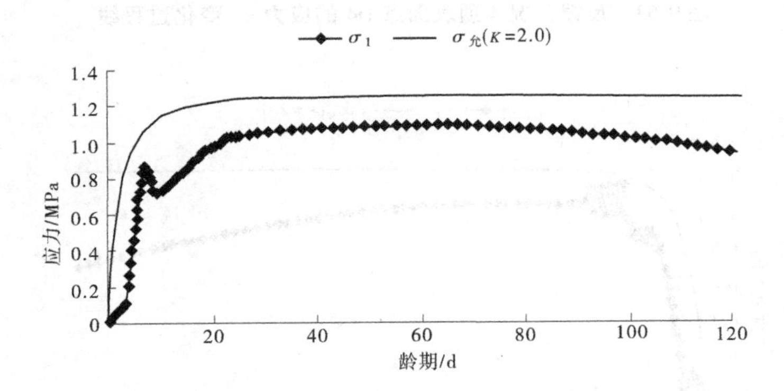

图 9-51 反馈工况 4 内部点 N2 的应力 σ_1 变化过程线

在相同通水条件下的冷却效果要好。

由附图 137~附图 142 和附图 149~附图 154 可以看出,粗水管由于管壁放热系数较大,因此其冷却范围要略逊于细水管。在龄期 1.5 d,粗水管 36 ℃以上的温度分布约占整个截面的 30%,而细水管略大,约占整个截面的 20%。晚龄期高拉应力区(除锚杆部分大于 1.0 MPa 的区域)粗水管约占 30%,而细水管的(除锚杆部分大于 1.0 MPa 的区域)约占 20%,这从温度和应力分布图上说明了细水管的冷却效果要略优于粗水管。当然,两种水管的冷却效果相差并不大,其应力结果也均能满足抗裂安全度 2.0 的要求。

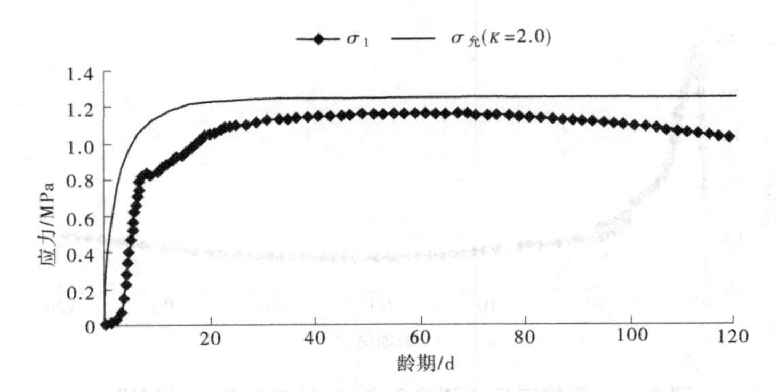

图 9-52　反馈工况 4 内部点 N3 的应力 σ_1 变化过程线

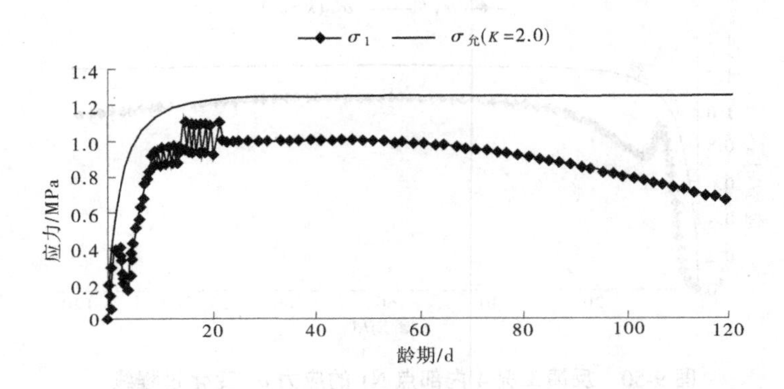

图 9-53　反馈工况 4 顶表面点 D4 的应力 σ_1 变化过程线

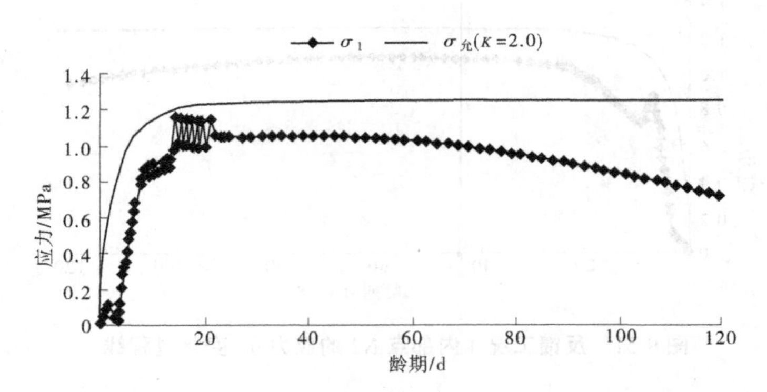

图 9-54　反馈工况 4 侧表面点 C5 的应力 σ_1 变化过程线

9.7　反馈工况 4-1 和反馈工况 4-2 计算结果对比分析

以受仓面保温影响较大的顶表面点 D4 和受拆模时间影响较大的侧表面点 C5 为反馈工况 4-1 与反馈工况 4-2 的对比分析特征点。

图 9-55 为反馈工况 4-1 和反馈工况 4-2 顶表面点 D4 的温度变化过程线，图 9-56 为反馈工况 4-1 和反馈工况 4-2 顶表面点 D4 的应力 σ_1 变化过程线，图 9-57 为反馈工况 4-1 和反馈工况 4-2 侧表面点 C5 的温度变化过程线，图 9-58 为反馈工况 4-1 和反馈工况 4-2 侧表面点 C5 的应力 σ_1 变化过程线。

附图 155、附图 156 为反馈工况 4-1 在截面 $z=3.17$ m 和龄期 7 d 时的温度和截面应力等值线分布图。

附图 157、附图 158 为反馈工况 4-1 在截面 $x=1.19$ m 和龄期 7 d 时的温度和截面应力等值线分布图。

附图 159、附图 160 为反馈工况 4-2 在截面 $x=1.19$ m 和龄期 30 d 时的温度和截面应力等值线分布图。

拆模时间（或保温材料掀除时间）对表面混凝土的温度和应力影响很大。从前文可知，拆模（或表面保温）14 d 基本能够满足 $K=2.0$ 抗裂安全度的要求。但是如果拆模（或表面保温）时间过早，则表面在拆模（或去除保温）时容易产生较大的拉应力。由图 9-55 可知，7 d 掀除表面覆盖物时，温度突降，从龄期 7 d 的 22.17 ℃，在龄期 0.5 d 内降至 18.93 ℃，半天的降幅 3.24 ℃。此后受洞内温度昼夜变化的影响，表面温度波动较大（比未掀除覆盖物要大），而 30 d 掀除覆盖物时，则温度突降幅度较小，在 1 d 内仅降约 0.5 ℃。对应的应力变化如图 9-56 所示，保温 7 d 时，由于掀除覆盖物时温度突降，导致表面拉应力突增，从龄期 7 d 的 0.63 MPa 在 0.5 d 内突增到 1.06 MPa（龄期 7.5 d），接近了当时的允许抗拉强度 1.09 MPa。此后受洞内温度变化的影响，混凝土表面温度在波动中下降，因此应力也有所增加。在龄期 8.5 d 时达到了最大拉应力 1.15 MPa，超过了当时的允许抗拉强度 1.12 MPa。此后随着内外温差的减小，拉应力逐渐减小，在晚龄期表面拉应力基本小于允许抗拉强度。而若采取 30 d 保温，则顶表面拉应力在整个过程均能满足抗裂安全度为 2.0 的要求。与顶表面相比，侧表面由于保温较好，7 d 拆模时对表面温度和应力的影响比顶表面更大。由图 9-57 和图 9-58 可知，侧表面点 C5 的温度从龄期 7 d 的 22.37 ℃在龄期 0.5 d 内迅速下降至 18.77 ℃（龄期 7.5 d），降幅达 3.60 ℃，相应的应力从龄期 7 d 的 0.65 MPa 在 0.5 d 内迅速增加至 1.12 MPa，增幅约 0.47 MPa，并超过了 1.09 MPa 的允许抗拉强度。此后温度在龄期 8.5 d 下降至 17.50 ℃，应力值达到最大为 1.20 MPa，超过当时的允许抗拉强度 1.12 MPa。而 30 d 拆模则其温度变化规律较好（无突变），且其应力状态也较好，应力在整个施工期均不超过允许抗拉强度。上述情况说明，拆模时间或保温材料掀除时间的选择对于表面混凝土的温度和应力状态影响较大，保温效果越好，应该延迟拆模或掀除保温材料（保温不够或不保温在龄期前 3 d 容易开裂）。同时，表面保温力度和时长与内部冷却的力度和时长是密切相关的，如果早期内部冷却力度很大，那么拆模时间也可以提早。从现场的实际情况来看，进口水温不控制，由于水管接头漏水，各水管的流速也控制得不太好。在这种情况下，拆模时间无法提前，建议仍需 14 d 以上。

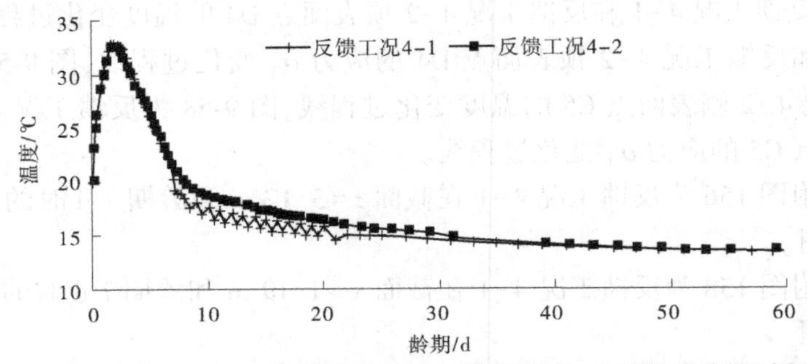

图 9-55 反馈工况 4-1 和反馈工况 4-2 顶表面点 D4 的温度变化过程线

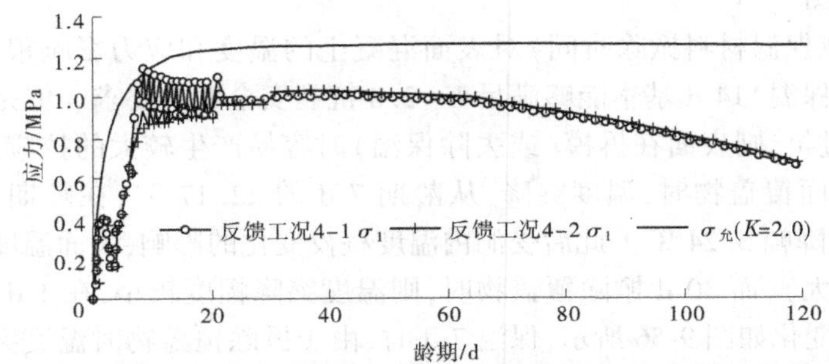

图 9-56 反馈工况 4-1 和反馈工况 4-2 顶表面点 D4 的应力 σ_1 变化过程线

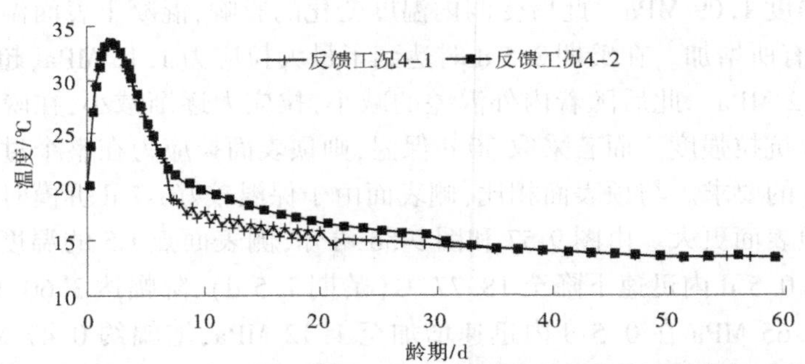

图 9-57 反馈工况 4-1 和反馈工况 4-2 侧表面点 C5 的温度变化过程线

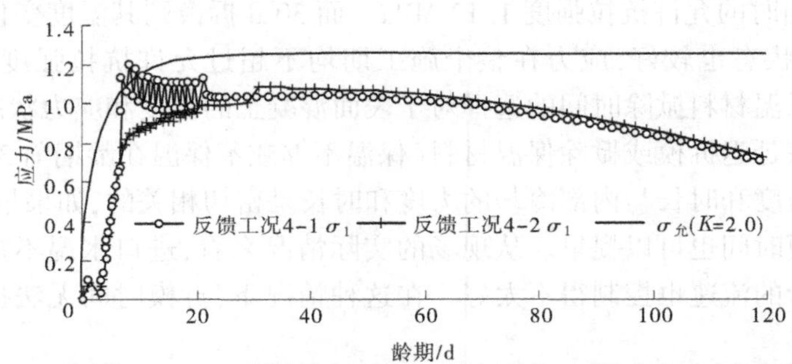

图 9-58 反馈工况 4-1 和反馈工况 4-2 侧表面点 C5 的应力 σ_1 变化过程线

第10章　结论和建议

10.1　结　论

地下厂房岩锚梁混凝土裂缝形成的原因,其客观因素复杂,特别是在施工阶段,还掺杂有人为因素。根据地下厂房吊车梁应力的仿真计算结果来看,影响岩锚梁混凝土裂缝的主要因素是温变所致的温度应力和混凝土收缩性自生变形应力,具体有环境气象条件、浇筑温度、混凝土温差、自生体积变形、温变线膨胀系数、弹性模量、徐变(松弛)、岩体的变形约束、浇筑块长度和厚度、极限拉伸率、表面放热性能、内部降温、养护措施、结构施工分块和施工分层情况等,而且这些因素都与时间有关。

据计算结果分析,主要结论如下:

(1)就混凝土裂缝的发生和发展,根据裂缝出现的时间和启裂点位置来分,主要可分为温升期裂缝和随后的降温期裂缝两类。温升期出现的裂缝都发生在浇筑初期,大多在前5 d龄期内,甚至前3 d龄期内。裂缝产生的形式一般都是启裂于表面的、由表向内扩裂的"由表及里"型裂缝,启裂点往往位于混凝土表面的中心区域。它们主要是混凝土的内外温差导致的,内部温度相对高的混凝土要约束外部温度较低的表面混凝土的收缩变形,从而产生表面温度拉应力。内外温差越大,早期表面拉应力就越大,出现表面开裂的风险也越大。当表面裂缝出现后,在外在不利因素的引导下,很可能向纵深发展并最终成为贯穿性裂缝或深层裂缝。因此,施工时要特别重视混凝土表面裂缝出现的可能性和相应的施工防裂方法,岩锚梁的防裂工作首先要设法防止温升期这类裂缝的产生。

浇筑后约3个月时间岩锚梁开始处在准稳定温度场状态,在这一时间过程的降温冷缩期岩锚梁裂缝的出现主要是整体温降、内部降温相对较大和自生体积变形所致的,裂缝是从内部启裂,然后"由里及表"地进行扩裂,因此当从结构表面见到这类裂缝的表面迹线时,这类裂缝已经贯通了。

(2)由于某地下厂房岩锚梁所用混凝土水泥含量较高,与常规C25混凝土相比,水泥水化反应快,早期产生的热量也多一些,早期温升快,使得温升阶段混凝土内外温差较大。受混凝土自生体积变形约束,没有保温的顶表层混凝土在早期产生了超过允许抗拉强度的拉应力(1.03 MPa),接近抗拉强度,且在有维萨模板保温的梁体侧面和底面也均产生了接近允许抗拉强度的拉应力;此外,受到岩体对混凝土的变形约束,梁体内部后期也产生了超过允许抗拉强度的拉应力(1.88 MPa),且接近抗拉强度。这些现象充分说明,如果不采取任何施工防裂措施,岩锚梁混凝土无论在温升期还是在随后的降温期均存在较大的开裂风险。与此相反,当顶面采用一布一膜的土工膜保温措施和梁体内合理采用水管冷却的导热降温措施后,不论是混凝土的温度还是拉应力均得到了不同程度的明显改善。

(3)通过有无水管冷却的工况(工况1和工况2)计算结果对比分析,可发现水管冷却对优化梁体混凝土温度和应力的状态有很大的作用。混凝土的许多重要热力学特性均随龄期变化而变化,如绝热温升、弹性模量、抗拉强度、自生体积变形、徐变等,而早期混凝土的弹性模量较低,在相同约束条件下,单位温变所产生的应力较小,因此冷却水管的作用就是:首先带走温升阶段的热量,减小最大温升,从而减小温升期内外温差和表面拉应力,以及降温冷缩期的降温速度、基础温差和所产生的内部拉应力。与无水管相比,有了水管冷却后,混凝土的最高温度到达时间提前1 d,最高温度降低约4.3 ℃,晚龄期混凝土中截面中心最大拉应力减小约0.5 MPa。

(4)不同水管的布置形式能较明显地影响整个岩锚梁混凝土各龄期各断面的温度分布规律,因此选择合理的水管布置方案可在达到等效导热降温效果的同时,节省水管用量和费用,同时也能使梁中温度的发展和分布规律变得更加合理。在工况2和工况3-1中,分别在其他计算条件相同的情况下,仅仅改变水管布置形式后,比较考察岩锚梁的温度和应力的变化和分布规律。从计算结果来看,水管布置方案Ⅰ尽管比不通水管时的效果要好很多,但是其内部点的最大拉应力仍超过了允许抗拉强度,而与其相比,水管布置方案Ⅱ和水管布置方案Ⅲ的效果要明显好一些,以内部点N2为例,降温期产生的最大拉应力均未超过混凝土的允许抗拉强度,分别为1.12 MPa和1.14 MPa,而方案Ⅰ则产生了1.33 MPa的拉应力,且后者超过了允许抗拉强度1.25 MPa,而前两者均小于允许抗拉强度。在水管布置方案Ⅲ中,由于减少了2根冷却水管,尽管其梁内高温区域较小且更接近表面,但是它的次高温区范围较广,因此将水管布置方案Ⅱ作为本次岩锚梁施工期间的首选水管布置方案,而水管布置方案Ⅲ作为备用方案。若改用金属质水管或将水管内径增加至4 cm及厚度小于3 mm的塑料质水管,则可优先采用水管布置方案Ⅲ。

(5)通过水管布置方案Ⅱ的多工况敏感性计算分析,如果岩体爆破卸荷松弛带弹模达到10 GPa,则混凝土内部后期产生的拉应力为1.28 MPa,超过了允许抗拉强度1.25 MPa。如果将混凝土的浇筑温度降低5 ℃,则可以降低混凝土的最高温度3.32 ℃,能够降低混凝土经通水7 d后停水时的拉应力0.23 MPa,后期最大拉应力0.28 MPa,这显然有利于提高混凝土的抗裂安全度,因此施工时应尽可能控制混凝土的浇筑温度。如果增加3 d的水管通水时间,通水历时达到10 d,将增大水管停水时的拉应力,但能减小一些随后整个降温过程中的最大拉应力。因此,水管通水持续时间不宜太短,避免晚期产生超过允许抗拉强度的拉应力;但也不宜过长,避免在停水前或停水时产生超过混凝土即时抗拉强度的拉应力和相应裂缝的出现。在本书中,受混凝土特性和施工条件的影响,多通水3 d的水管运行方式对后期混凝土拉应力有影响但是不明显,建议采用连续通水7 d的水管冷却方法。

(6)引起岩锚梁混凝土裂缝的应力成因非常复杂,除温度和自生体积变形引起的应力外,还有干缩应力、岩体开挖面不平引起的不均匀应力、岩体开挖回弹不均匀位移等引起的应力。这些应力叠加后易引起岩锚梁混凝土开裂,因此应适当提高岩锚梁的防裂安全度。仿真计算结果显示,水管布置方案Ⅱ在提高混凝土的防裂安全系数方面更为有效一些。

(7)因洞室岩体被开挖后地应力释放所引起的厂房岩壁不均匀回弹变形所致岩锚梁

施工段混凝土应力也进行了计算分析,具体方法和结果为:根据武汉大学肖明教授课题组的报告所给的相关开挖回弹位移计算结果,岩锚梁施工后由厂房内下部岩体开挖所产生的典型段岩壁梁最大位移情况在梁段的3个典型截面处分别是在一端截面处为14.20 mm、在中心截面处为12.37 mm和在另一端截面处为10.40 mm。经对岩锚梁施工段计算模型施加由此所产生的不均匀回弹位移进行所致应力的计算分析,梁中所出现的最大拉应力为0.52 MPa,拉应力区域主要产生在梁的中部,靠近临空面的表层混凝土,而该部位混凝土的温度应力到下部岩体开挖时已较小,对梁体的开裂影响不大。不同工程的开挖回弹变形产生的位置和大小不同,而且梁段长度也不同,因此开挖回弹变形对不同工程的岩壁吊车梁开裂的影响程度也不同,不可一概而论。

(8)含塑料冷却水管混凝土长方体试块非绝热温升试验,所获得的主要结论如下:

①在无风条件下,钢模板的放热系数与传统公式计算值相比偏大,在温度场计算中考虑固体表面放热系数时,采用试验反演值更可靠。

②塑料膜有一定的保温效果,在温度场计算中应该计入其效果。

③塑料管作为冷却水管时,水管边界应视为第三类边界,反演计算值与实测值吻合较好。

④塑料水管的等效表面放热系数和水管管壁的厚度有密切的关系,随着管壁厚度的增加,其等效放热系数逐渐减小,且管壁厚度与放热系数基本为线性关系,由此可以大致推断其他厚度水管管壁的放热系数。

⑤加大塑料管管径并不一定带来更好的冷却效果,因为管径较大时,其管壁也会相应增厚,这会在一定程度上削弱管径加大带来的降温效果。当然,这与水管材料也有关系,对于金属水管,由于导热性好,管壁厚度的影响将明显减小。这时,管径或流量的增大将有利于冷却效果的增强。

(9)采用混凝土热学特性反演参数及边界条件反演参数对岩锚梁混凝土进行校核仿真计算,结果显示(以工况5和工况2的内部点N2为例):岩锚梁混凝土的最高温度值变化不大,但提前0.5 d达到,相应的晚龄期最大拉应力值减小了0.13 MPa,说明了反演结果参数在一定程度上提高了岩锚梁的抗裂安全度,而初步设计参数则是从偏危险的角度考虑了岩锚梁混凝土在施工期的温度场及应力场。另外,工况6说明了水管布置方案Ⅱ在采用新的计算参数时,水管冷却效果仍然优于方案Ⅰ。

(10)通过采用最优反演参数进行仿真计算的温度值与实测温度值进行比较分析可知,只要有足够测点的有效温度值,且计算所采用的影响混凝土温度场的外界条件(气温、通水水温、水管布置形式等)与施工实际情况尽可能地相似,采用改进加速遗传算法和有限元三维仿真计算方法,反演获得的混凝土热学特性参数及边界条件参数具有较高的精度,能够满足工程要求,可以应用于后续施工的岩锚梁混凝土的温控仿真预报工作中。

(11)即使采用推荐的水管布置形式,如果通水时间、通水流量和通水水温不满足要求,不论是早龄期的表面,还是晚龄期的内部,均存在开裂的风险。由反馈计算可知,若通水时间为浇筑结束后9 h、通水流量2.21 m^3/h、通水水温19.0 ℃,则在龄期2.25 d,顶表面点D4产生了0.91 MPa的拉应力,安全系数仅为1.6,内部点N3在龄期90 d产生

1.38 MPa 的拉应力,安全系数接近 1.8,低于 2.0 的安全系数。

(12)根据反演结果,有模板的侧面保温力度很好,因此拆模时间的选择就变得非常重要。根据反馈计算结果,如果 10 d 拆模,拆模后侧表面点 C5 的应力出现突变,反馈工况 1 显示了在拆模后 0.5 d 后应力突增约 0.5 MPa,达到 1.30 MPa 的拉应力,接近 1.8 的抗裂安全系数。

(13)当采取浇筑结束即通水且流量控制在 4.50 m^3/h 和水温 15.0 ℃时,混凝土内部在晚龄期特征点的抗裂安全系数均不超过 2.0,基本满足温控要求,如果不能达到此要求,则不能满足抗裂安全系数为 2.0 的要求。比较反馈工况 1 和反馈工况 2 可知,前者内部点 N3 测点在龄期 80 d 拉应力为 1.38 MPa,抗裂安全度为 1.80,而后者内部点 N3 测点在龄期 80 d 拉应力为 1.22 MPa,抗裂安全度为 2.04。

(14)比较反馈工况 1 和反馈工况 2 可知,反馈工况 1 显示了在龄期 70 d 时有 60%的区域应力在 1.2~1.4 MPa,而反馈工况 2 则为 1.0~1.2 MPa,换言之,这两种情况的安全系数分别满足 1.8 和 2.0,但根据岩锚梁混凝土产生应力的复杂性(如岩壁不均匀位移等原因产生的应力等),因此在实施温控防裂措施时,应从更安全的角度出发,取安全系数为 2.0。

(15)12 月施工岩锚梁混凝土的浇筑温度及通水水温均较低,如果继续采用 11 月的水管材质和尺寸、水管布置形式、通水流量及表面保温措施,其结果能够满足温控防裂的要求,且比 11 月的效果更好。反馈计算结果显示,若采用壁厚 0.50 cm、内径 4.00 cm 的塑料管且水温满足 13.0 ℃、通水流量 3.00 m^3/h,通水持续 7 d,浇筑结束即通水,14 d 拆模和掀除覆盖物,其内部和表面各点的应力在整个施工期均能满足 2.0 的抗裂安全度。

(16)水管通水持续 3 d 和通水持续 15 d 在特定龄期均会出现超过允许抗拉强度的拉应力。比如水管仅通 3 d 冷却水,内部点 N3 在龄期 70 d 产生了 1.28 MPa 的拉应力,超过了允许抗拉强度 1.25 MPa;而若通水 15 d,内部点 N3 在龄期 15 d(停水时)产生了 1.25 MPa 的拉应力,超过了当时的允许抗拉强度 1.21 MPa。经过分析,12 月浇筑的岩锚梁通水持续时间控制在 7~10 d 是合理的。

(17)粗水管(内径 4.00 cm、壁厚 0.50 cm)和细水管(内径 2.00 cm、壁厚 0.25 cm)在相同通水条件下,其对岩锚梁混凝土的冷却效果均能达到要求,但是后者略优于前者。以 N3 点为例,在粗水管作用下最高温度 36.63 ℃(龄期 1.75 d),最大拉应力 1.19 MPa(龄期 60 d),而在细水管作用下最高温度 36.02 ℃(龄期 2 d),最大拉应力 1.16 MPa(龄期 60 d),二者均满足 2.0 的抗裂安全度。

(18)反馈计算结果显示,拆模(掀除覆盖物)时间的选择对早期岩锚梁混凝土表面的温度和应力影响较大,对于实际情况,保温时间越长,混凝土表面开裂的风险越小。以侧表面点 C5 为例,若 7 d 拆模,则拆模后 0.5 d 内表面拉应力增加 0.47 MPa(龄期 7.5 d),达到 1.12 MPa 的拉应力,超过当时的允许抗拉强度 1.09 MPa,而若持续 30 d,则拆模后 0.5 d 内仅增加约 0.1 MPa,且整个过程拉应力均不超过允许抗拉强度。

10.2 建 议

10.2.1 建议10月温控防裂方案

(1)鉴于所用维萨模板具有一定的保温效果,能简化施工且比较经济,厂房内环境温度相对较高且稳定,有了这种模板保温的岩锚梁侧面和底面均可不需要再增加其他保温措施,但施工仓面在施工期还是需要保温的,在这些表面混凝土浇筑后就立即覆盖一层"一布一膜"形式的土工膜,采用土工膜布面朝下和膜面朝上的覆盖方法,顶面保温时间在7 d以上,与维萨模板一起拆除,有条件时保温时间应尽可能长一些。

(2)混凝土浇筑后其内部含有足够的多余水分,在混凝土硬化过程中会有水分蒸发。若土工膜覆盖严实,膜内会滞留一定的水分,膜和混凝土表面之间自然形成保湿的潮湿小环境,无须对膜下混凝土表面进行另外的保湿养护工作。此外,5 d龄期内因内外温差作用岩锚梁表面拉应力较大,不要掀除表面覆盖物进行洒水养护或降温工作;5 d龄期后表面拉应力已基本消失,此时若需要可掀起覆盖物进行洒水保湿养护,然后覆盖好土工膜。在工程现场可适时用手触摸查看膜内混凝土表面是否需要人工增湿,视实际潮湿情况确定是否需要对膜内混凝土表面进行洒水,以及洒水次数和时间,只是在5 d龄期前洒水时,要尽可能用高温水和少量水,而在5 d后尤其是在7 d后就可以大胆地采用施工现场方便获得的水源进行洒水了。

(3)每施工段梁内布置冷却水管,水管布置形式采用图5-5(a)的改进形式,每层水管在浇筑段两端部拐弯处距离梁端面的距离分别为0.50 m和1.00 m,错开布置。因冷却水温偏高,从计算结果来看,目前选用的塑料质水管的导热降温力度还显得偏小,建议改用内径4.00 cm、壁厚2.0~2.5 mm(不要超过3 mm)的大一点型号的水管,最好能够采用金属质水管。同理,水管流速还可大些,提高到1.2 m/s,流量约2.2 m^3/h(若采用直径为2.50 cm的水管)或5.43 m^3/h(若采用直径为4.00 cm的水管)。在岩锚梁每个施工段正式浇筑混凝土前务必先要进行水管强度和密封性的现场压水检测,具体用冷却工作时最大流速的1.3倍现场压水20 min的方法进行检测,只有在整个压水检测过程中整根水管处滴水不漏后才能浇筑梁体混凝土。

(4)鉴于岩锚梁是典型的小体积钢筋混凝土承重结构,最好采用金属质水管,这样会有更好的导热降温效果,施工更加方便,质量可靠,岩锚梁的抗力能力也不会有任何削弱影响。

(5)若现场气温高,浇筑温度也高,要边浇筑混凝土边通水,即遵循"先通水后浇混凝土"的通水原则。在水管通水期间,为了使整个浇筑段能够更加均匀地被冷却,尽可能改善梁体应力状态,每天改变通水方向一次,连续通水7 d,前3 d流量不变,此后流量减半。

(6)水源采用深河水,估计水温约16.0 ℃,若水温能够再低一些更好,尽可能不取受气温影响较大的近表面河水。若施工现场有条件,则采用人工加冰的冷却水为最好,这样可以随时选用冷却水的最佳水温和最佳流速。因岩锚梁每施工段采用一根独立的冷却水管,应该在厂房的两侧各布置一根总供水管,岩锚梁每个施工段中的冷却水管为一个独立的带有自己流量节制阀的支管。

(7)要尽可能地设法避免在水管通水冷却期间出现停水现象,中间停水现象是水管冷却运行过程中的大忌。若因某种随机原因而出现冷却停水现象,则要进行抢修并立即通报科研方,尽可能缩短停水时间。在恢复通水时,先要采取 0.10 m/s 的小流速通水 30 min,再加大流速至所要求流速的一半,待再通水 1 h 后再恢复流速至正常所需流速,恢复正常通水状态。请详细记录停水原因、抢修方法、再通水全过程等信息。

(8)水管冷却的导热降温作用是混凝土施工防裂方法中最为重要和可灵活应用的防裂措施,技术含量也最高,且显得复杂一些,在施工期间要指派专管人员进行水管冷却全过程的管理和运行,确保施工质量。

(9)施工温控指标:浇筑温度在 23 ℃以下,混凝土浇筑温度越低越好;混凝土内部测点最高温控制在 38.0 ℃以下;内外温差(混凝土内部测点与表层测点的最大温差)不大于 10.0 ℃;水管内外温差不大于 25.0 ℃,冷却水温控制在 16.0 ℃以下。

(10)在岩锚梁混凝土浇筑过程中,对前两个施工段都要进行浇筑后 7 d 或 10 d 和 30 d、60 d、90 d 时的厂房侧模板的松模检查和掀起顶面土工膜的检查,观测有无裂缝的出现;若发现任何裂缝,包括表面微小龟裂缝,请务必在第一时间进行详细记录、原因评述和通报各方,尤其是科研方,以避免类似裂缝的重复出现。对后续浇筑的岩锚梁段也要合理选择某些典型段进行这样的检查,以免现场出现了裂缝而大家不能及时知道的现象出现。

(11)在施工过程中,若遇到任何随机出现的事先没有考虑的现场特殊情况及在施工过程中出现任何不利的情况,需及时提出针对性的防裂措施,最大限度地不影响现场混凝土的施工进展。

(12)岩锚梁混凝土浇筑后对梁内水管空洞进行微膨胀水泥浆的回填灌浆,灌浆压力不宜过大,以回填灌浆密实,回填灌浆压力取值的原则是“灌密实、成整体”,要防止灌浆后因水泥浆膨胀变形而产生水管周壁混凝土承受过大的拉应力而出现梁体沿水管方向的开裂。

(13)施工措施在现场的严格实施是解决岩锚梁混凝土施工防裂的最关键工作之一,严格把控好和做好现场的相关管理和协调工作,使得施工防裂方法及其措施的研究成果能够严格地在施工现场得到实施。

10.2.2　建议 11 月温控防裂方案

(1)结合反馈计算结果及现场岩锚梁钢筋布置位置,提出水管布置形式如图 9-1 所示。

(2)由于水管布置形式的变更,对温控指标的控制测点做了适当调整,具体布置如图 9-2 所示。

(3)施工温控指标:浇筑温度在 20.0 ℃以下;混凝土内部测点最高温度应控制在 39.0 ℃以内;内外温差(指定的混凝土内部测点与表层测点之间的最大温差)不大于 7.0 ℃;水管内外温差(水管进口水温与混凝土内部测点最高温度之差)不大于 23.0 ℃,水管进口水温控制在 16.0 ℃以下,水管进出口温差控制在 3.0 ℃以内。

(4)由于现场立模时在维萨模板外侧用木条固定且分布较密,这相当于加强了模板侧面的保温力度,反演结果也显示了岩锚梁有维萨模板的侧表面放热系数明显小于长方体试块的维萨模板表面放热系数。通过反馈计算和分析可知,拆模时间的选择对侧表面的温度和应力状态有较大的影响,如果在龄期10 d拆模,表面拉应力骤升,会超过允许抗拉强度。为了保证侧面在拆模时不会出现任何形式的温度裂缝,拆模时间应在龄期14 d以后,混凝土表面温度与洞内气温接近时进行。

(5)根据现场的施工反馈信息,冷却水管的出水直接流在岩锚梁的顶面,导致顶表面在保温的情况下,表面放热系数仍较大,且不同时段的表面放热系数存在差别。通过反演分析及反馈计算分析结果,因岩锚梁顶面是混凝土早期开裂的危险部位,在后续施工混凝土中要更改水管出水位置。在早龄期阶段,应避免混凝土表面出现积水现象,更不能出现水流不止的情况。

(6)水管材质与尺寸:若施工现场只有壁厚0.5 cm型号的塑料管,则选用外径7.5 cm型号的水管;若现场已经购买了壁厚0.5 cm、外径5 cm的塑料管,则可继续使用,但一定要严格控制通水时间和通水进出口温差。据反演分析结果,管壁厚度对管壁放热能力影响很大,要严格把关,若有壁厚在3 mm以内的水管更好。但管壁太薄水管容易破损漏水,因此塑料管壁厚也不能小于2.5 mm。

(7)水管工作要求:

①在混凝土浇筑之前,必须进行水管强度和密封性的相对高压通水检测,通水流量是工作期最大流量的1.3倍,通水历时20 min。

②通水流量要严格控制,尽可能大一点,使水管通水的进、出口水温控制在前述的3 ℃以内的要求,这个指标在水管通水的第6天和第7天及其以后可以放宽一点。

③要边浇筑混凝土边通水,持续7 d以上,自通水第6天起流速减半。

④每12 h改变一次通水方向。

⑤当岩锚梁内部温度降低到与洞内气温差别小于2.0 ℃时通水即可结束,并继续观测停止通水后梁内外测点的温度反弹情况。

(8)岩锚梁混凝土温控防裂实施过程中的注意事项:

①由岩锚梁原型试验段的实测数据可知,梁内最高温度到达时间在2 d左右,因此对指定内外温度测点在龄期2 d左右时应加密测量次数,以获得尽可能准确的最高温度。岩锚梁内外测点温度的观测时间为一个月,至少28 d。

②尽管洞内温度昼夜变幅不大,但是从安全角度出发,拆模时间仍应选择在洞内温度较高和无爆破的时候。

③特别需要指出的是,早期岩锚梁顶面长时间出现持续水流的情况是相当危险的。根据反馈计算所得的早期顶表面混凝土的应力状态,以及根据以往的工程经验(有些工程在表面流水处出现早期裂缝),在这种流水情况下表面早期开裂的风险会大大增加,应引起特别重视。

④要避免在水管通水冷却期间出现停水现象,尤其在早期混凝土升温阶段,更应特别注意。若因某种不确定因素而引起停水,则应及时修复,尽可能缩短停水时间,且在恢复通水时,先用1/3工作流量通水,1 h后将流量提升至2/3,1.5 h后再将流量增加至满工

作流量。

⑤重点强调的是，要尽可能早地开始通冷却水，应采用边浇筑边通水的方式，且在开始时要以满流量、大流速的方式通水。现场原型岩锚梁段在浇筑结束后 14.5 h 才开始通水，在未通水期间，每小时最大温升达 1.7 ℃，而通水后温升速度明显减小（尽管那时的流速还偏小很多），最大温升仅 0.5 ℃/h。可见，在岩锚梁中水管通水对温升幅度控制仍然十分有效，事实上也是温控防裂措施中最有用和最灵活的手段。

⑥对梁的顶表面要及时采取保温和保湿措施，具体要在施工后尽可能早地在顶面覆盖一层不透气的农用塑料薄膜，并在膜的上面覆盖一层保温麻袋，起到早期保温和保湿的作用。因早龄期顶面的内外温差会导致表面拉应力，因此在早龄期阶段尤其在前 10 d 龄期阶段不能对梁表面采取洒水降温或保湿措施。只有当顶面过于干燥，才可在薄膜内洒少许温度尽可能高的水（可采取冷却管出水），并立即覆盖。因混凝土内部有多余的水分，在薄膜掀除前顶面保湿一般是不需要的或很少需要。

10.2.3 建议 12 月温控防裂方案

（1）因 12 月的冷却水温和浇筑温度较 11 月进一步降低（这对温控防裂有利），因此对 12 月的施工温控指标将作如下调整：浇筑温度控制在 18.0 ℃以下；混凝土内部测点最高温度应控制在 36.0 ℃以内；内外温差（指定的混凝土内部测点与表层测点之间的最大温差）不大于 6.0 ℃；水管内外温差（水管进口水温与混凝土内部测点最高温度之差）不大于 23.0 ℃，水管进口水温控制在 14.0 ℃以下，水管进出口温差控制在 3.0 ℃以内。

（2）由于维萨模板保温效果较好，因此不建议过早拆模，推荐拆模时间仍在 14 d 以后，若考虑爆破影响，则拆模时间应推迟到爆破结束后。拆模时间应选择在洞内温度相对较高时段，可采用先松模后拆模的方法。

（3）在混凝土早龄期阶段，仍应避免混凝土表面出现积水现象，更不能出现水流不止的情况。

（4）由于仓面不平整，保温材料无法密实覆盖，因此在早龄期阶段，可考虑在顶面覆盖一层干麻布（至少保证岩锚梁顶面的中间区域覆盖完整）进行保温，若需要保湿时，只需洒少许接近洞内气温的水即可。

（5）水管材质与尺寸：可以继续使用内径 4.0 cm、壁厚 0.5 cm 型号的塑料管；若现场已经购买了内径 2.0 cm、壁厚 0.25 cm 的塑料管，也可以使用。据反馈分析结果，在保证通水流量的前提下，两种水管的冷却效果均能满足要求。

（6）在混凝土浇筑之前，必须进行水管强度和密封性的相对高压通水检测，通水流量是工作期最大流量的 1.3 倍，通水历时 20 min。由于新水管的壁厚较薄（仅 0.25 cm），因此这个过程需要特别重视，必须在保证水管完全不漏的情况下，方可浇筑混凝土。另外，在混凝土浇筑和振捣期间，要尽量避开水管，保证水管不被破坏及位置不会被随意挪动。

（7）水管工作要求：

①通水流量要严格控制，不要低于 2.5 m^3/h。

②通水持续 7 d，不要超过 10 d。反馈计算结果显示，若通水超过 10 d，混凝土内部拉应力会超过允许抗拉强度。

③每12 h改变一次通水方向，若不改变通水方向，梁内水管冷却会不均匀，导致梁内的温度分布不均匀，从而引起自生应力。

(8)反馈计算结果显示，12月梁内布置粗水管(内径4.0 cm、壁厚0.5 cm)的最高温度到达时间会在1.5 d左右，而布置细水管(内径2.0 cm、壁厚0.25 cm)在2 d左右，因此对指定内外温度测点在龄期1~2.5 d时应加密测量次数，以获得尽可能准确的最高温度。岩锚梁内外测点温度的观测时间为一个月，至少28 d。

(9)要避免在水管通水冷却期间出现停水现象，尤其在早期混凝土升温阶段，更应特别注意。若因某种不确定因素而引起停水，则应及时修复，尽可能缩短停水时间，且在恢复通水时，先用1/3工作流量通水，1 h后将流量提升至2/3，1.5 h后再将流量增加至满工作流量。

(10)要避免水管停止工作一段时间以后，又突然通水的情况。由于洞内气温高于水温，在岩锚梁内温度达到准稳定期(其温度与洞内气温相差小于2.0 ℃)时，若突然通低温水，易形成冷击，水管附近混凝土的应力会突增，对混凝土的防裂不利。

附录

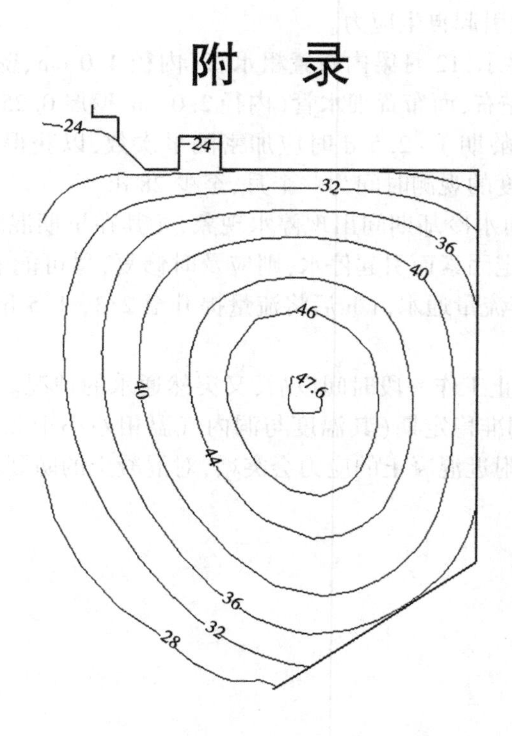

附图1 工况1岩锚梁浇筑2.5 d后 $y=6.0$ m截面温度等值线分布 （单位:℃）

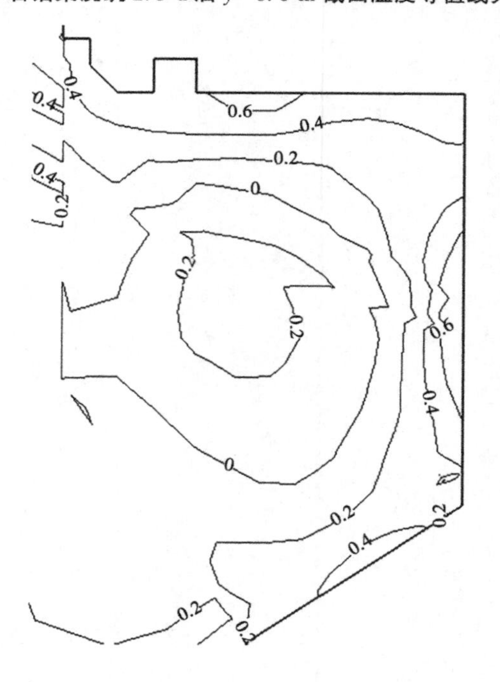

附图2 工况1岩锚梁浇筑2.5 d后 $y=6.0$ m截面应力等值线分布 （单位:MPa）

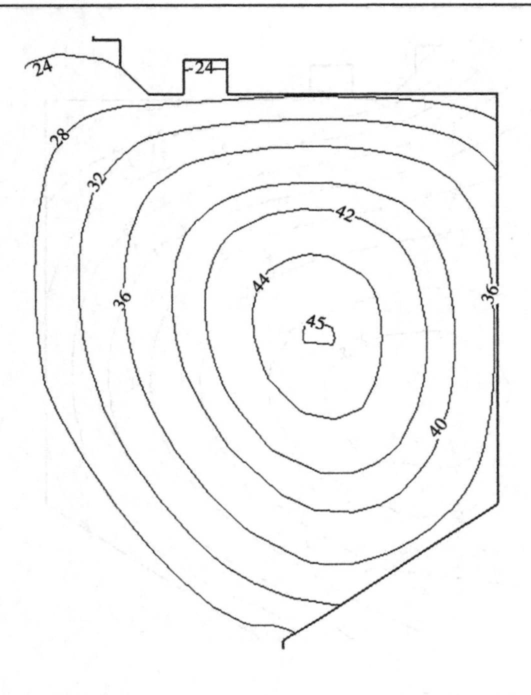

附图 3　工况 1 岩锚梁浇筑 2.5 d 后 $y=0.59$ m 截面温度等值线分布　（单位：℃）

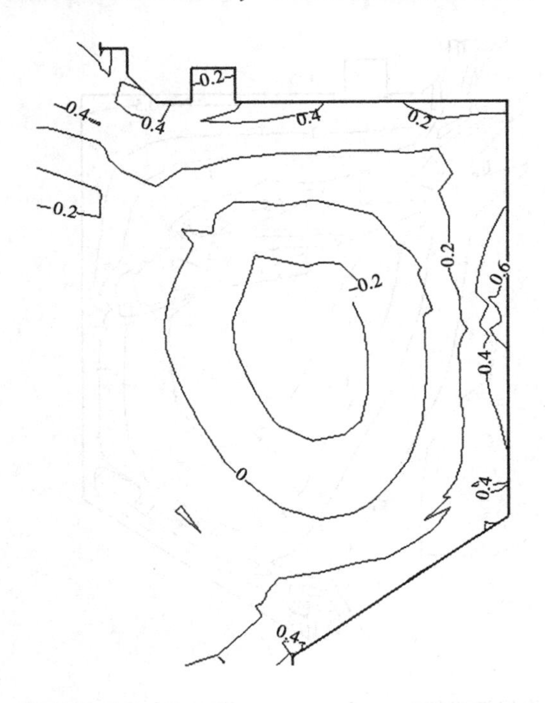

附图 4　工况 1 岩锚梁浇筑 2.5 d 后 $y=0.59$ m 截面应力等值线分布　（单位：MPa）

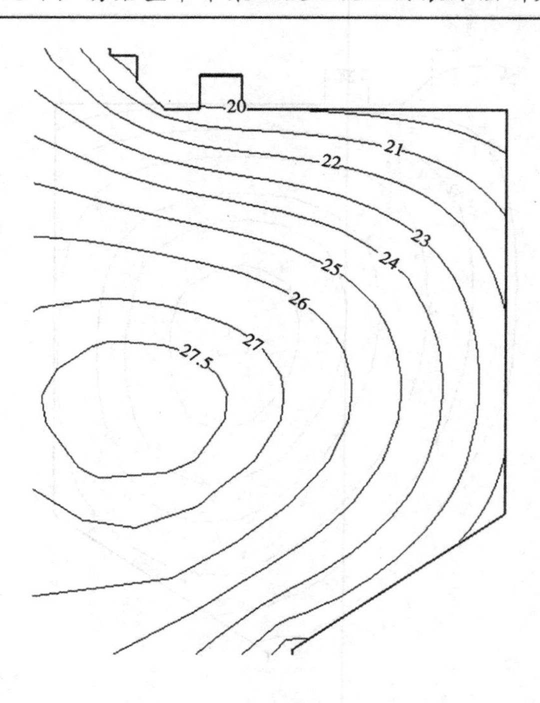

附图5 工况1岩锚梁浇筑15 d后$y=6.0$ m截面温度等值线分布 （单位:℃）

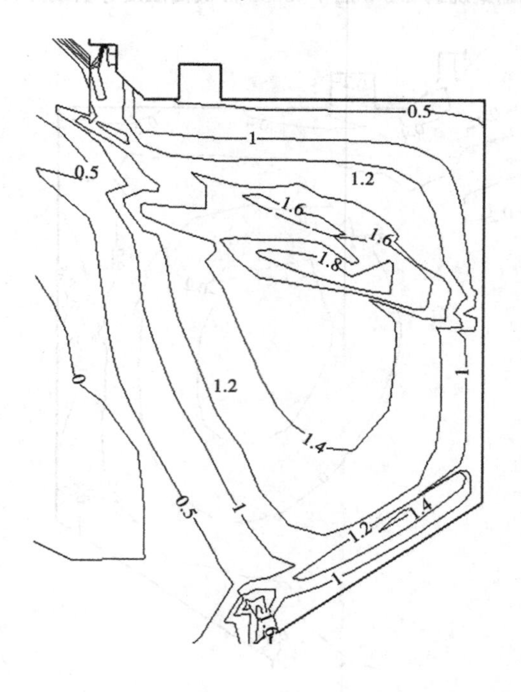

附图6 工况1岩锚梁浇筑15 d后$y=6.0$ m截面应力等值线分布 （单位:MPa）

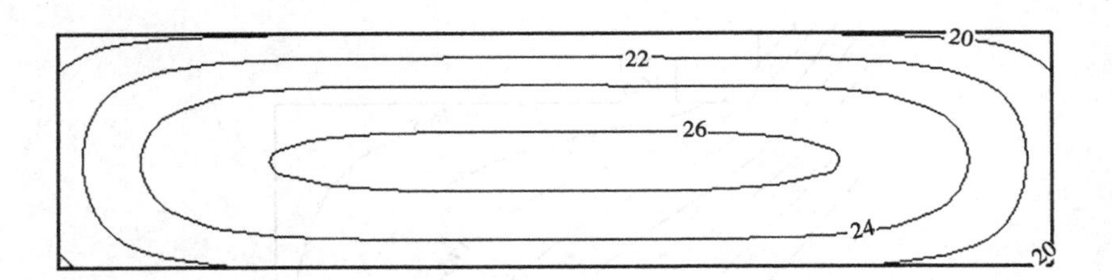

附图 7　工况 1 岩锚梁浇筑 15 d 后 $x=0.2$ m 截面温度等值线分布　（单位：℃）

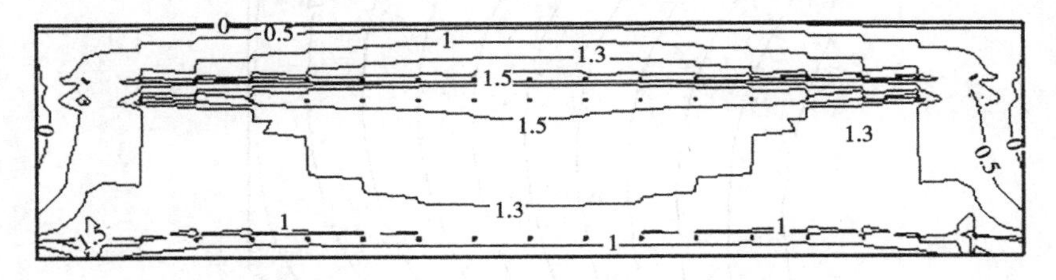

附图 8　工况 I 岩锚梁浇筑 15 d 后 $x=0.2$ m 截面应力等值线分布　（单位：MPa）

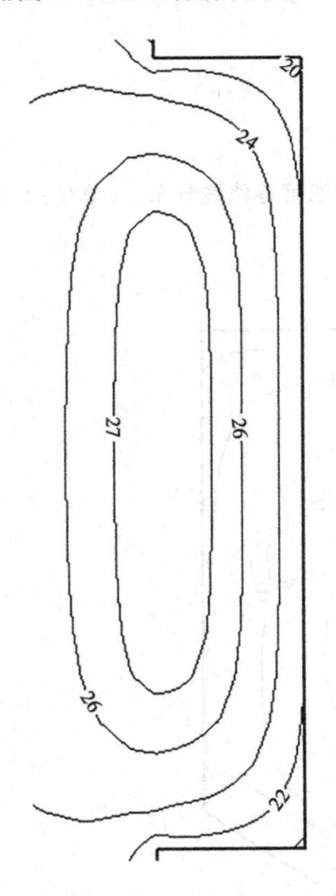

附图 9　工况 1 岩锚梁浇筑 15 d 后 $z=2.0$ m 截面温度等值线分布　（单位：℃）

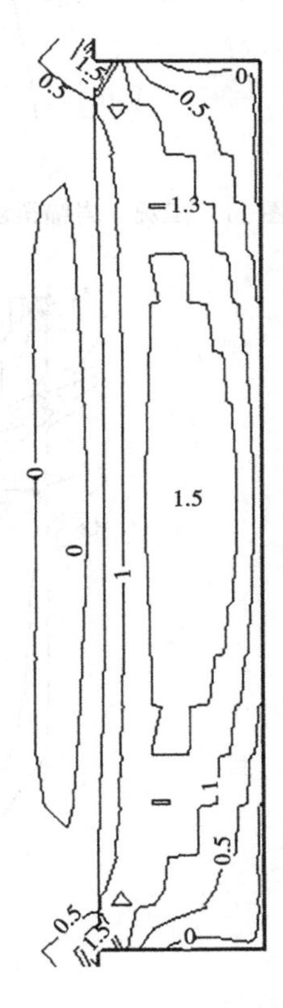

附图 10　工况 1 岩锚梁浇筑 15 d 后 $z=2.0$ m 截面应力等值线分布　（单位：MPa）

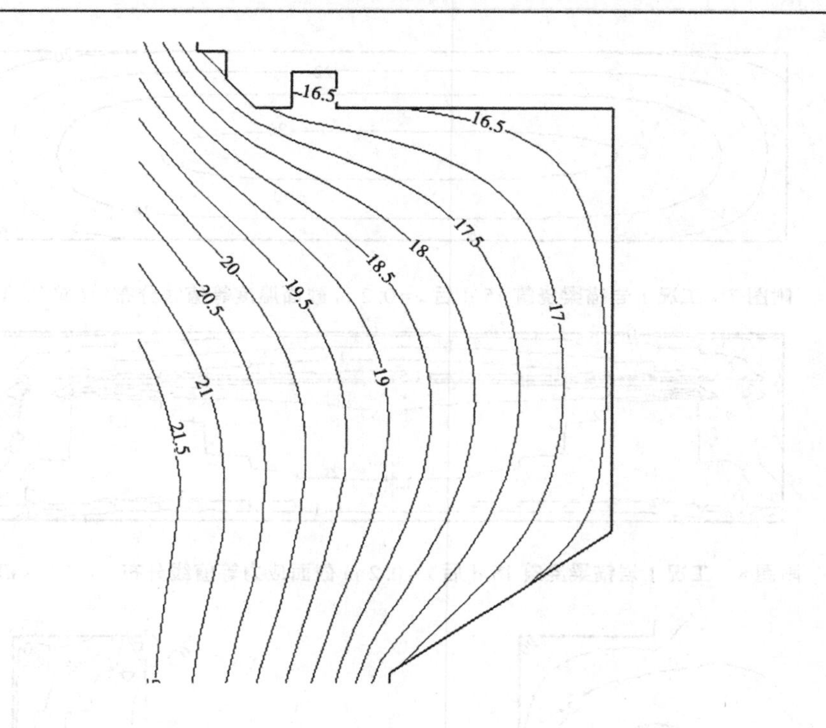

附图 11　工况 1 岩锚梁浇筑 40 d 后 $y=6.0$ m 截面温度等值线分布　（单位:℃）

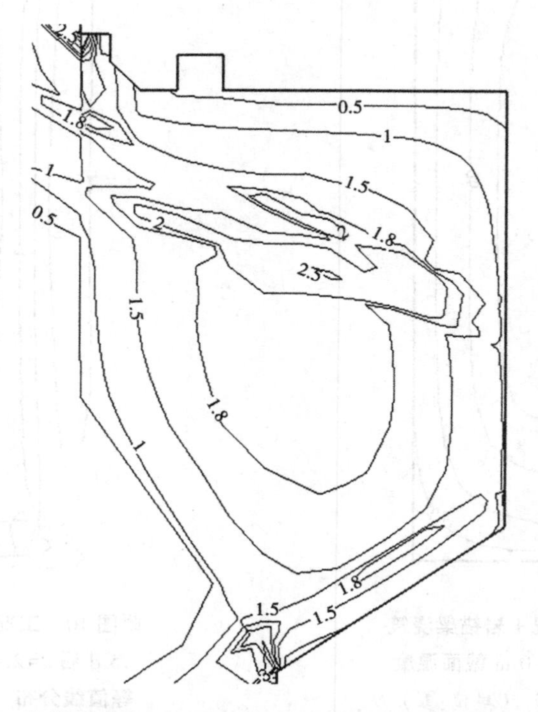

附图 12　工况 1 岩锚梁浇筑 40 d 后 $y=6.0$ m 截面应力等值线分布　（单位:MPa）

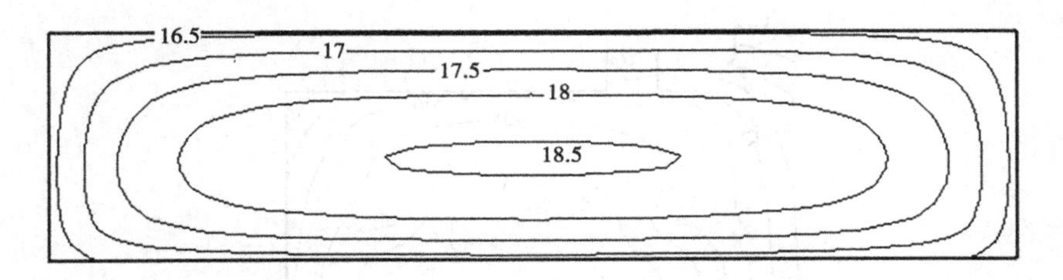

附图 13　工况 1 岩锚梁浇筑 40 d 后 $x=0.2$ m 截面温度等值线分布　（单位：℃）

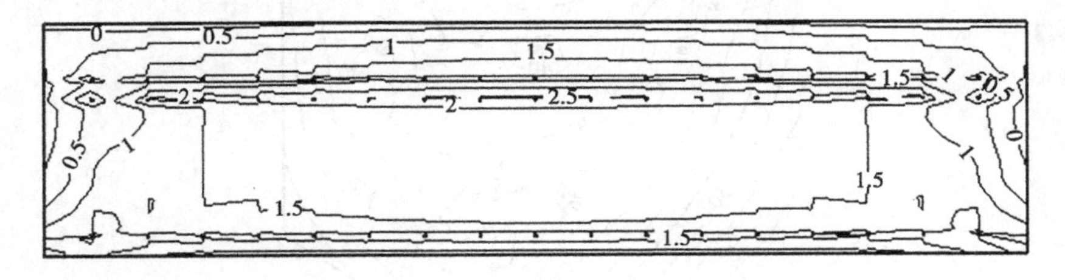

附图 14　工况 1 岩锚梁浇筑 40 d 后 $x=0.2$ m 截面应力等值线分布　（单位：MPa）

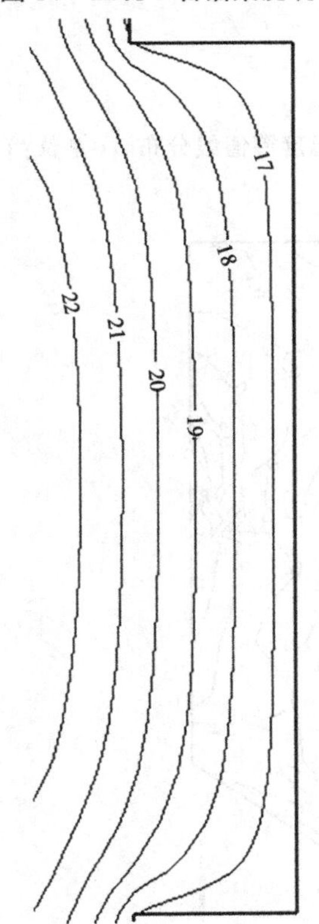

附图 15　工况 1 岩锚梁浇筑 40 d 后 $z=2.0$ m 截面温度等值线分布　（单位：℃）

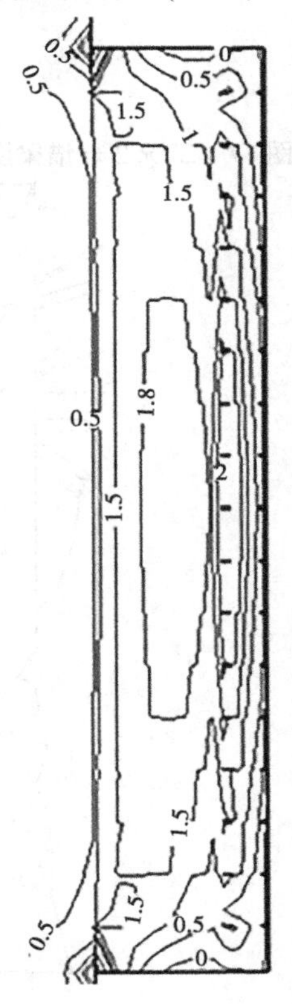

附图 16　工况 1 岩锚梁浇筑 40 d 后 $z=2.0$ m 截面应力等值线分布　（单位：MPa）

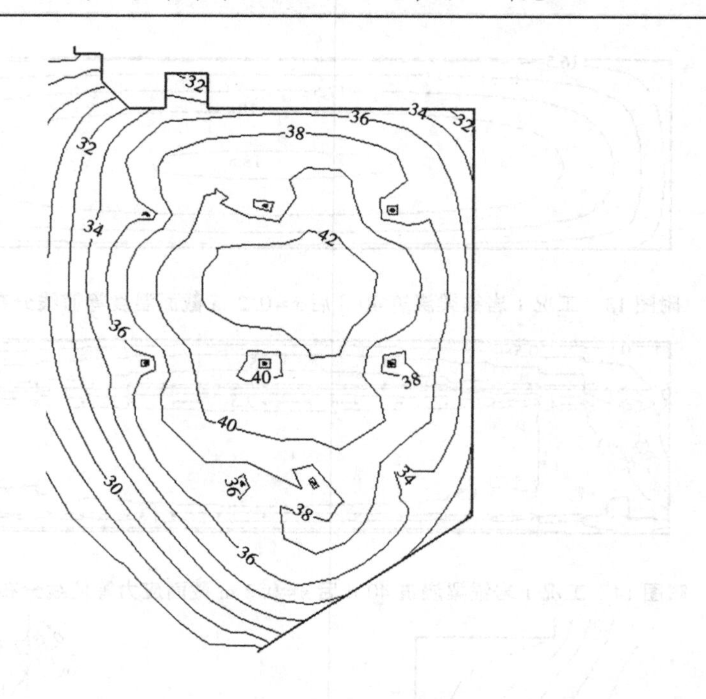

附图 17　工况 2 岩锚梁浇筑 1.5 d 后 y=6.0 m 截面温度等值线分布　（单位:℃）

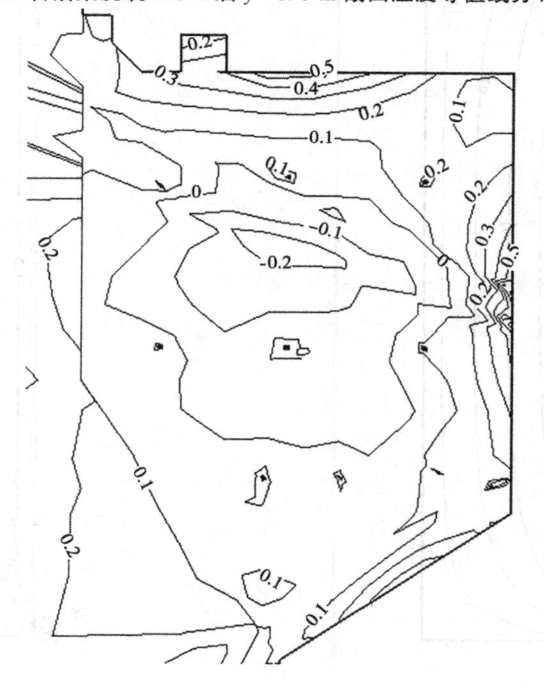

附图 18　工况 2 岩锚梁浇筑 1.5 d 后 y=6.0 m 截面应力等值线分布　（单位:MPa）

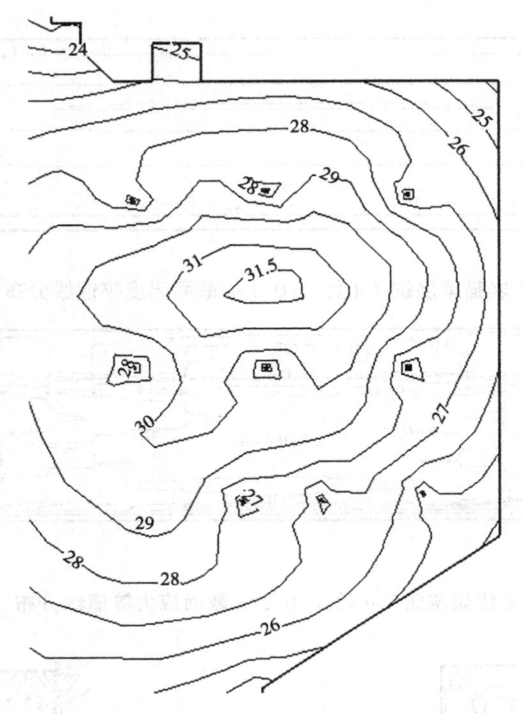

附图 19　工况 2 岩锚梁浇筑 7 d 后 $y=6.0$ m 截面温度等值线分布　(单位:℃)

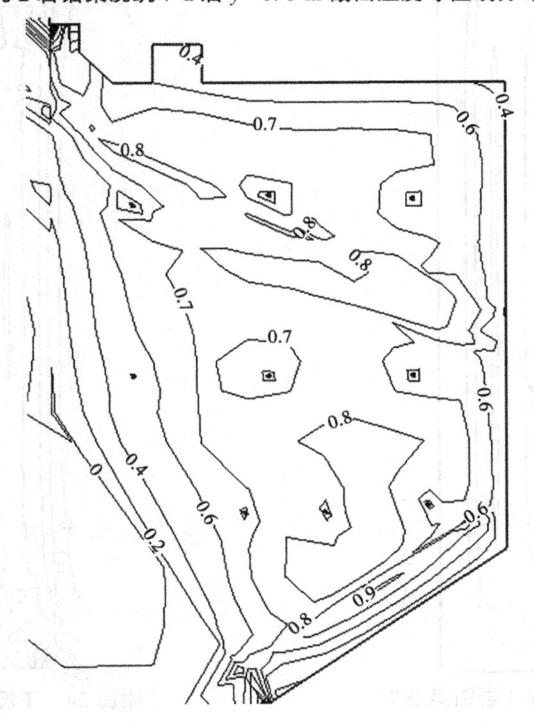

附图 20　工况 2 岩锚梁浇筑 7 d 后 $y=6.0$ m 截面应力等值线分布　(单位:MPa)

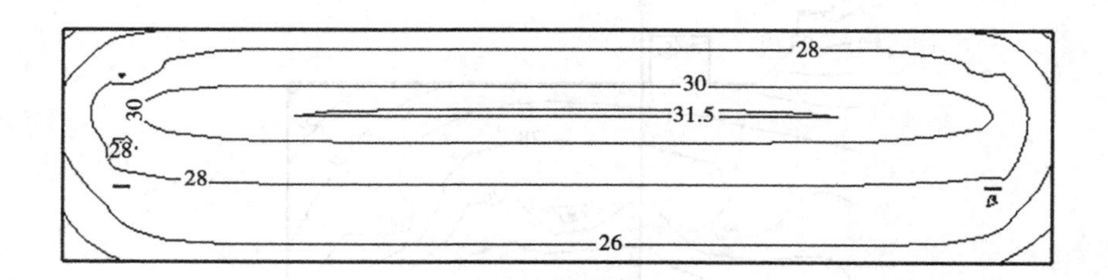

附图 21 工况 2 岩锚梁浇筑 7 d 后 $x=0.2$ m 截面温度等值线分布 （单位：℃）

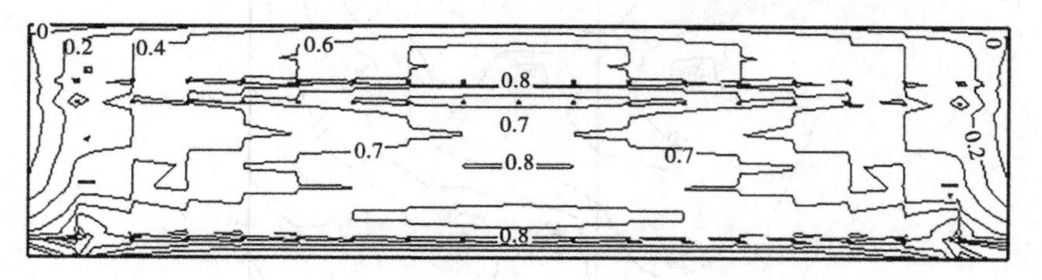

附图 22 工况 2 岩锚梁浇筑 7 d 后 $x=0.2$ m 截面应力等值线分布 （单位：MPa）

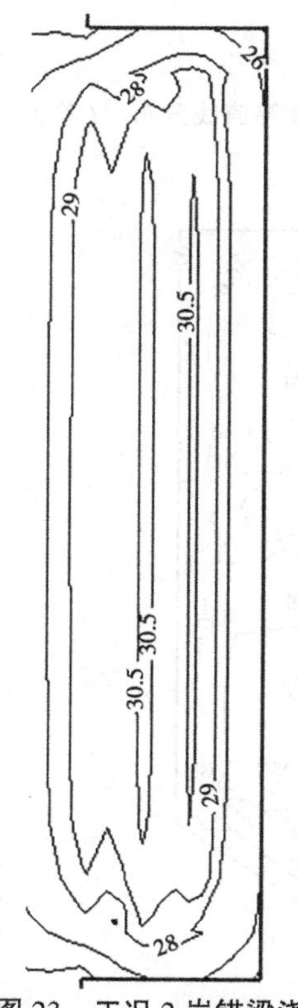

附图 23 工况 2 岩锚梁浇筑 7 d 后 $z=2.0$ m 截面温度等值线分布 （单位：℃）

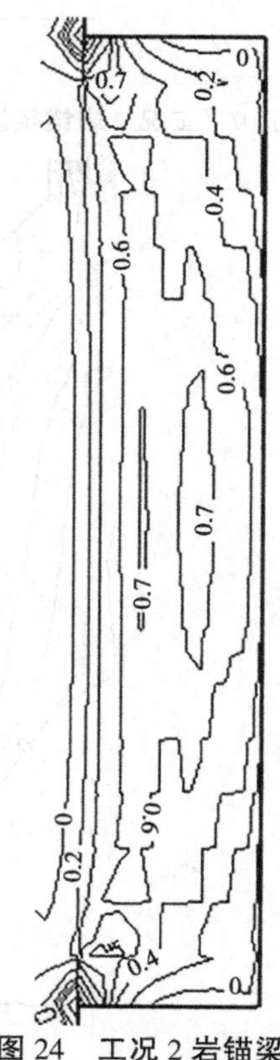

附图 24 工况 2 岩锚梁浇筑 7 d 后 $z=2.0$ m 截面应力等值线分布 （单位：MPa）

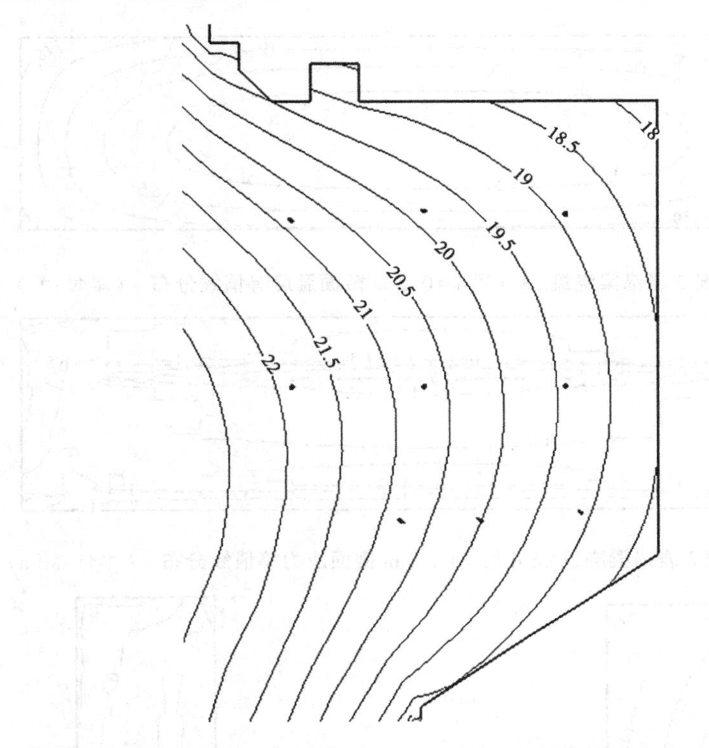

附图 25　工况 2 岩锚梁浇筑 28 d 后 $y=6.0$ m 截面温度等值线分布　（单位:℃）

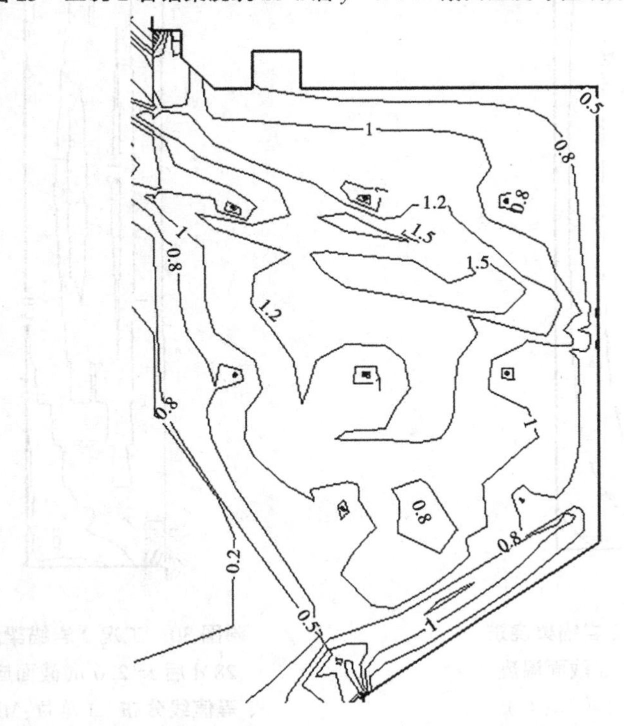

附图 26　工况 2 岩锚梁浇筑 28 d 后 $y=6.0$ m 截面应力等值线分布　（单位:MPa）

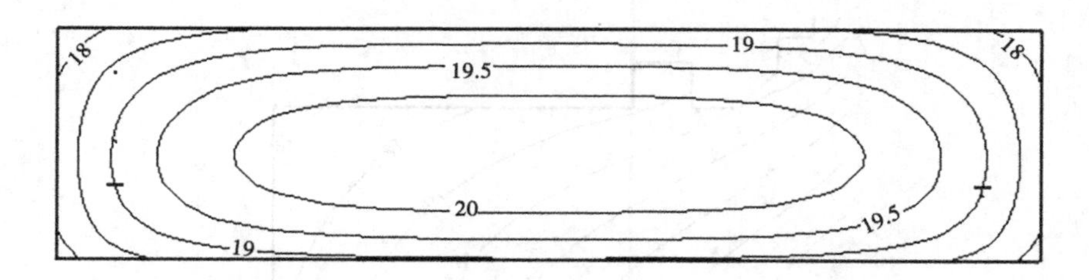

附图 27　工况 2 岩锚梁浇筑 28 d 后 $x=0.2$ m 截面温度等值线分布　(单位:℃)

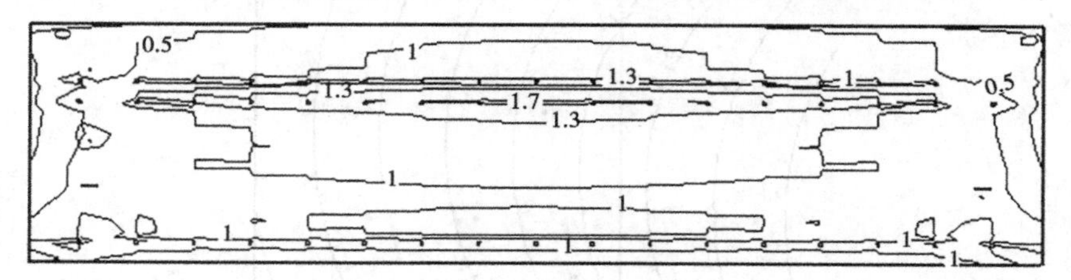

附图 28　工况 2 岩锚梁浇筑 28 d 后 $x=0.2$ m 截面应力等值线分布　(单位:MPa)

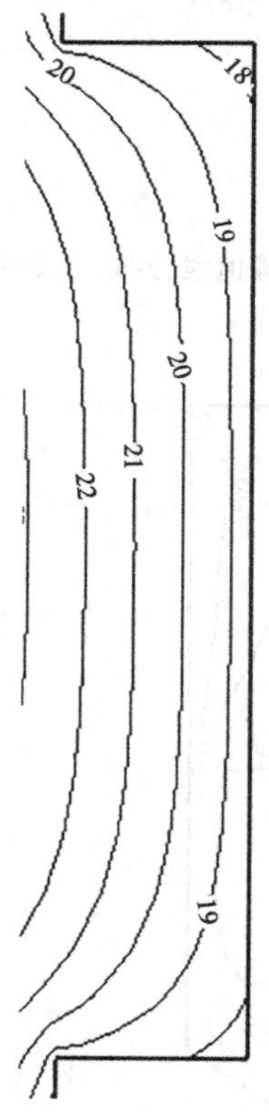

附图 29　工况 2 岩锚梁浇筑 28 d 后 $z=2.0$ m 截面温度等值线分布　(单位:℃)

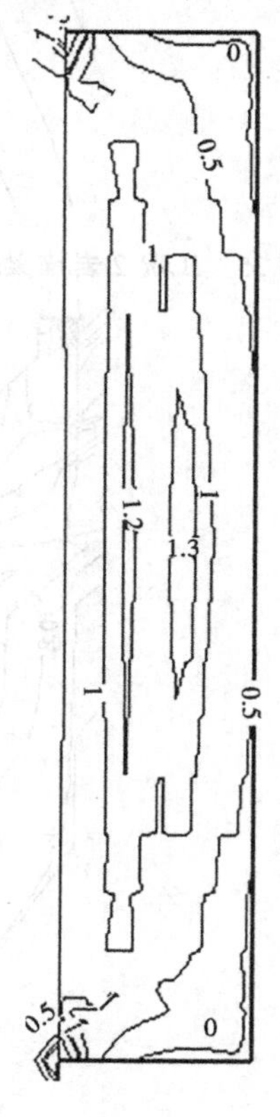

附图 30　工况 2 岩锚梁浇筑 28 d 后 $z=2.0$ m 截面应力等值线分布　(单位:MPa)

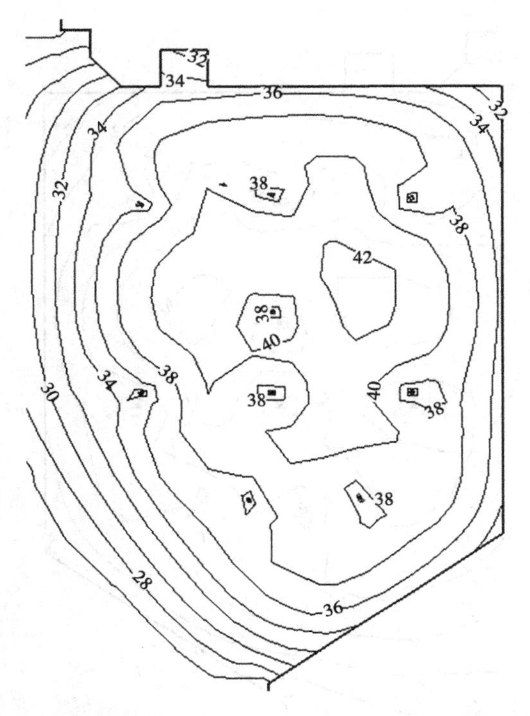

附图 31　工况 3-1 岩锚梁浇筑 1.5 d 后 y=6.0 m 截面温度等值线分布　（单位:℃）

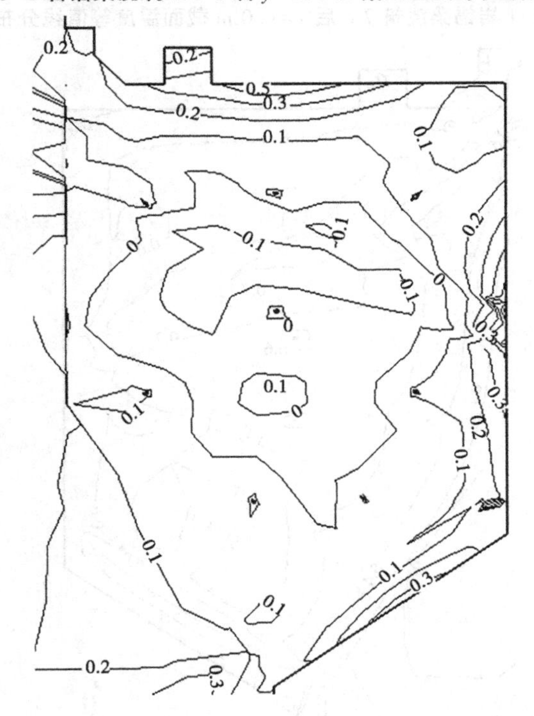

附图 32　工况 3-1 岩锚梁浇筑 1.5 d 后 y=6.0 m 截面应力等值线分布　（单位:MPa）

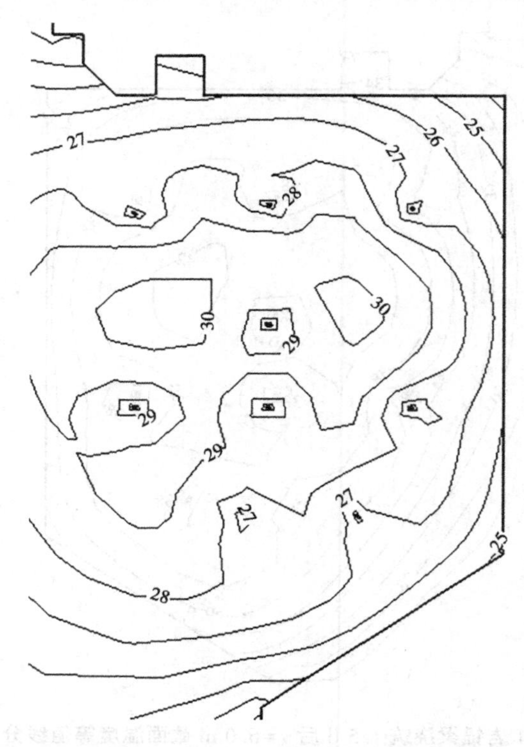

附图 33　工况 3-1 岩锚梁浇筑 7 d 后 y=6.0 m 截面温度等值线分布　(单位:℃)

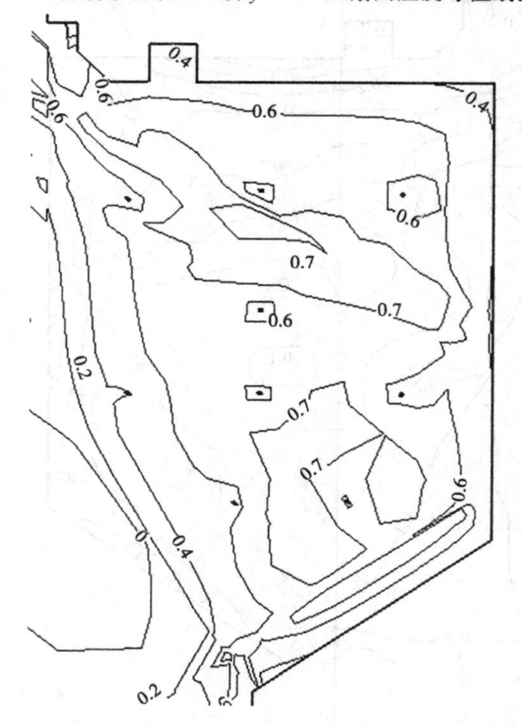

附图 34　工况 3-1 岩锚梁浇筑 7 d 后 y=6.0 m 截面应力等值线分布　(单位:MPa)

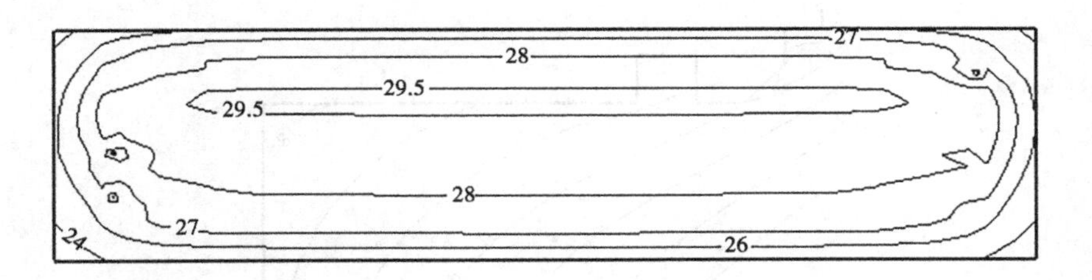

附图 35　工况 3-1 岩锚梁浇筑 7 d 后 $x=0.2$ m 截面温度等值线分布　（单位:℃）

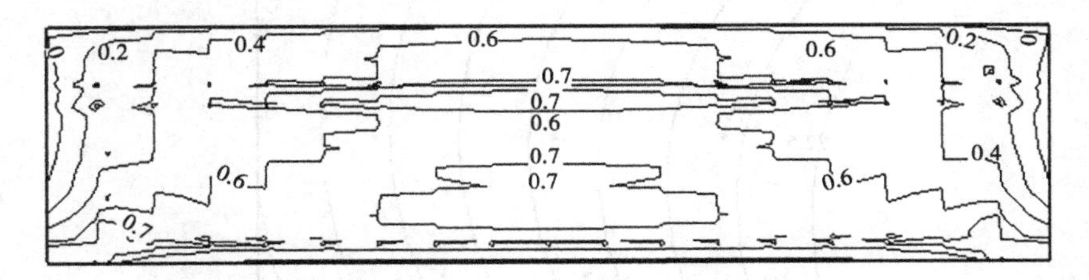

附图 36　工况 3-1 岩锚梁浇筑 7 d 后 $x=0.2$ m 截面应力等值线分布　（单位:MPa）

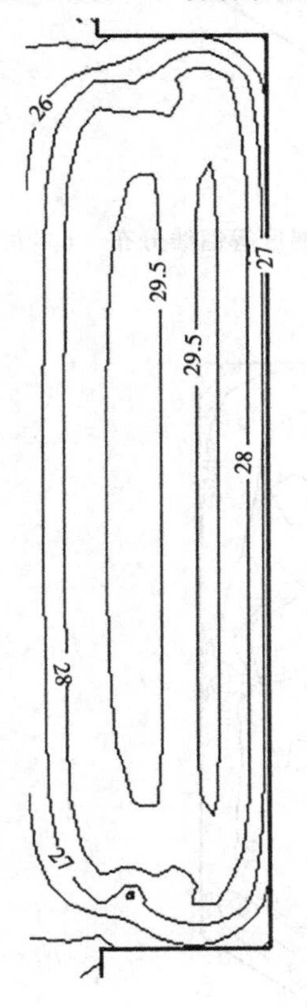

附图 37　工况 3-1 岩锚梁浇筑 7 d 后 $z=2.0$ m 截面温度等值线分布　（单位:℃）

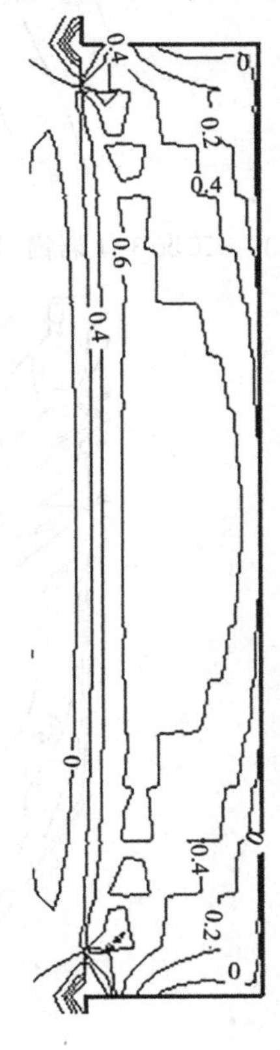

附图 38　工况 3-1 岩锚梁浇筑 7 d 后 $z=2.0$ m 截面应力等值线分布　（单位:MPa）

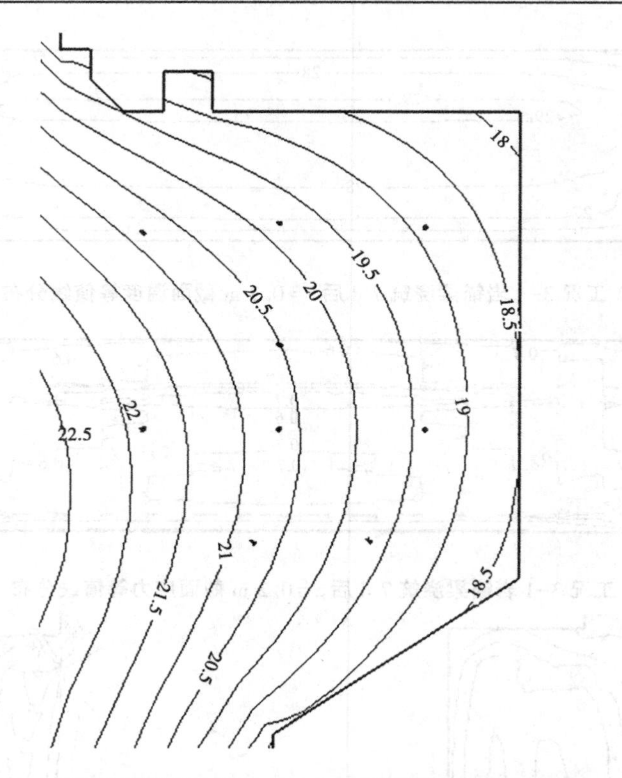

附图 39　工况 3-1 岩锚梁浇筑 28 d 后 $y=6.0$ m 截面温度等值线分布　（单位:℃）

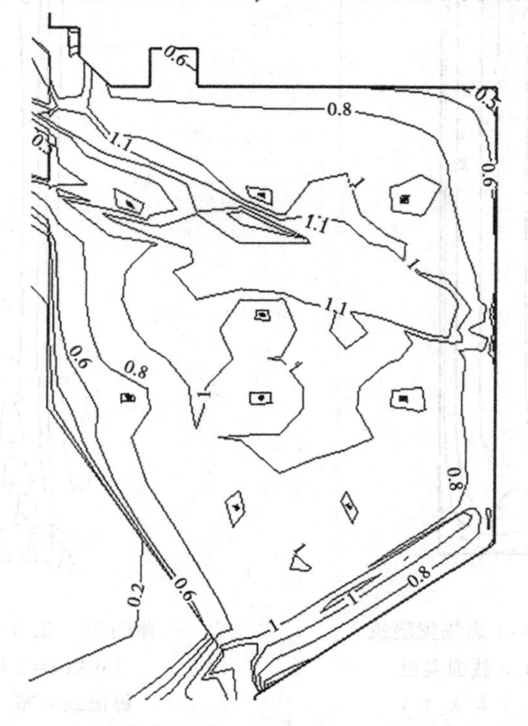

附图 40　工况 3-1 岩锚梁浇筑 28 d 后 $y=6.0$ m 截面应力等值线分布　（单位:MPa）

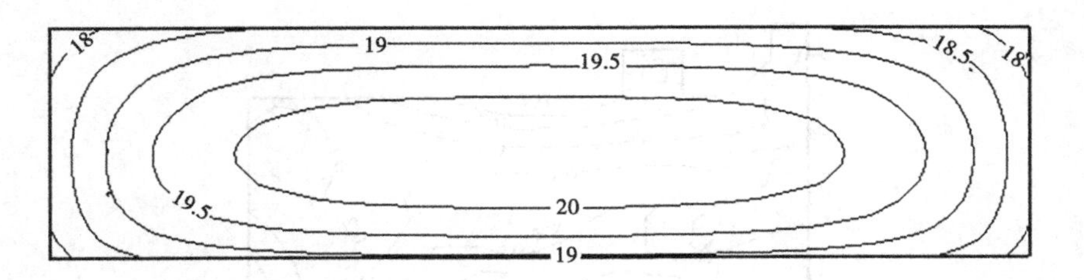

附图 41　工况 3-1 岩锚梁浇筑 28 d 后 $x=0.2$ m 截面温度等值线分布　（单位：℃）

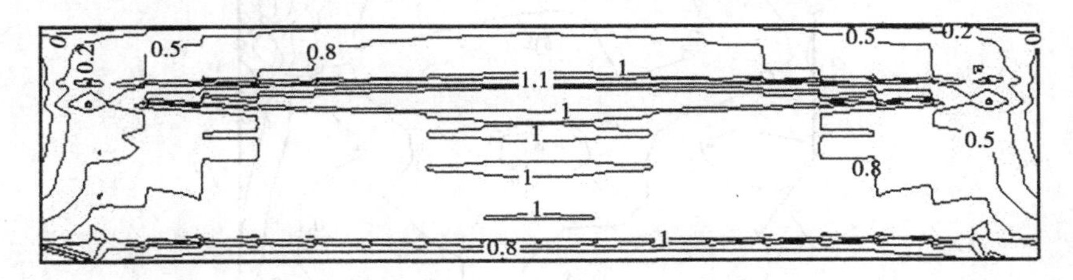

附图 42　工况 3-1 岩锚梁浇筑 28 d 后 $x=0.2$ m 截面应力等值线分布　（单位：MPa）

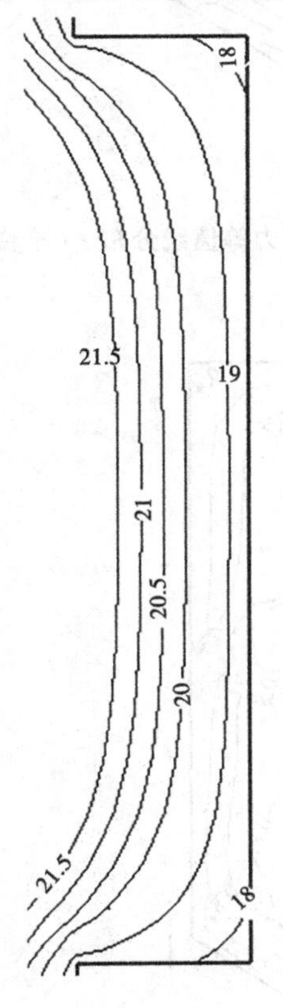

附图 43　工况 3-1 岩锚梁浇筑 28 d 后 $z=2.0$ m 截面温度等值线分布　（单位：℃）

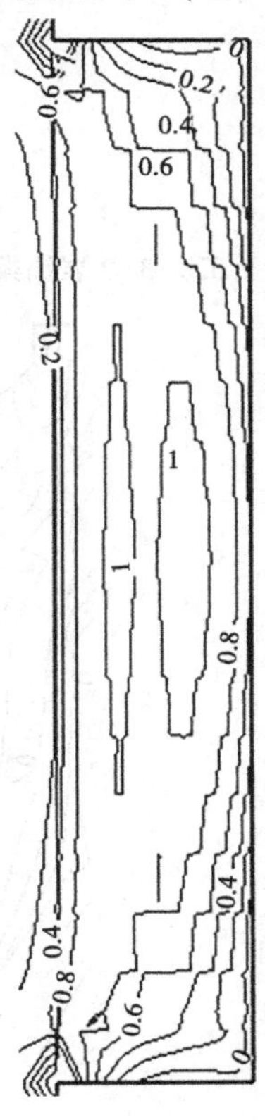

附图 44　工况 3-1 岩锚梁浇筑 28 d 后 $z=2.0$ m 截面应力等值线分布　（单位：MPa）

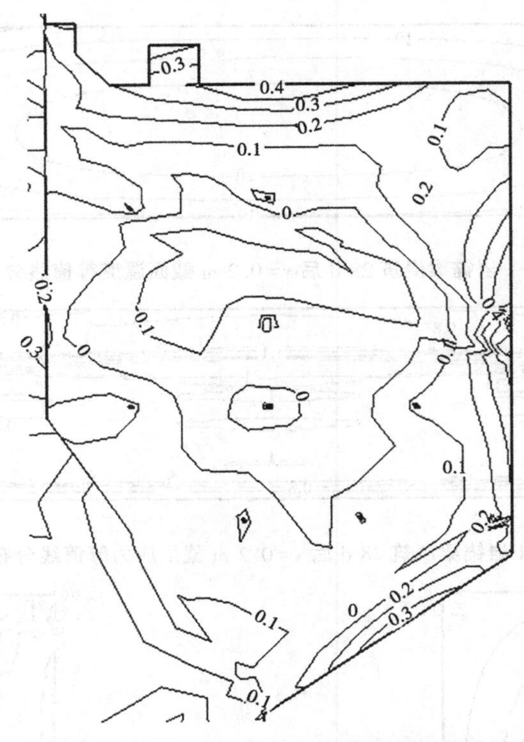

附图 45　工况 3-2 岩锚梁浇筑 1.5 d 后 $y=6.0$ m 截面应力等值线分布　（单位:MPa）

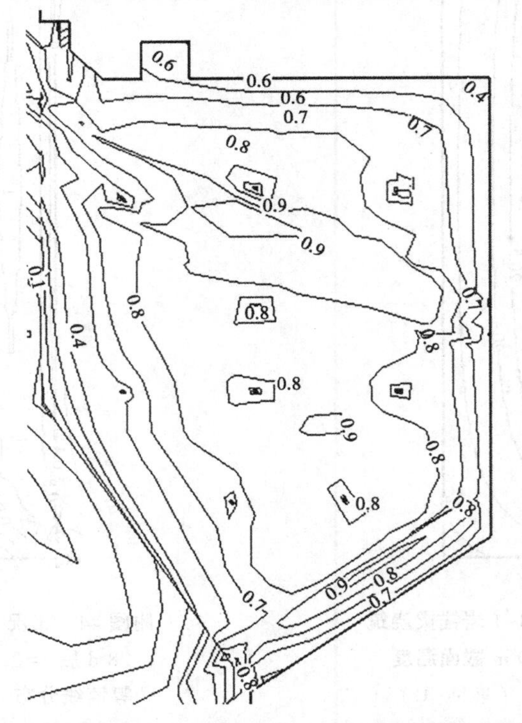

附图 46　工况 3-2 岩锚梁浇筑 7 d 后 $y=6.0$ m 截面应力等值线分布　（单位:MPa）

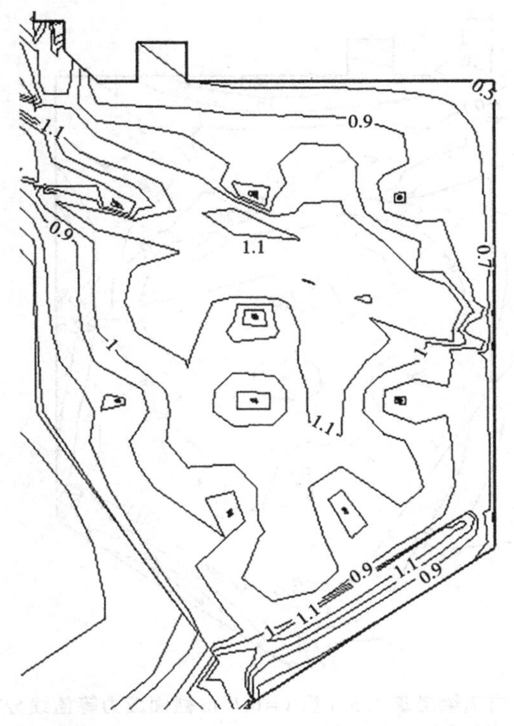

附图 47　工况 3-2 岩锚梁浇筑 28 d 后 $y=6.0$ m 截面应力等值线分布　（单位:MPa）

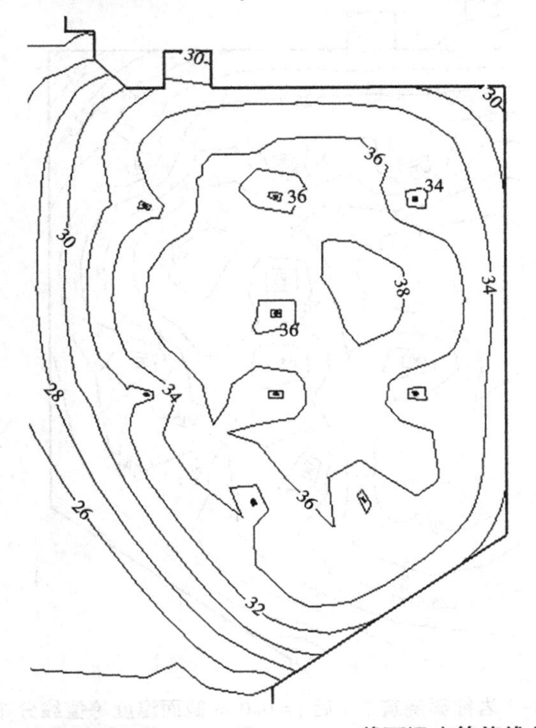

附图 48　工况 3-3 岩锚梁浇筑 1.5 d 后 $y=6.0$ m 截面温度等值线分布　（单位:℃）

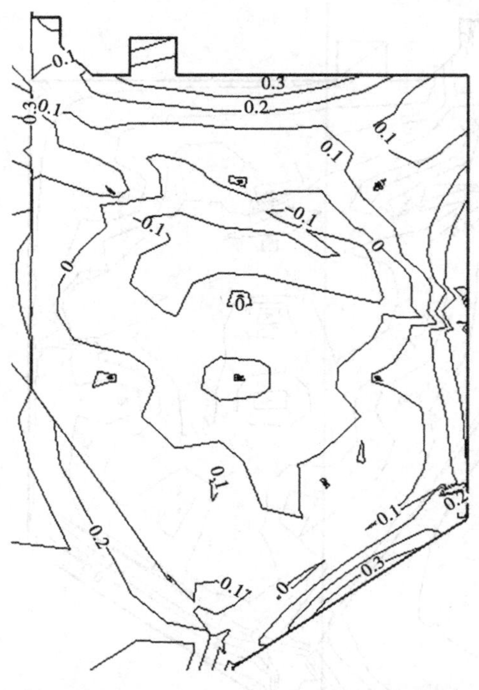

附图 49　工况 3-3 岩锚梁浇筑 1.5 d 后 $y=6.0$ m 截面应力等值线分布　（单位：MPa）

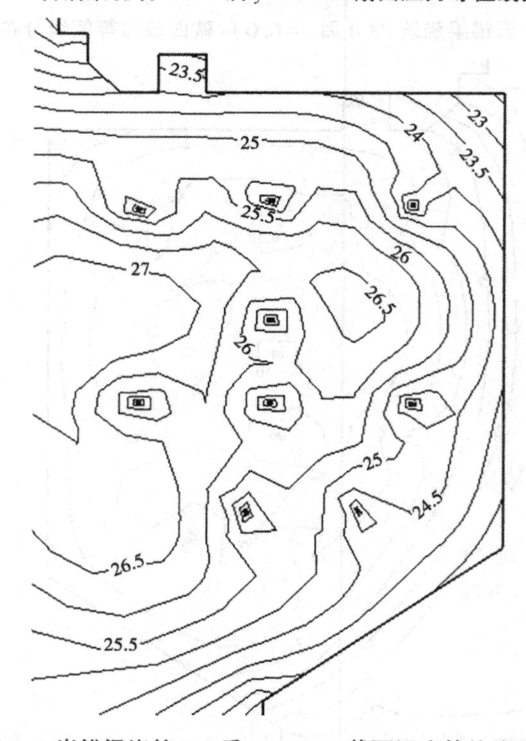

附图 50　工况 3-3 岩锚梁浇筑 7 d 后 $y=6.0$ m 截面温度等值线分布　（单位：℃）

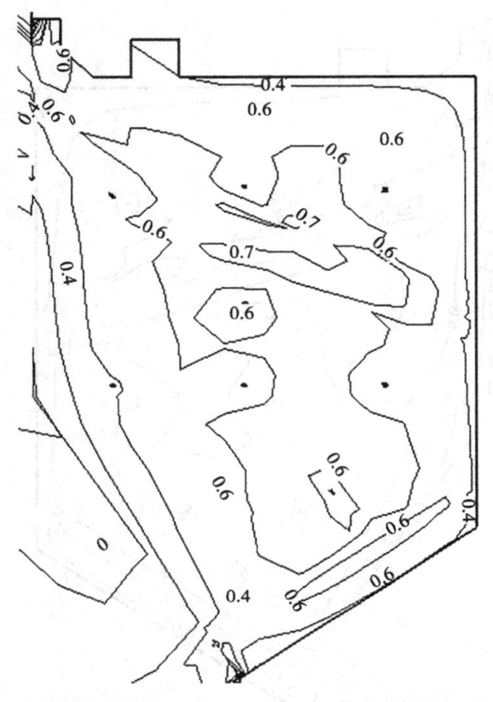

附图 51 工况 3-3 岩锚梁浇筑 7 d 后 $y = 6.0$ m 截面应力等值线分布 （单位：MPa）

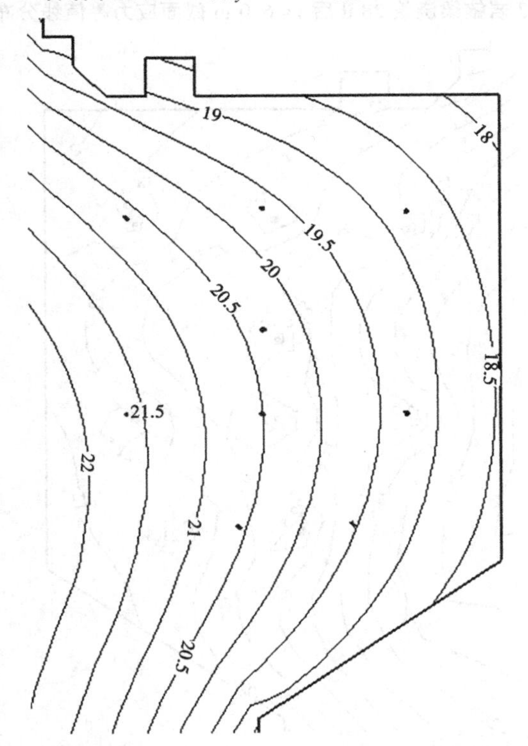

附图 52 工况 3-3 岩锚梁浇筑 28 d 后 $y = 6.0$ m 截面温度等值线分布 （单位：℃）

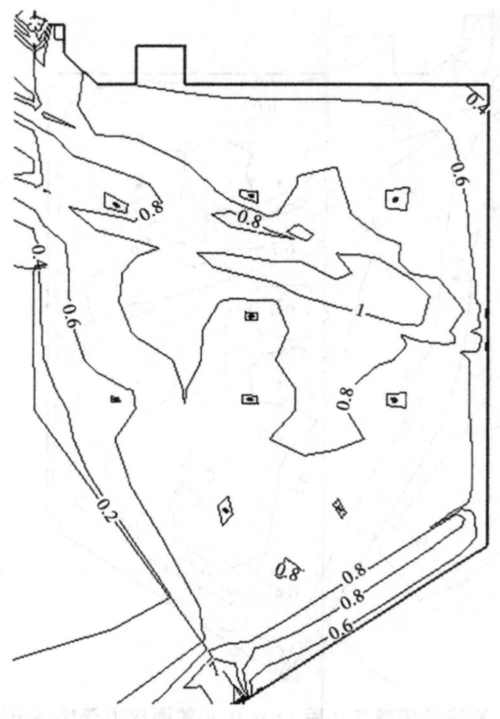

附图 53　工况 3-3 岩锚梁浇筑 28 d 后 $y=6.0$ m 截面应力等值线分布　(单位:MPa)

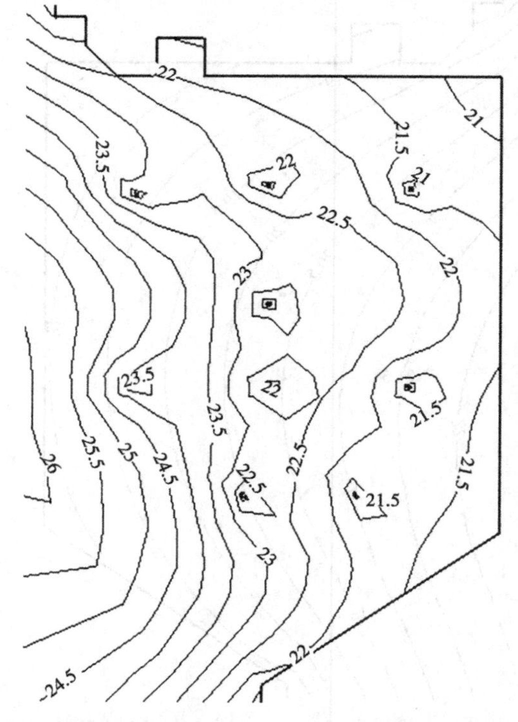

附图 54　工况 3-4 岩锚梁浇筑 10 d 后 $y=6.0$ m 截面温度等值线分布　(单位:℃)

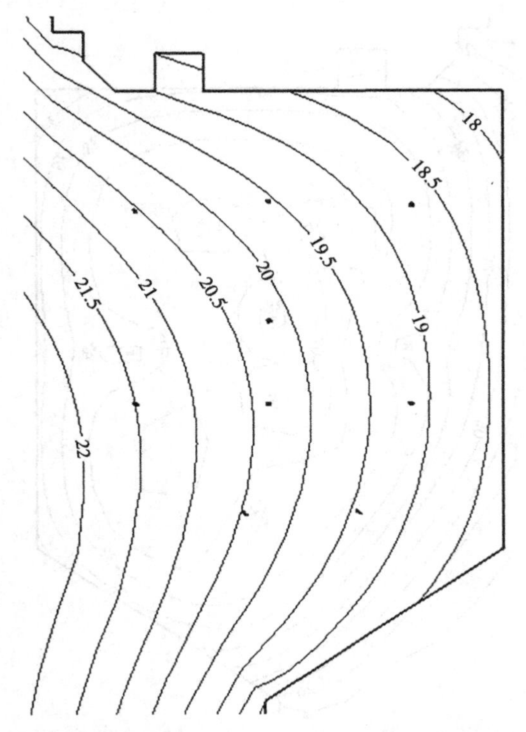

附图 55　工况 3-4 岩锚梁浇筑 28 d 后 $y=6.0$ m 截面温度等值线分布　（单位：℃）

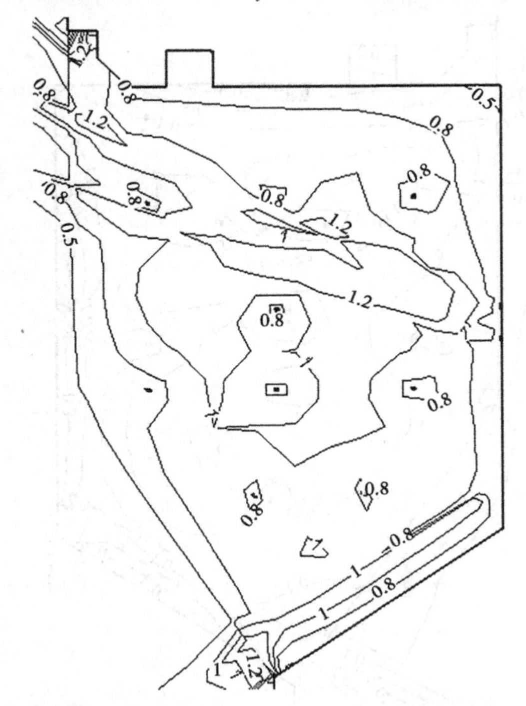

附图 56　工况 3-4 岩锚梁浇筑 28 d 后 $y=6.0$ m 截面应力等值线分布　（单位：MPa）

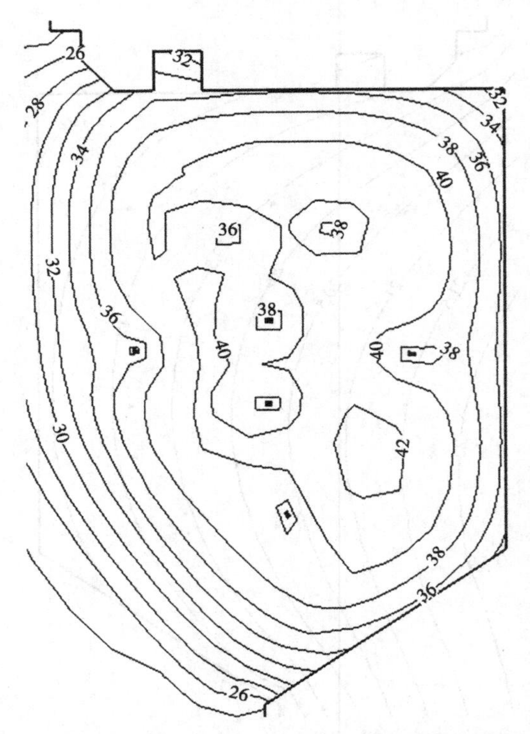

附图 57　工况 4-1 岩锚梁浇筑 1.5 d 后 y=6.0 m 截面温度等值线分布　（单位：℃）

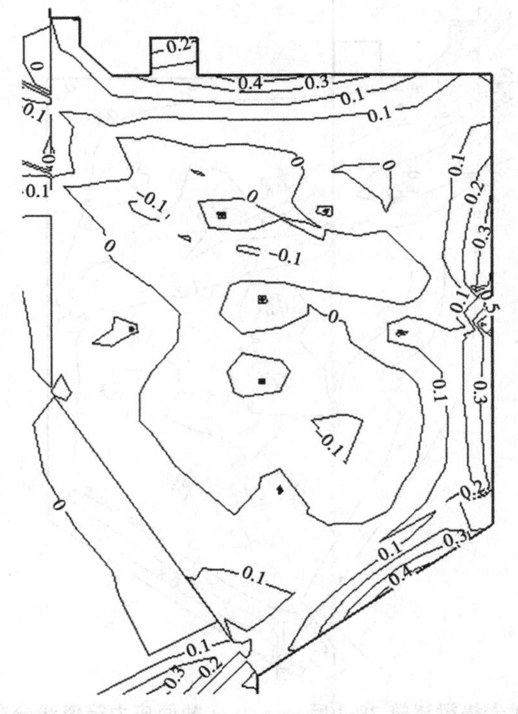

附图 58　工况 4-1 岩锚梁浇筑 1.5 d 后 y=6.0 m 截面应力等值线分布　（单位：MPa）

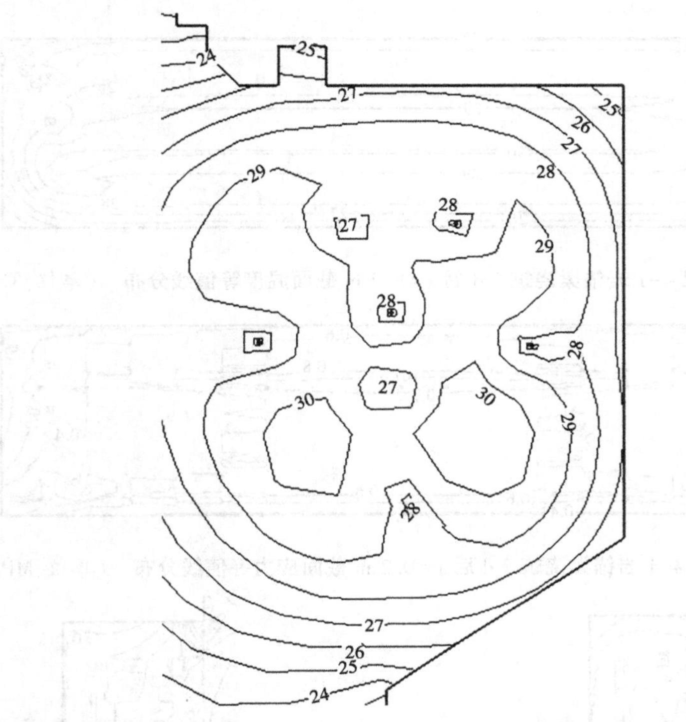

附图 59　工况 4-1 岩锚梁浇筑 7 d 后 $y=6.0$ m 截面温度等值线分布　（单位：℃）

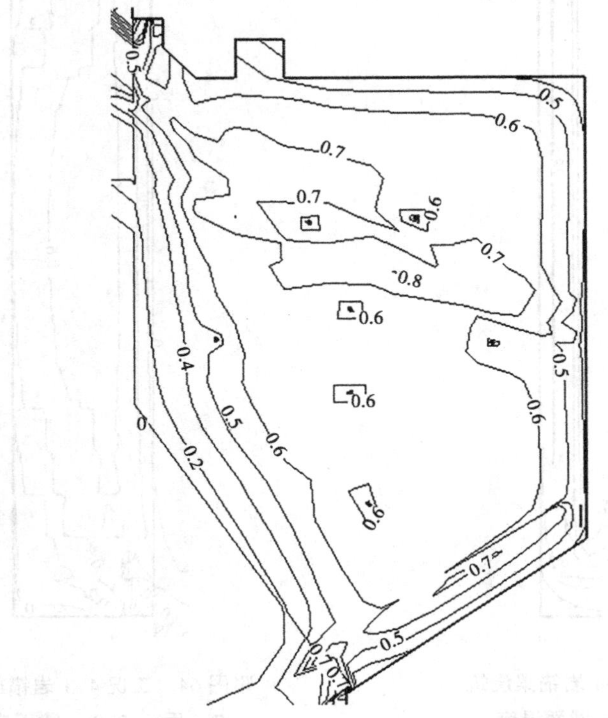

附图 60　工况 4-1 岩锚梁浇筑 7 d 后 $y=6.0$ m 截面应力等值线分布　（单位：MPa）

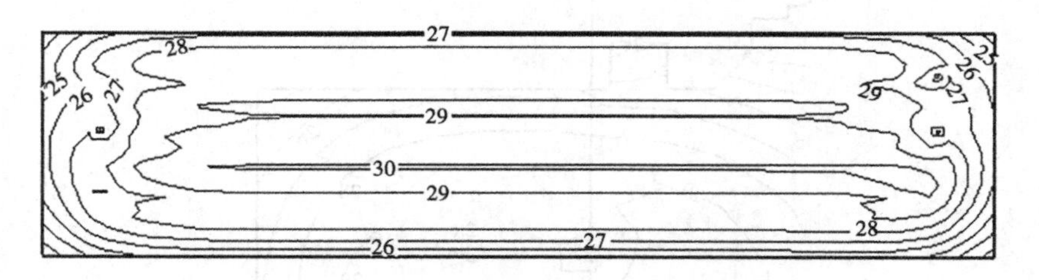

附图 61　工况 4-1 岩锚梁浇筑 7 d 后 $x=0.2$ m 截面温度等值线分布　（单位：℃）

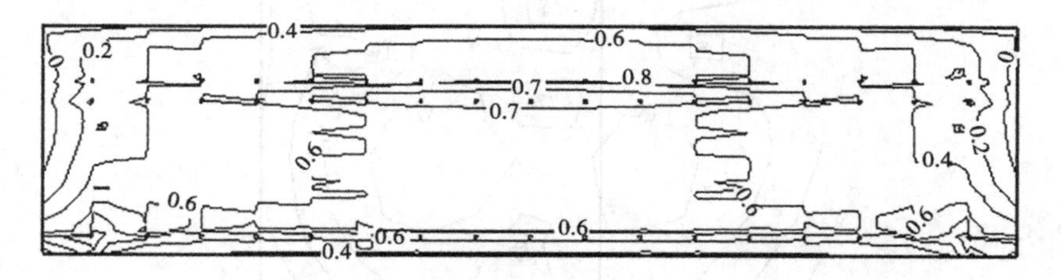

附图 62　工况 4-1 岩锚梁浇筑 7 d 后 $x=0.2$ m 截面应力等值线分布　（单位：MPa）

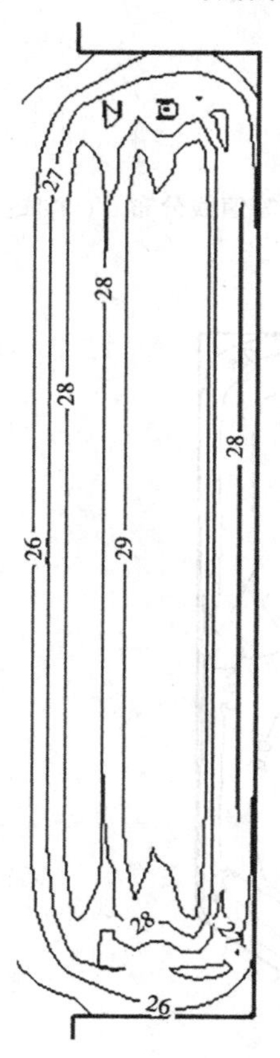

附图 63　工况 4-1 岩锚梁浇筑 7 d 后 $z=2.0$ m 截面温度等值线分布　（单位：℃）

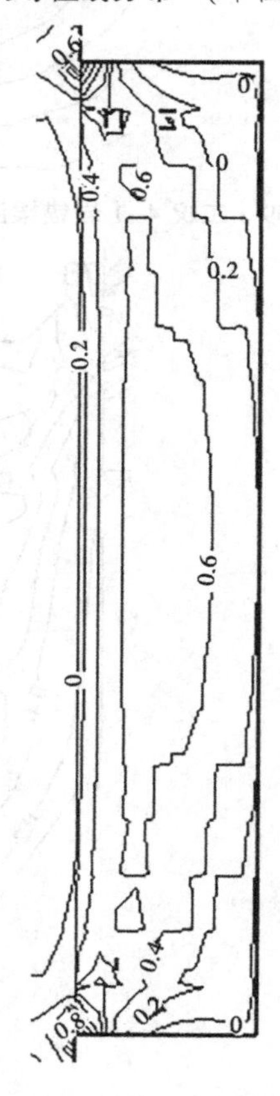

附图 64　工况 4-1 岩锚梁浇筑 7 d 后 $z=2.0$ m 截面应力等值线分布　（单位：MPa）

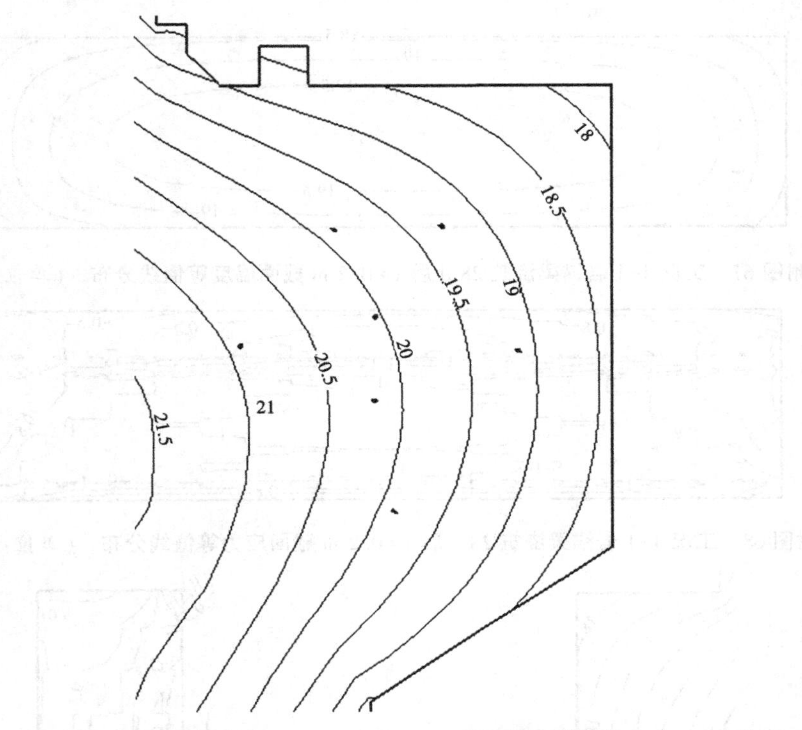

附图 65 工况 4-1 岩锚梁浇筑 28 d 后 $y=6.0$ m 截面温度等值线分布 （单位:℃）

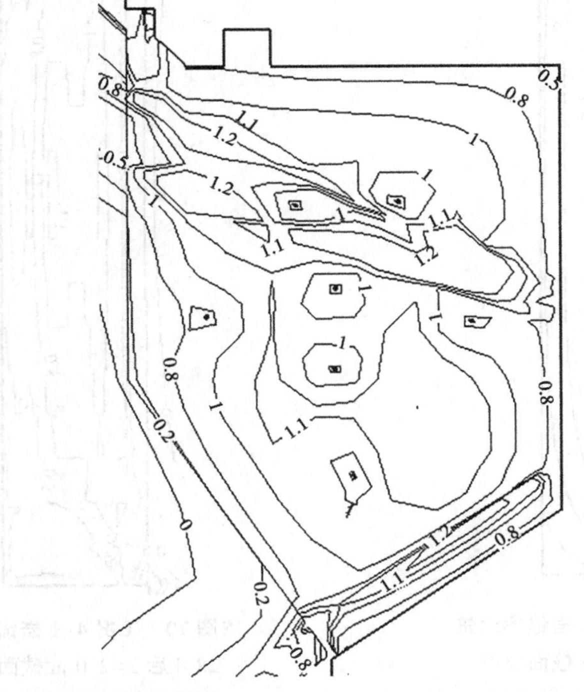

附图 66 工况 4-1 岩锚梁浇筑 28 d 后 $y=6.0$ m 截面应力等值线分布 （单位:MPa）

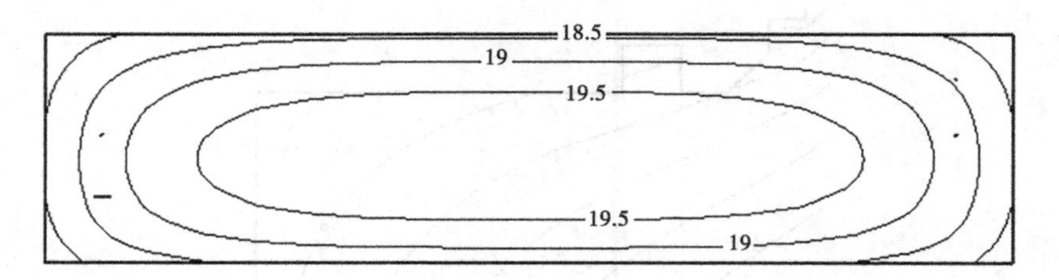

附图 67　工况 4-1 岩锚梁浇筑 28 d 后 $x=0.2$ m 截面温度等值线分布　（单位:℃）

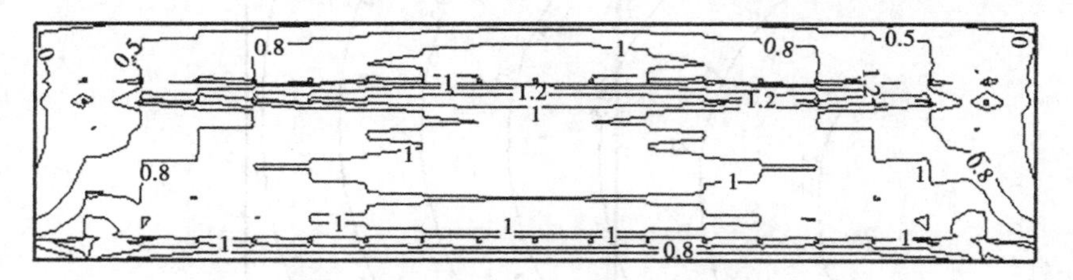

附图 68　工况 4-1 岩锚梁浇筑 28 d 后 $x=0.2$ m 截面应力等值线分布　（单位:MPa）

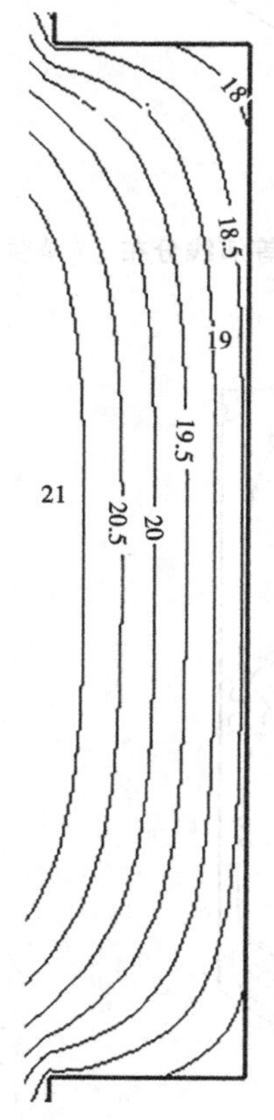

附图 69　工况 4-1 岩锚梁浇筑 28 d 后 $z=2.0$ m 截面温度等值线分布　（单位:℃）

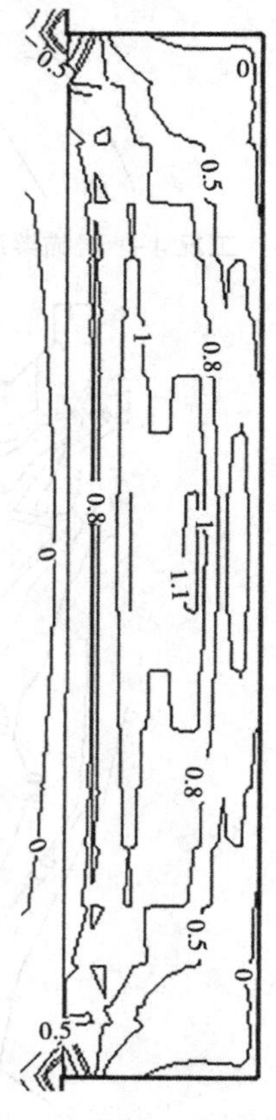

附图 70　工况 4-1 岩锚梁浇筑 28 d 后 $z=2.0$ m 截面应力等值线分布　（单位:MPa）

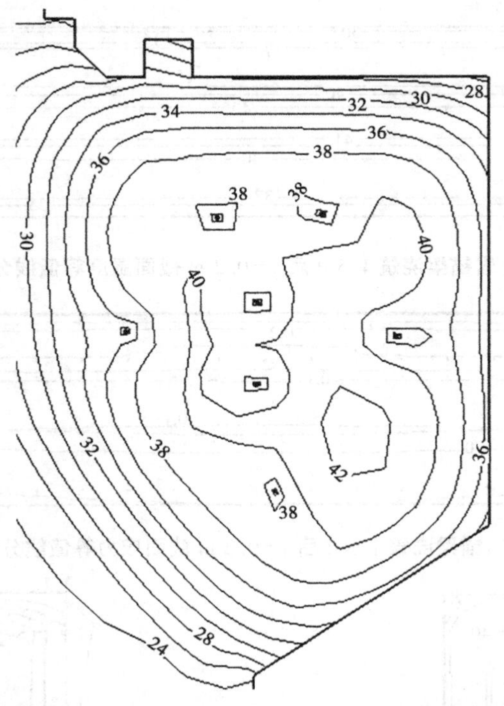

附图 71　工况 4-2 岩锚梁浇筑 1.5 d 后 y=6.0 m 截面温度等值线分布　（单位:℃）

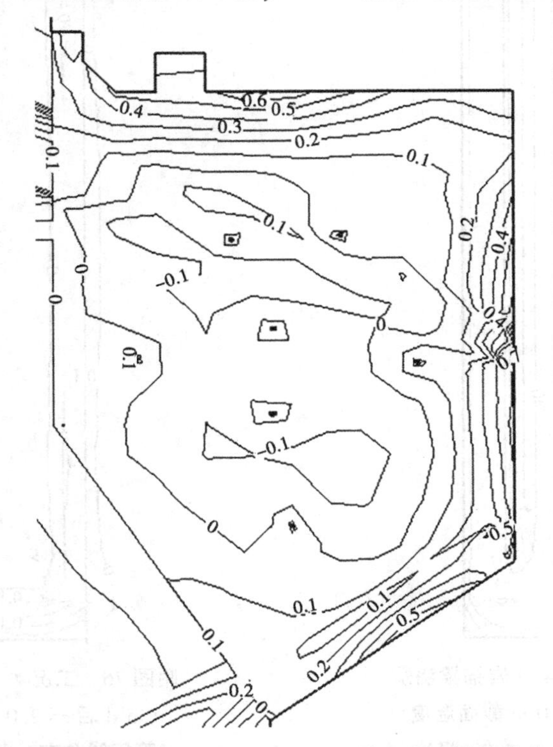

附图 72　工况 4-2 岩锚梁浇筑 1.5 d 后 y=6.0 m 截面应力等值线分布　（单位:MPa）

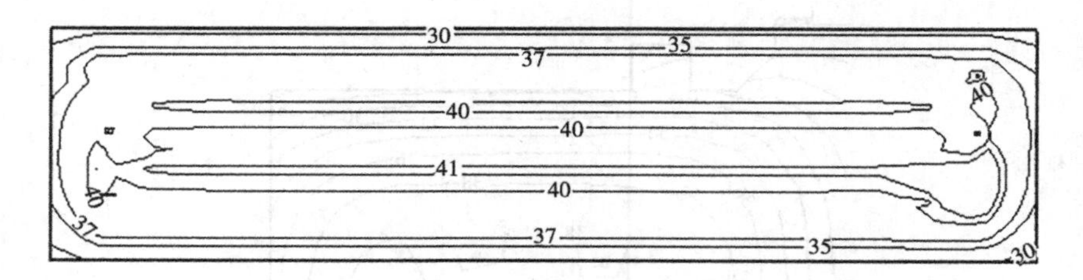

附图 73　工况 4-2 岩锚梁浇筑 1.5 d 后 x=0.2 m 截面温度等值线分布　(单位:℃)

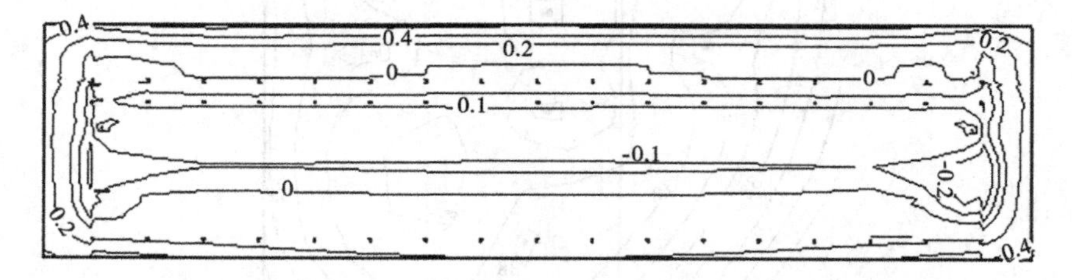

附图 74　工况 4-2 岩锚梁浇筑 1.5 d 后 x=0.2 m 截面应力等值线分布　(单位:MPa)

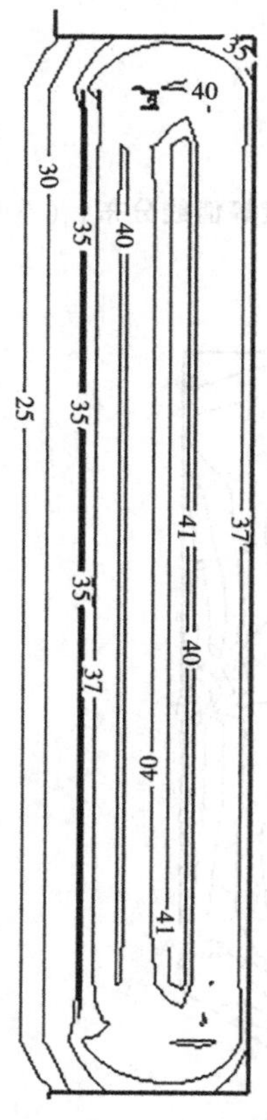

附图 75　工况 4-2 岩锚梁浇筑 1.5 d 后 z=2.0 m 截面温度等值线分布　(单位:℃)

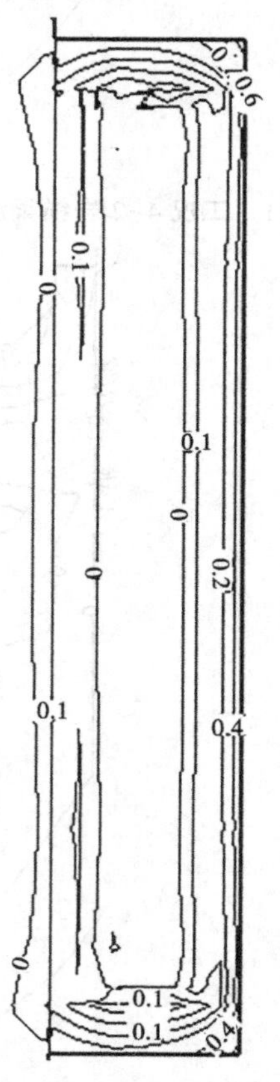

附图 76　工况 4-2 岩锚梁浇筑 1.5 d 后 z=2.0 m 截面应力等值线分布　(单位:MPa)

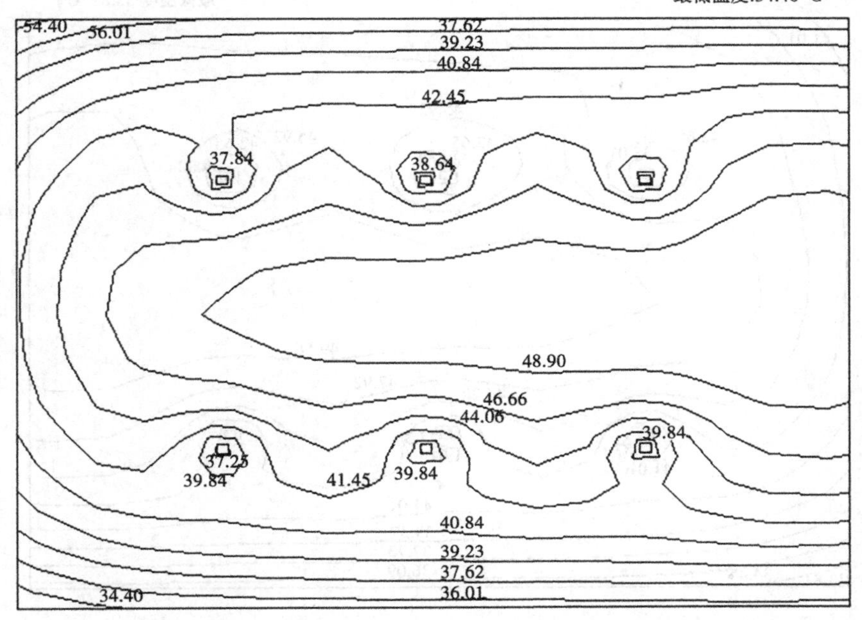

附图 77 试块浇筑完 1 d 后 $A—A$ 截面温度等值线分布 (单位:℃)

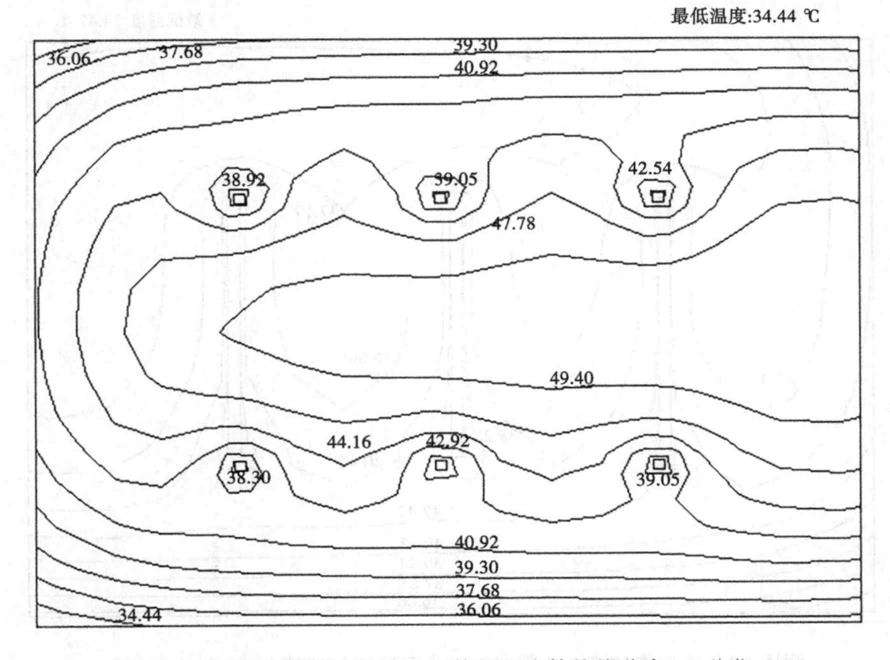

附图 78 试块浇筑完 1 d 后 $B—B$ 截面温度等值线分布 (单位:℃)

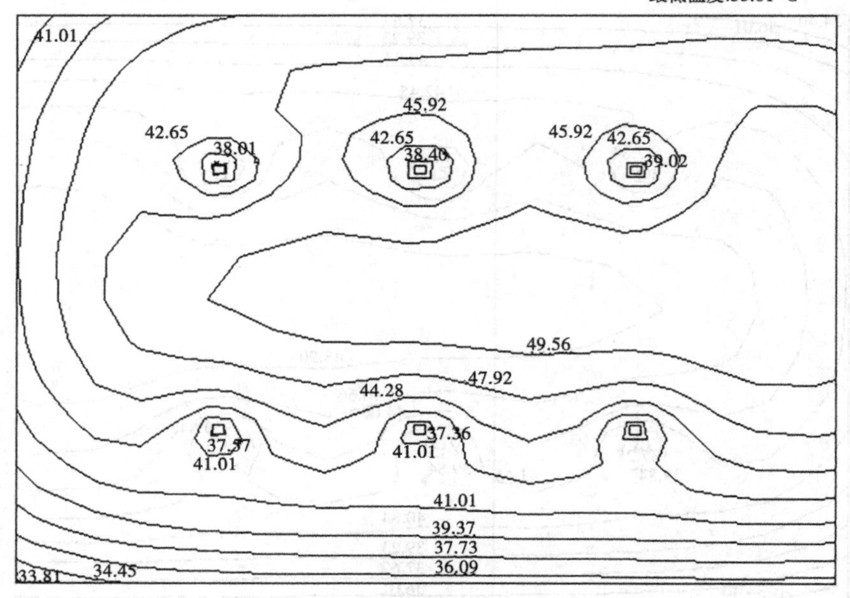

附图 79　试块浇筑完 1 d 后 *C—C* 截面温度等值线分布　（单位:℃）

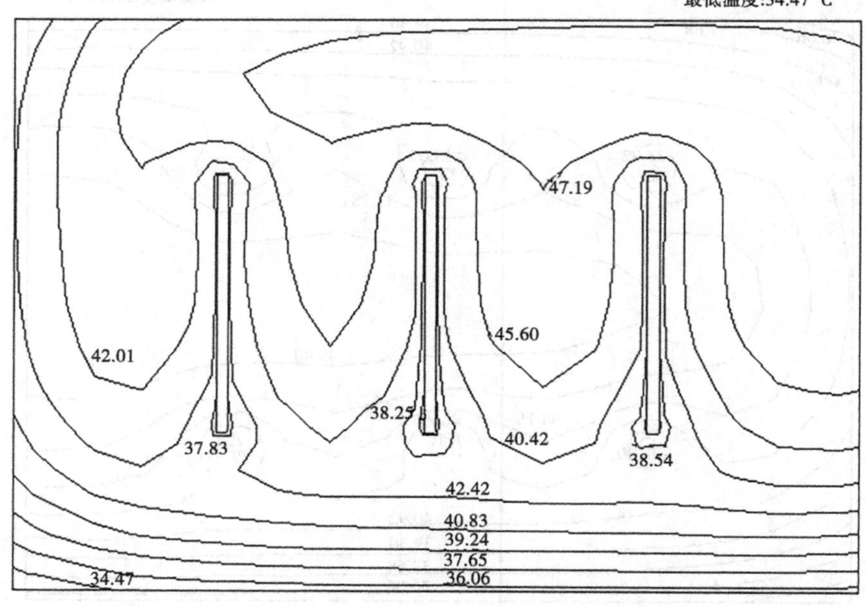

附图 80　试块浇筑完 1 d 后 *D—D* 截面温度等值线分布　（单位:℃）

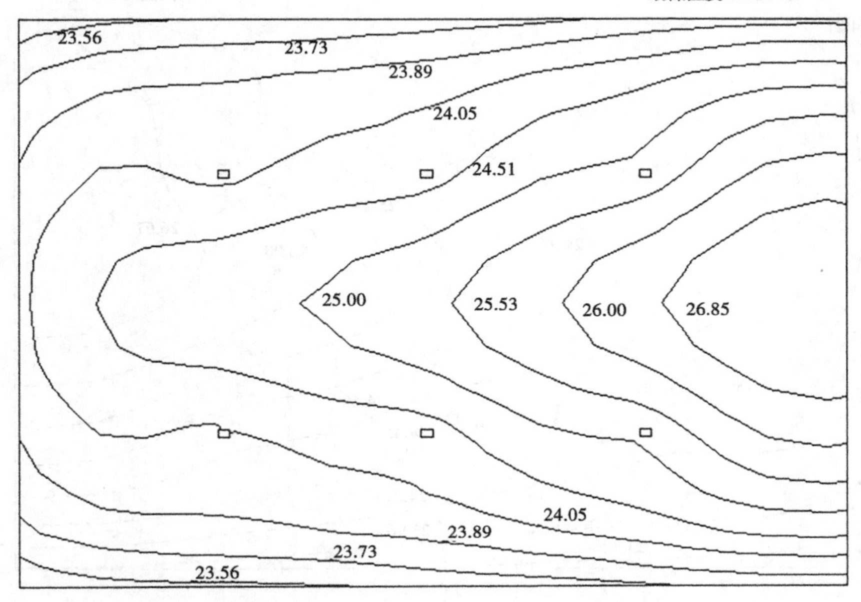

附图 81　试块浇筑完 10 d 后 *A—A* 截面温度等值线分布　（单位:℃）

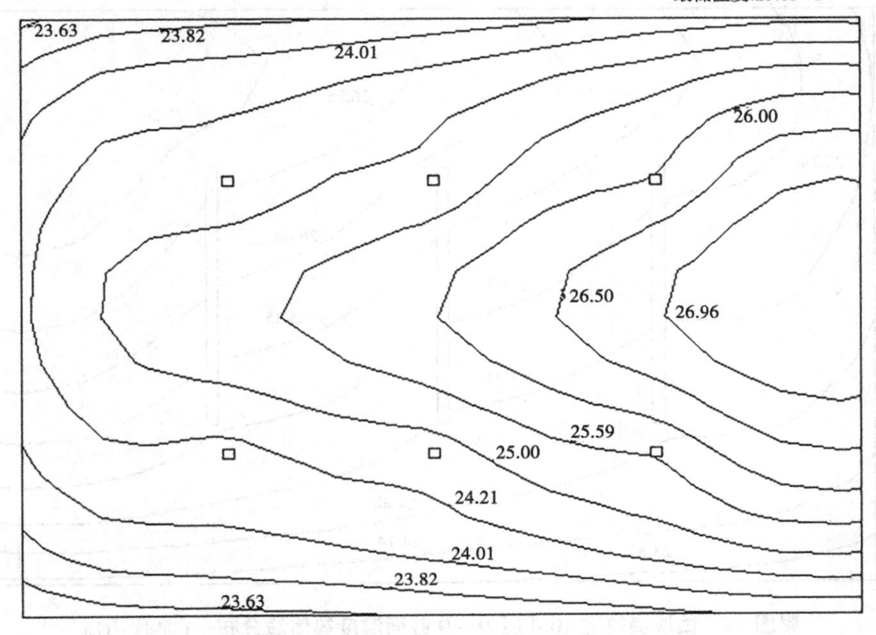

附图 82　试块浇筑完 10 d 后 *B—B* 截面温度等值线分布　（单位:℃）

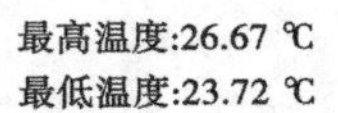

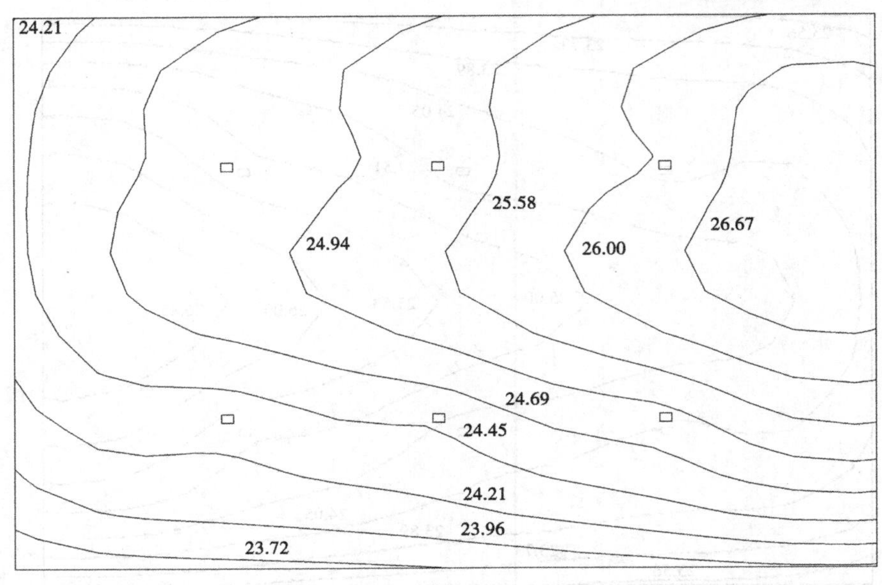

附图 83　试块浇筑完 10 d 后 $C—C$ 截面温度等值线分布　(单位:℃)

最高温度:27.26 ℃
最低温度:23.83 ℃

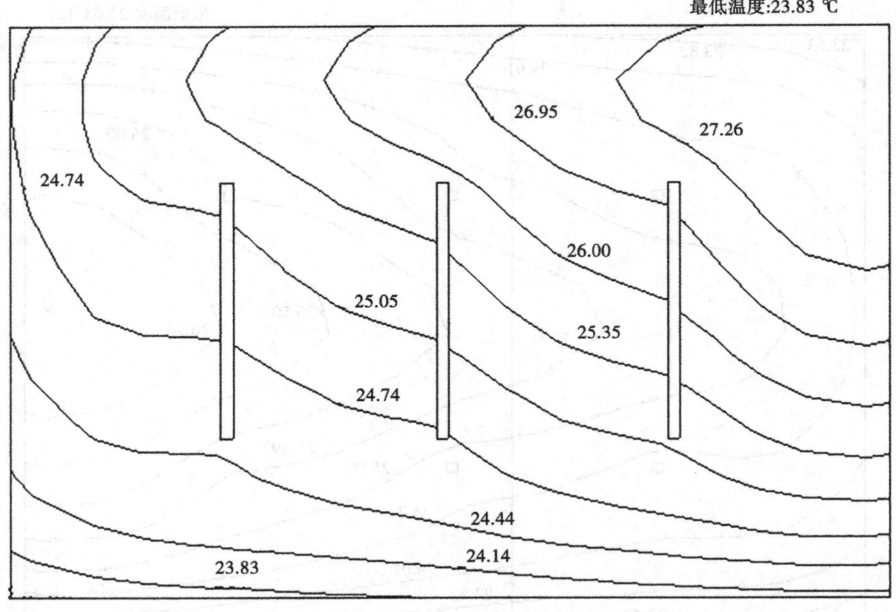

附图 84　试块浇筑完 10 d 后 $D—D$ 截面温度等值线分布　(单位:℃)

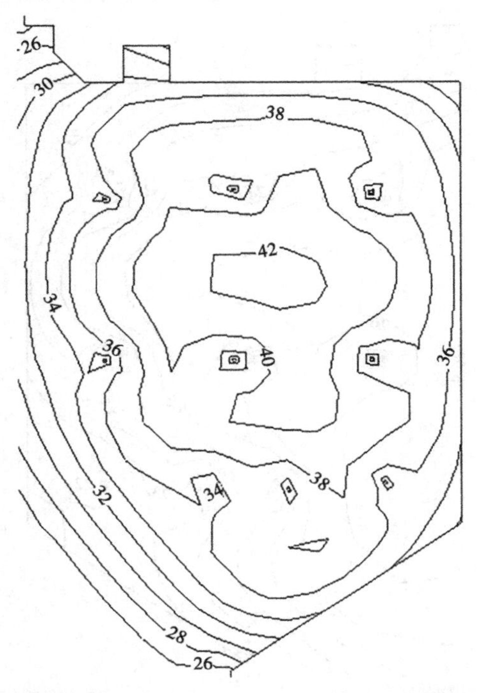

附图 85　工况 5 岩锚梁浇筑结束 1.5 d 后 $y=6.0$ m 截面温度等值线图分布　（单位:℃）

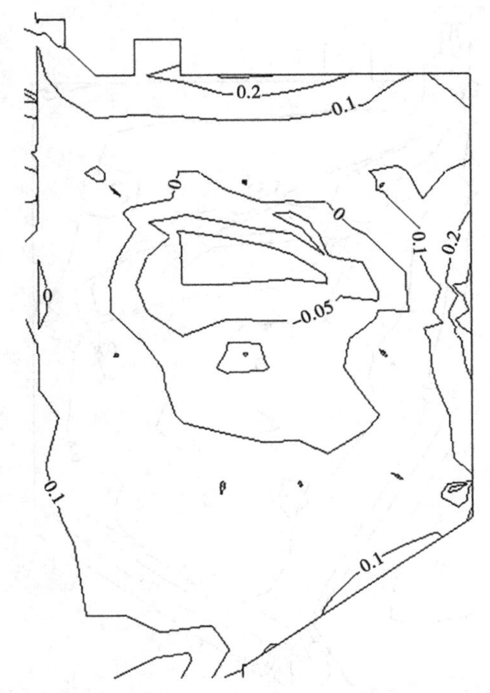

附图 86　工况 5 岩锚梁浇筑结束 1.5 d 后 $y=6.0$ m 截面应力等值线图分布　（单位:MPa）

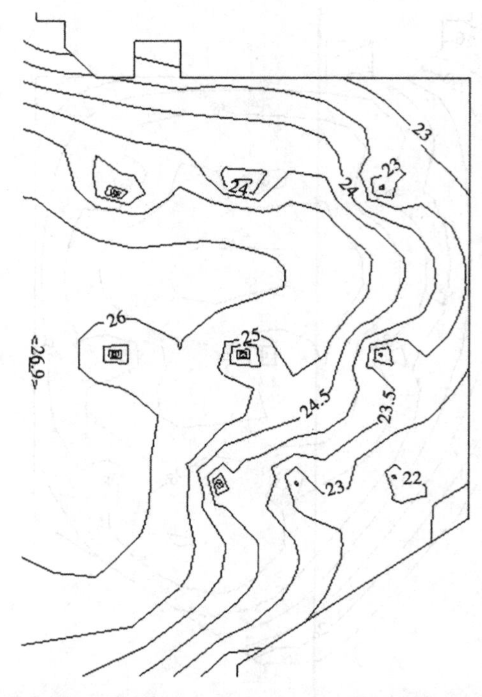

附图 87　工况 5 岩锚梁浇筑结束 7 d 后 $y=6.0$ m 截面温度等值线分布　（单位：℃）

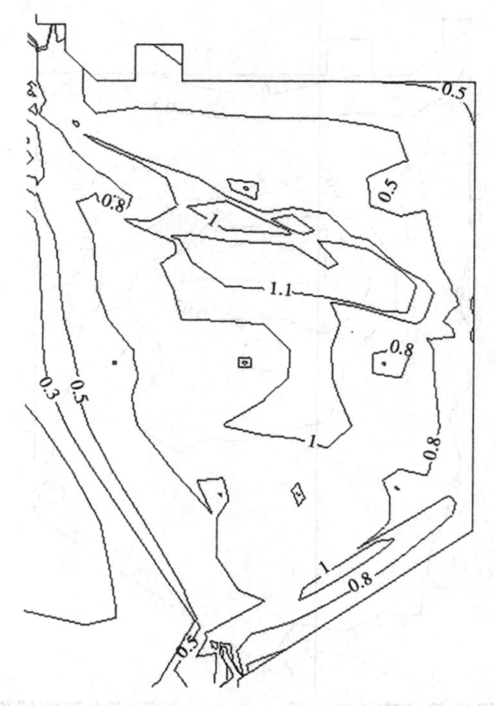

附图 88　工况 5 岩锚梁浇筑结束 7 d 后 $y=6.0$ m 截面应力等值线分布　（单位：MPa）

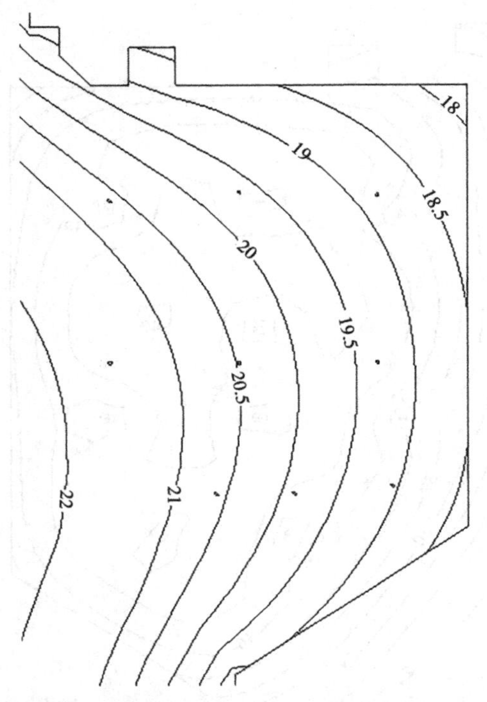

附图 89 工况 5 岩锚梁浇筑结束 28 d 后 $y=6.0$ m 截面温度等值线分布 (单位:℃)

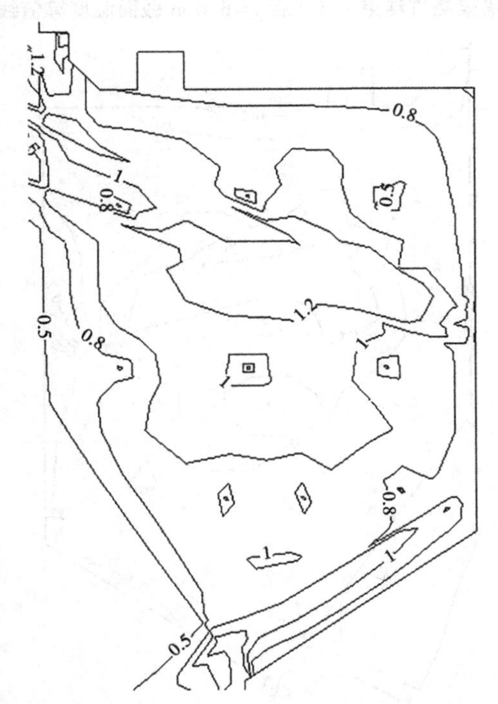

附图 90 工况 5 岩锚梁浇筑结束 28 d 后 $y=6.0$ m 截面应力等值线分布 (单位:MPa)

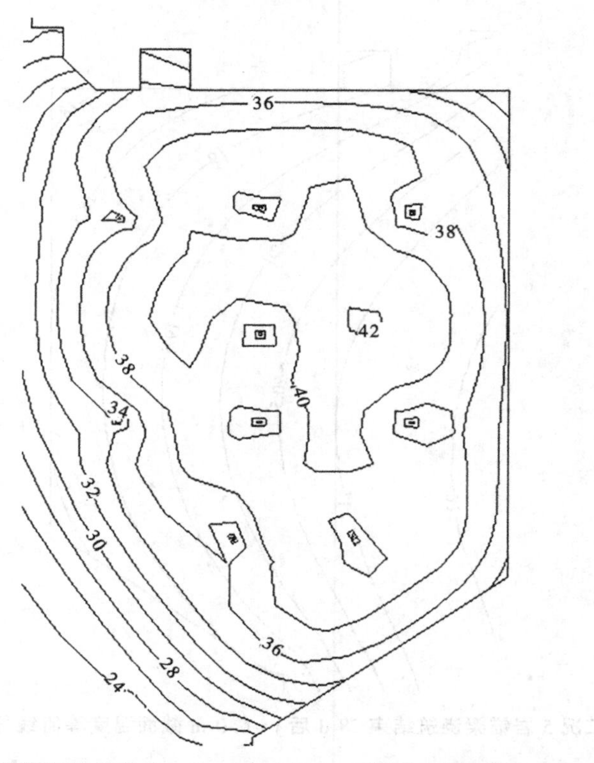

附图 91 工况 6 岩锚梁浇筑结束 1.5 d 后 $y=6.0$ m 截面温度等值线分布 （单位:℃）

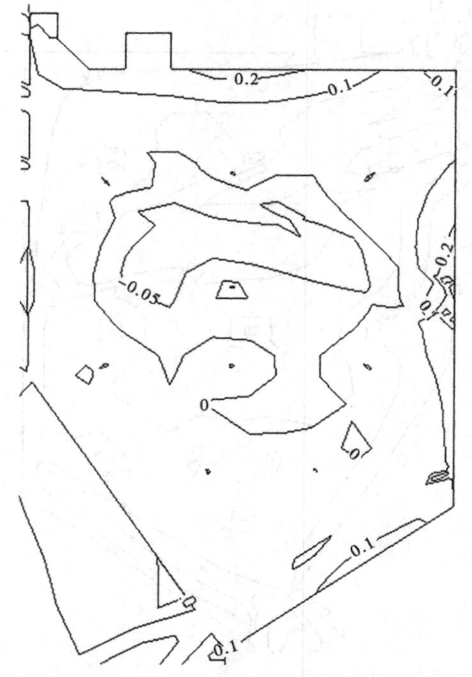

附图 92 工况 6 岩锚梁浇筑结束 1.5 d 后 $y=6.0$ m 截面应力等值线分布 （单位:MPa）

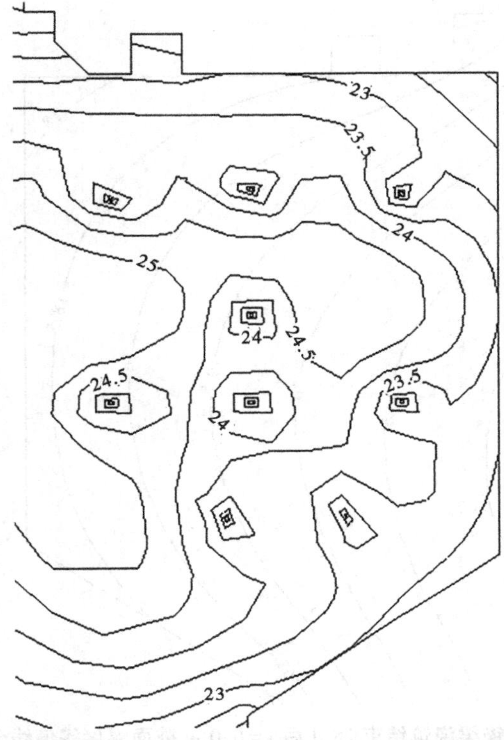

附图 93　工况 6 岩锚梁浇筑结束 7 d 后 $y=6.0$ m 截面温度等值线分布　（单位:℃）

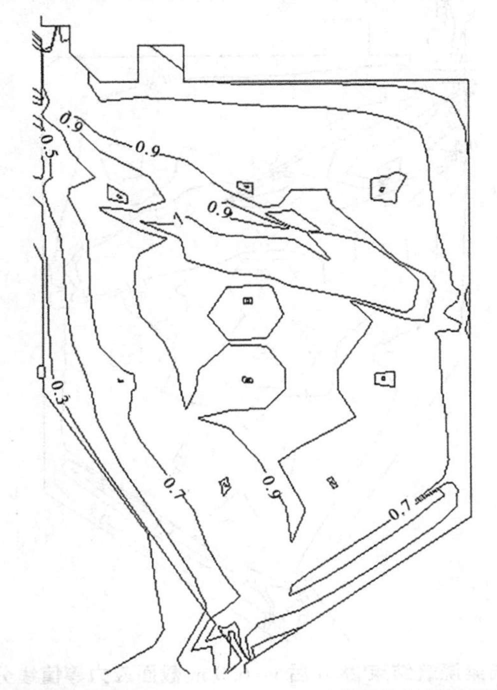

附图 94　工况 6 岩锚梁浇筑结束 7 d 后 $y=6.0$ m 截面应力等值线分布　（单位:MPa）

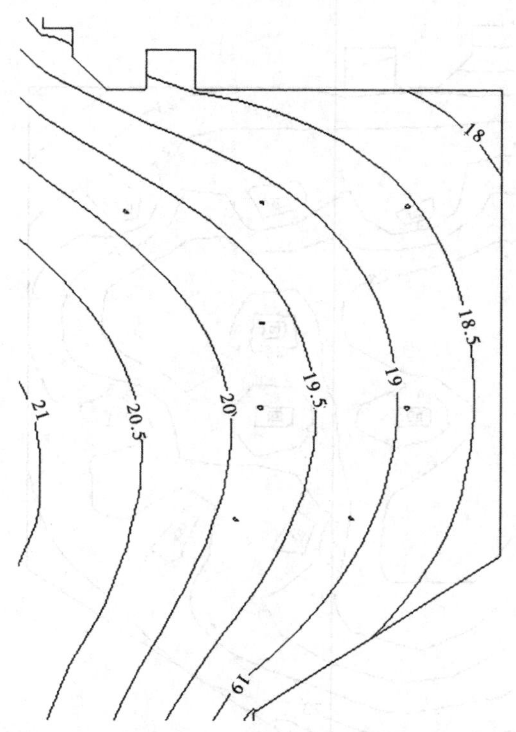

附图 95　工况 6 岩锚梁浇筑结束 28 d 后 $y=6.0$ m 截面温度等值线分布　（单位:℃）

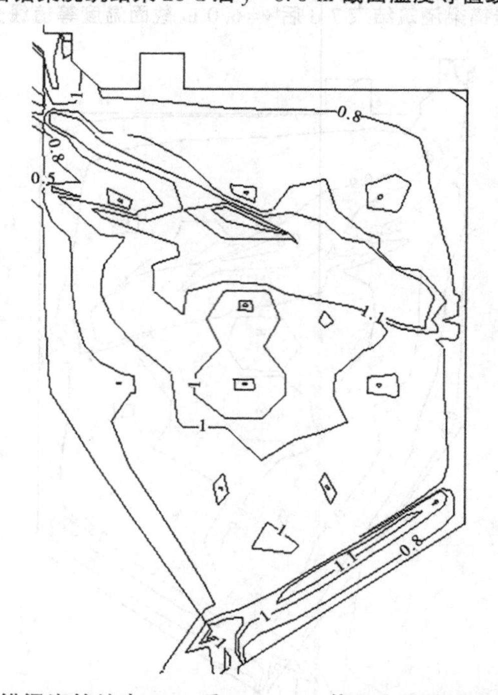

附图 96　工况 6 岩锚梁浇筑结束 28 d 后 $y=6.0$ m 截面应力等值线分布　（单位:MPa）

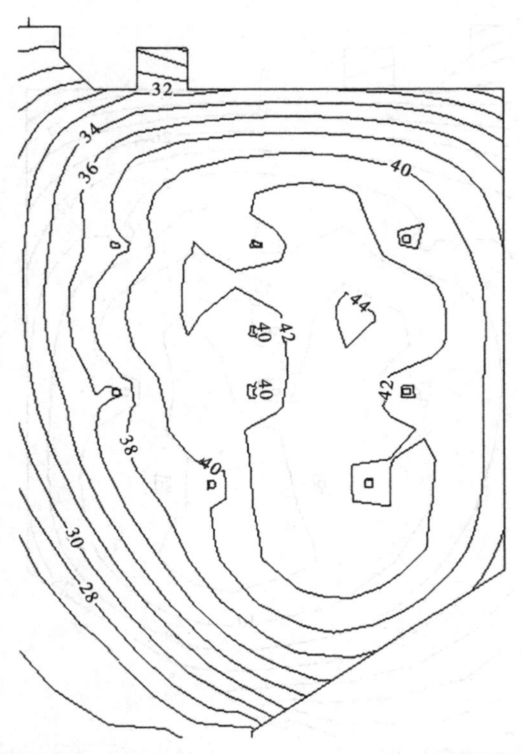

附图 97　反馈工况 1 岩锚梁浇筑结束 2.5 d 后 $y=6.0$ m 截面温度等值线分布　（单位:℃）

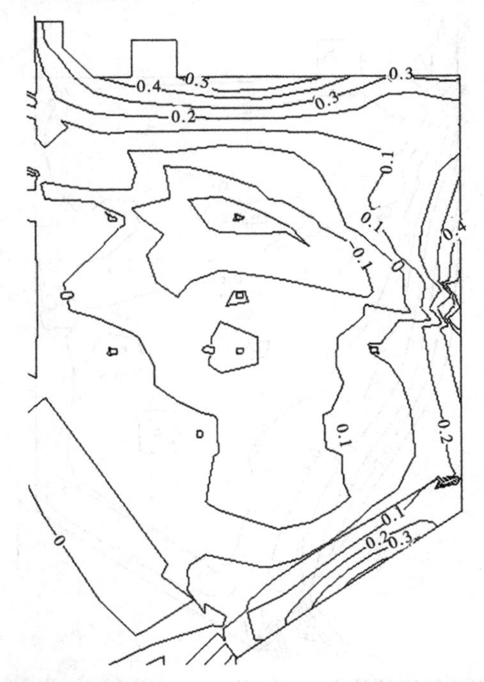

附图 98　反馈工况 1 岩锚梁浇筑结束 2.5 d 后 $y=6.0$ m 截面应力等值线分布　（单位:MPa）

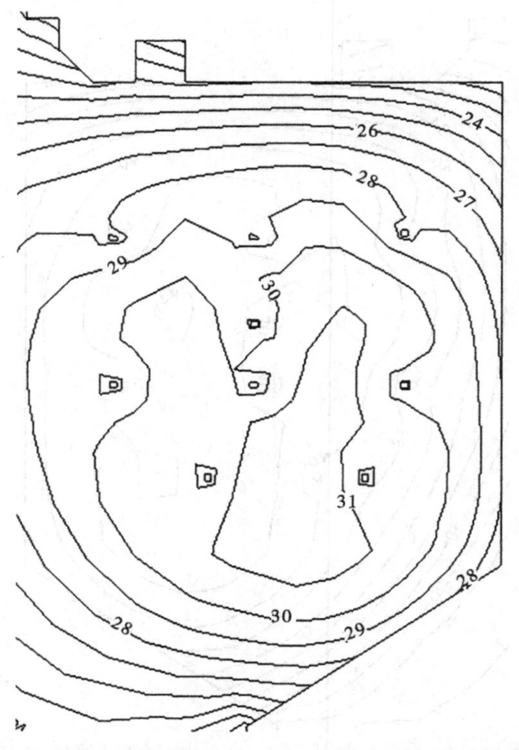

附图 99　反馈工况 1 岩锚梁浇筑结束 7.5 d 后 $y=6$ m 截面温度等值线分布　(单位:℃)

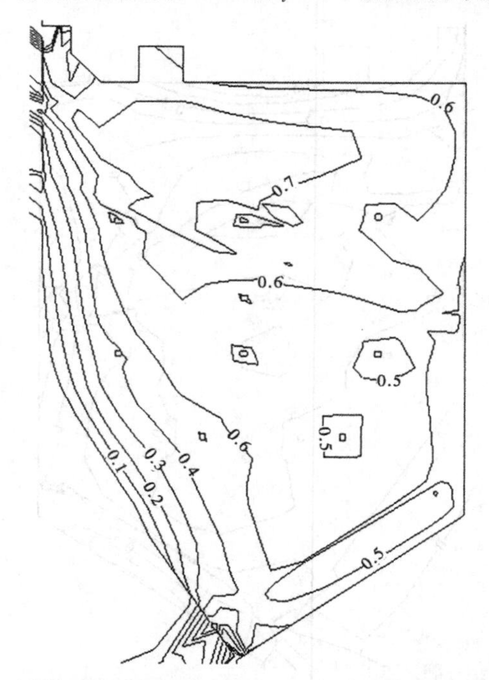

附图 100　反馈工况 1 岩锚梁浇筑结束 7.5 d 后 $y=6$ m 截面应力等值线分布　(单位:MPa)

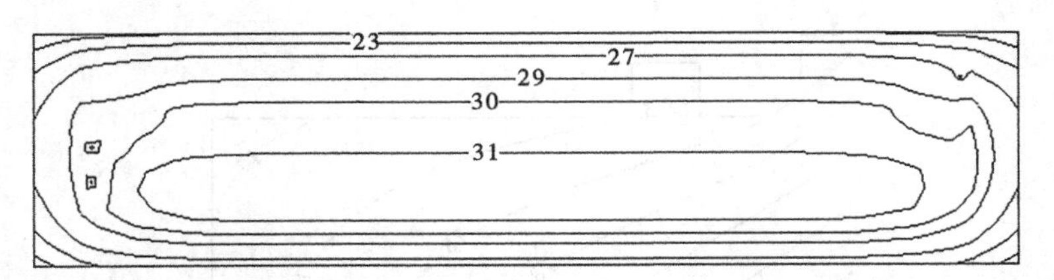

附图 101　反馈工况 1 岩锚梁浇筑结束 7.5 d 后 $x=0.2$ m 截面温度等值线分布　（单位:℃）

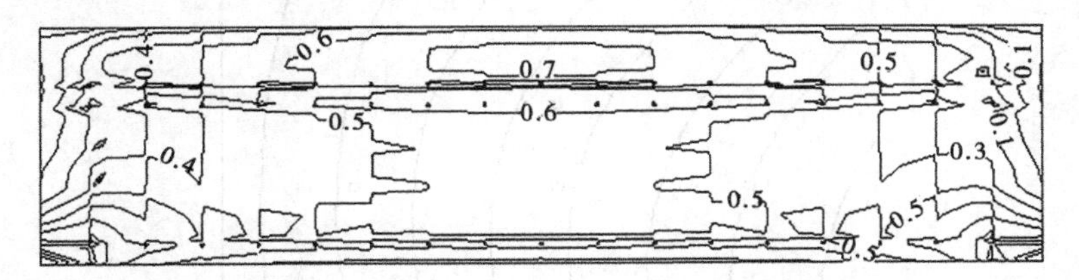

附图 102　反馈工况 1 岩锚梁浇筑结束 7.5 d 后 $x=0.2$ m 截面应力等值线分布　（单位:MPa）

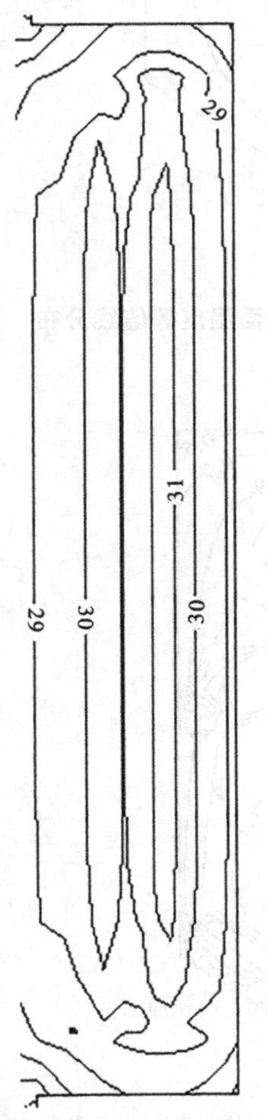

附图 103　反馈工况 1 岩锚梁浇筑结束 7.5 d 后 $z=1.78$ m 截面温度等值线分布　（单位:℃）

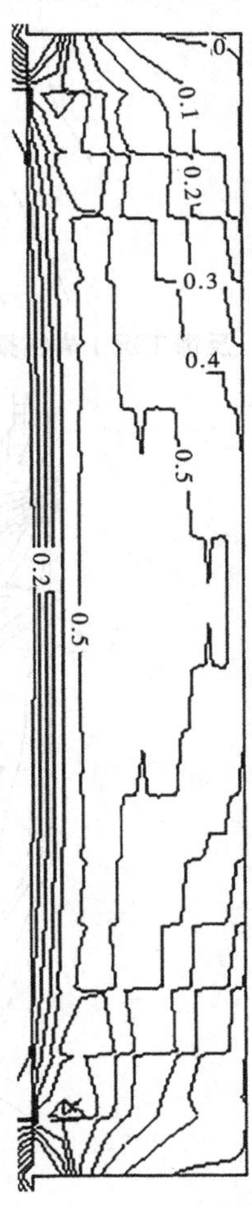

附图 104　反馈工况 1 岩锚梁浇筑结束 7.5 d 后 $z=1.78$ m 截面应力等值线分布　（单位:MPa）

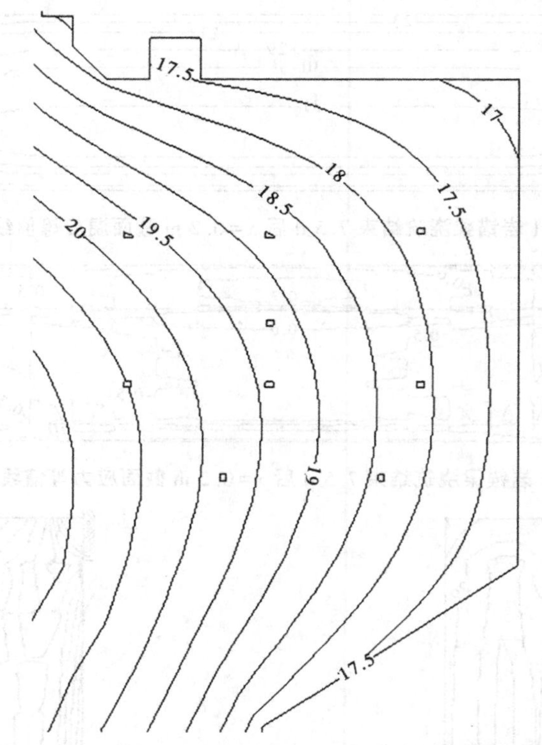

附图 105　反馈工况 1 岩锚梁浇筑结束 28 d 后 $y=6.0$ m 截面温度等值线分布　（单位:℃）

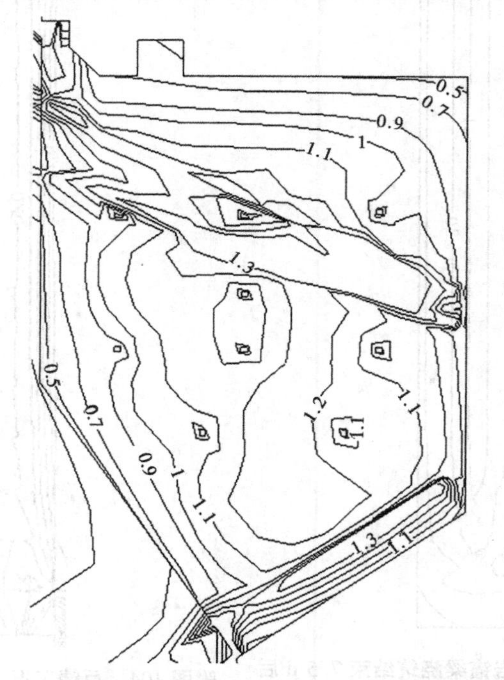

附图 106　反馈工况 1 岩锚梁浇筑结束 28 d 后 $y=6.0$ m 截面应力等值线分布　（单位:MPa）

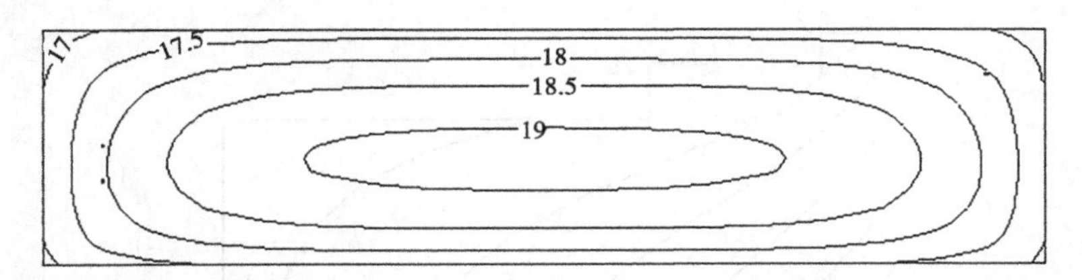

附图 107　反馈工况 1 岩锚梁浇筑结束 28 d 后 $x=0.2$ m 截面温度等值线分布　(单位:℃)

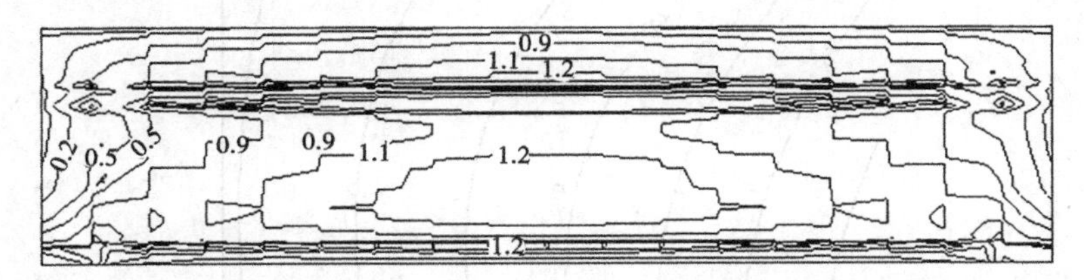

附图 108　反馈工况 1 岩锚梁浇筑结束 28 d 后 $x=0.2$ m 截面应力等值线分布　(单位:MPa)

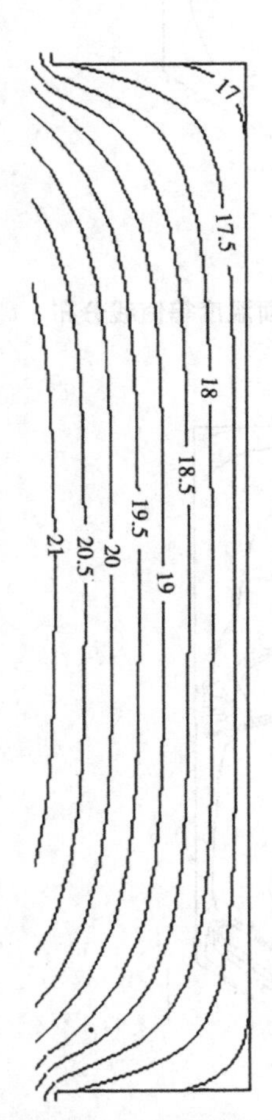

附图 109　反馈工况 1 岩锚梁浇筑结束 28 d 后 $z=1.78$ m 截面温度等值线分布　(单位:MPa)

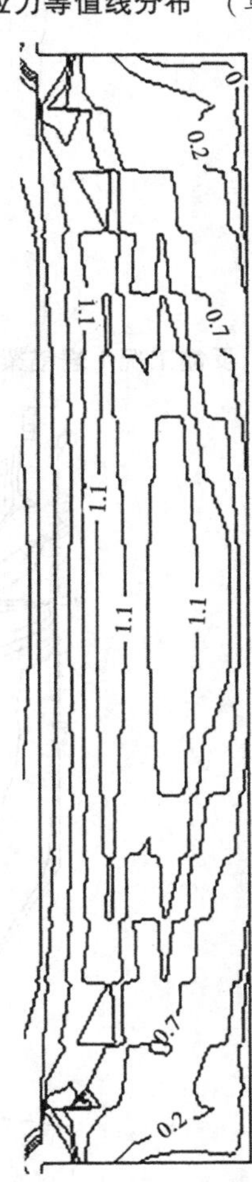

附图 110　反馈工况 1 岩锚梁浇筑结束 28 d 后 $z=1.78$ 截面应力等值线分布　(单位:℃)

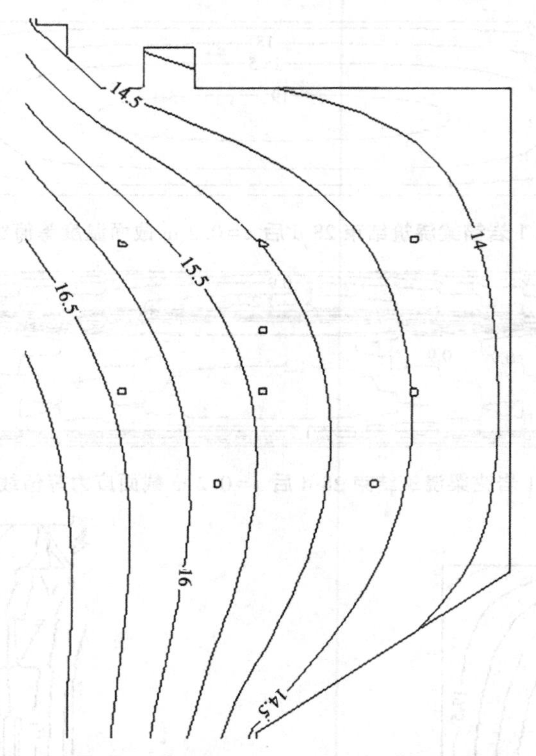

附图 111　反馈工况 1 岩锚梁浇筑结束 70 d 后 $y=6.0$ m 截面温度等值线分布　（单位：℃）

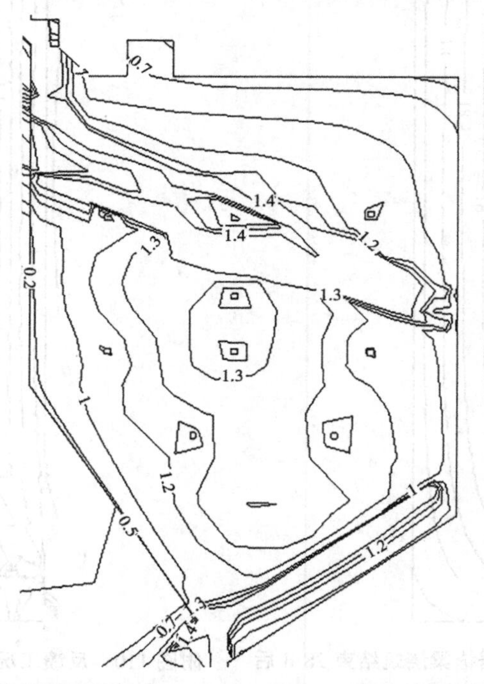

附图 112　反馈工况 1 岩锚梁浇筑结束 70 d 后 $y=6.0$ m 截面应力等值线分布　（单位：MPa）

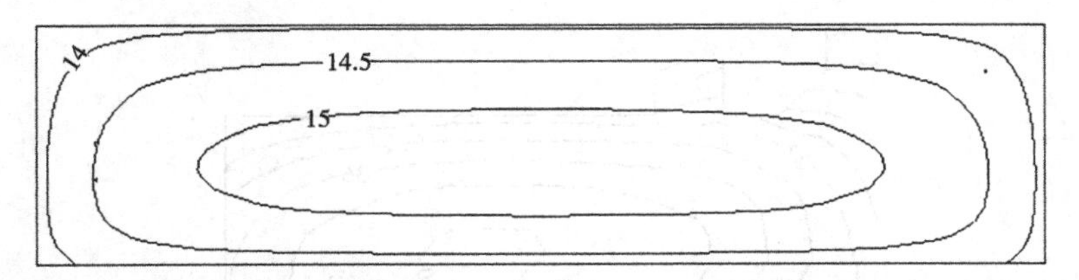

附图 113　反馈工况 1 岩锚梁浇筑结束 70 d 后 $x=0.2$ m 截面温度等值线分布　（单位:℃）

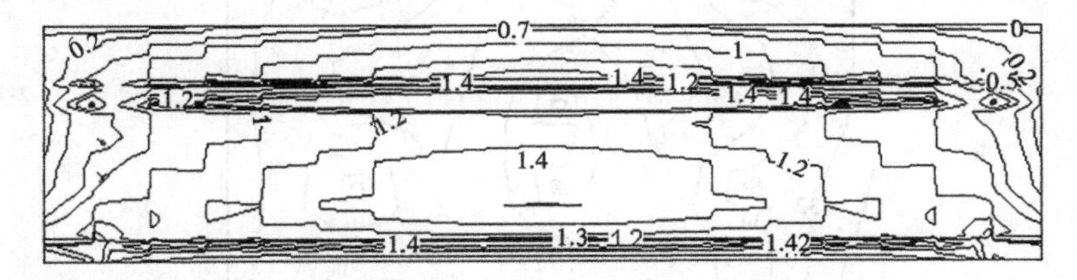

附图 114　反馈工况 1 岩锚梁浇筑结束 70 d 后 $x=0.2$ m 截面应力等值线分布　（单位:MPa）

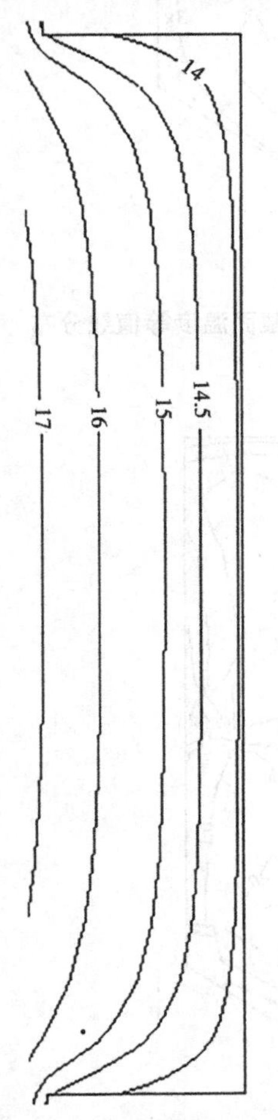

附图 115　反馈工况 1 岩锚梁浇筑结束 70 d 后 $z=1.78$ m 截面温度等值线分布　（单位:℃）

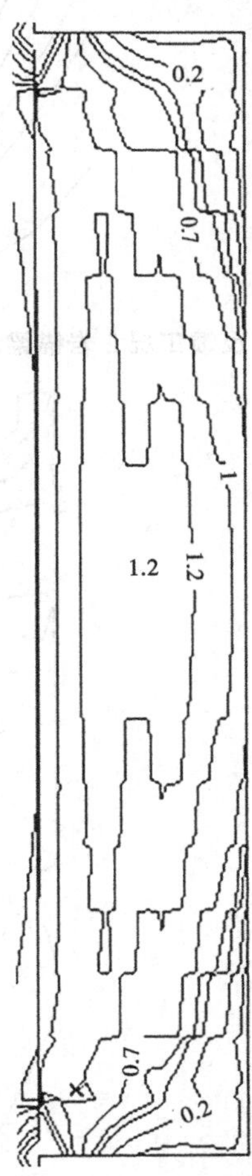

附图 116　反馈工况 1 岩锚梁浇筑结束 70 d 后 $z=1.78$ m 截面应力等值线分布　（单位:MPa）

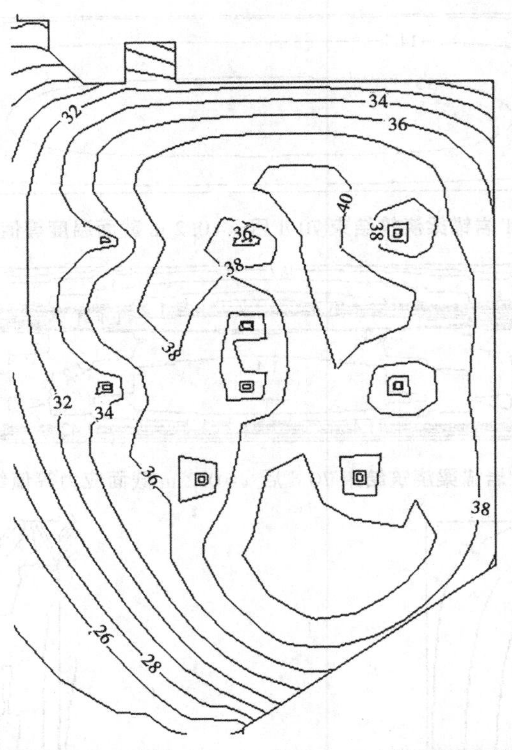

附图 117　反馈工况 2 岩锚梁浇筑结束 2.25 d 后 $y=6.0$ m 截面温度等值线分布　（单位:℃）

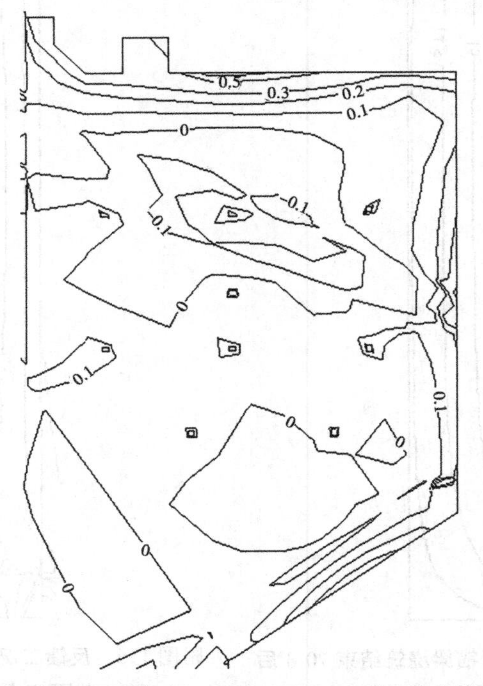

附图 118　反馈工况 2 岩锚梁浇筑结束 2.25 d 后 $y=6.0$ m 截面应力等值线分布　（单位:MPa）

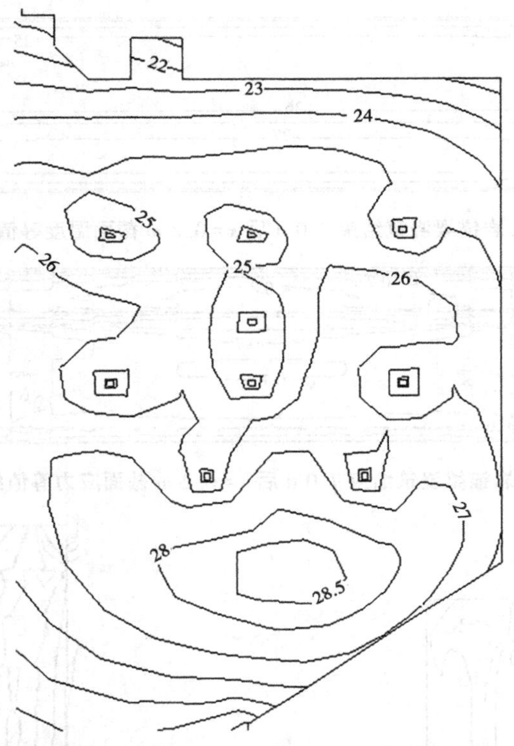

附图 119　反馈工况 2 岩锚梁浇筑结束 7.0 d 后 y=6 m 截面温度等值线分布　（单位:℃）

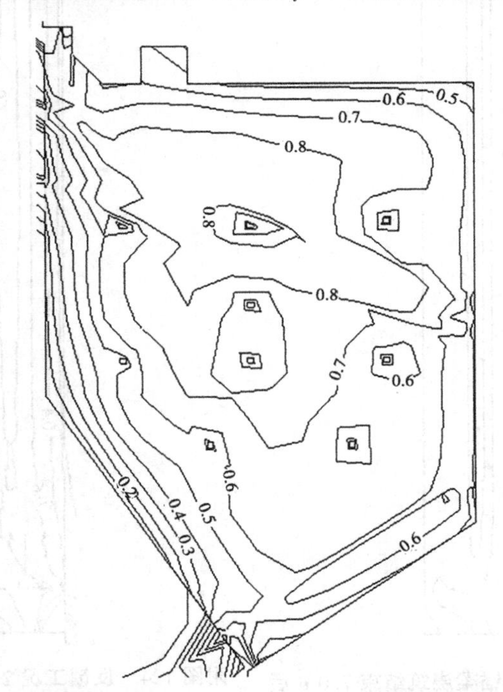

附图 120　反馈工况 2 岩锚梁浇筑结束 7.0 d 后 y=6 m 截面应力等值线分布　（单位:MPa）

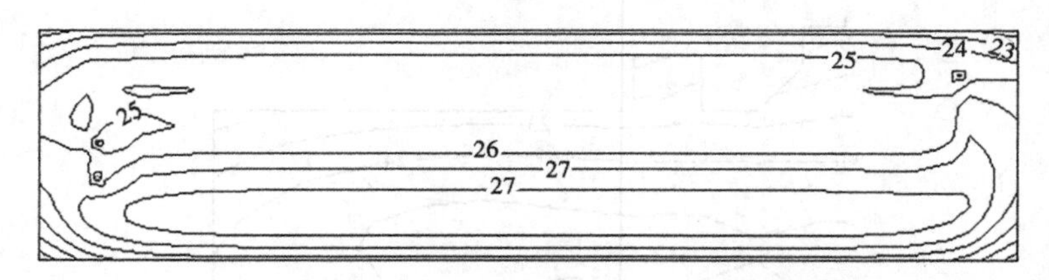

附图 121　反馈工况 2 岩锚梁浇筑结束 7.0 d 后 $x=0.2$ m 截面温度等值线分布　（单位：℃）

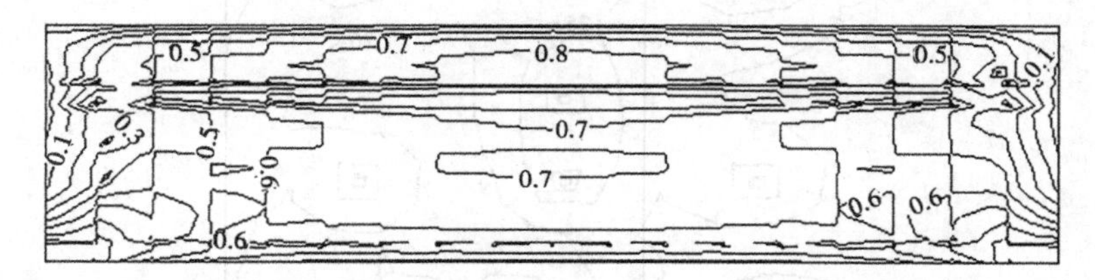

附图 122　反馈工况 2 岩锚梁浇筑结束 7.0 d 后 $x=0.2$ m 截面应力等值线分布　（单位：MPa）

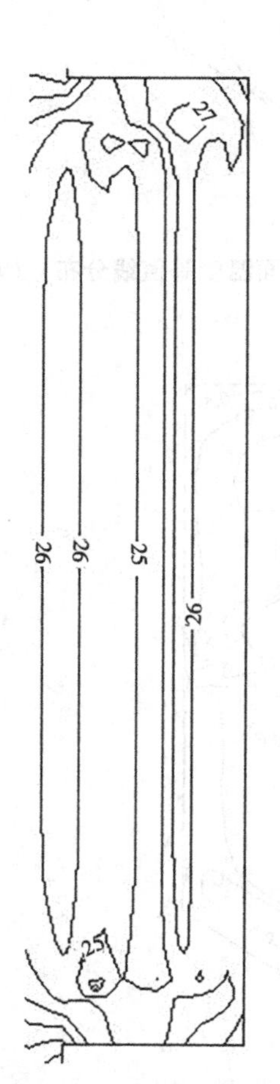

附图 123　反馈工况 2 岩锚梁浇筑结束 7.0 d 后 $z=1.78$ m 截面温度等值线分布　（单位：℃）

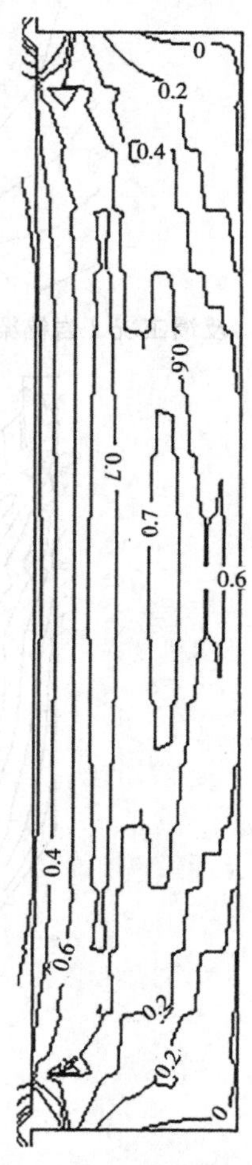

附图 124　反馈工况 2 岩锚梁浇筑结束 7.0 d 后 $z=1.78$ m 截面应力等值线分布　（单位：MPa）

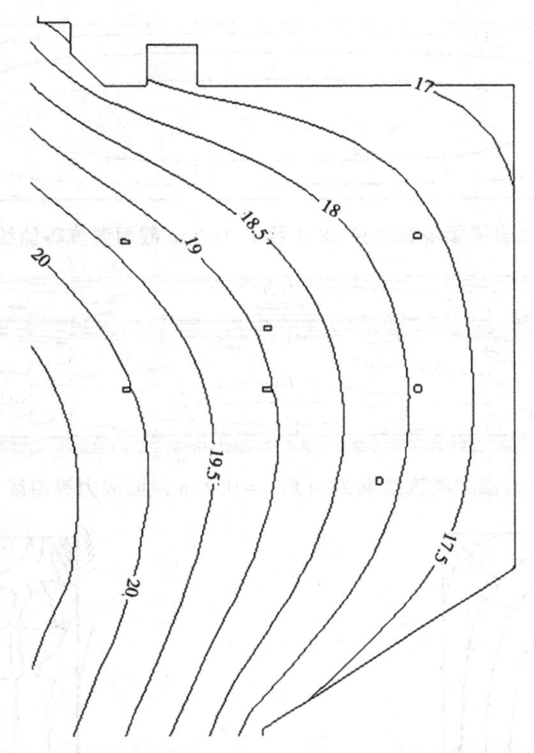

附图 125　反馈工况 2 岩锚梁浇筑结束 28 d 后 $y=6.0$ m 截面温度等值线分布　（单位：℃）

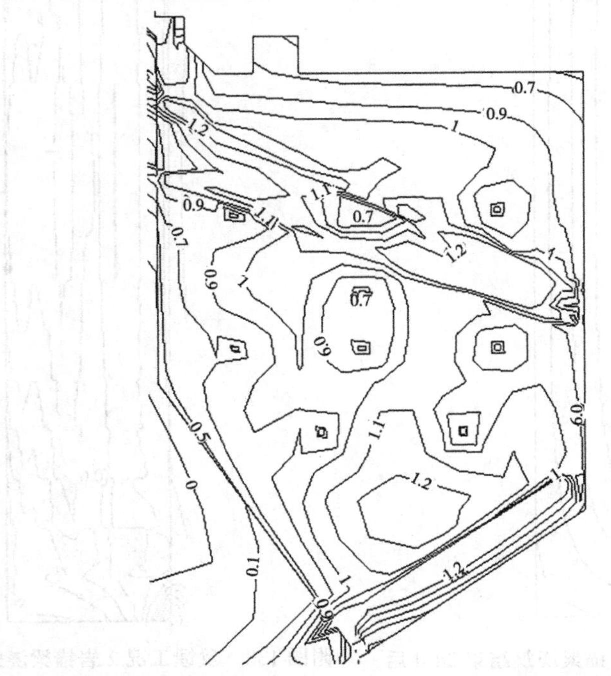

附图 126　反馈工况 2 岩锚梁浇筑结束 28 d 后 $y=6.0$ m 截面应力等值线分布　（单位：MPa）

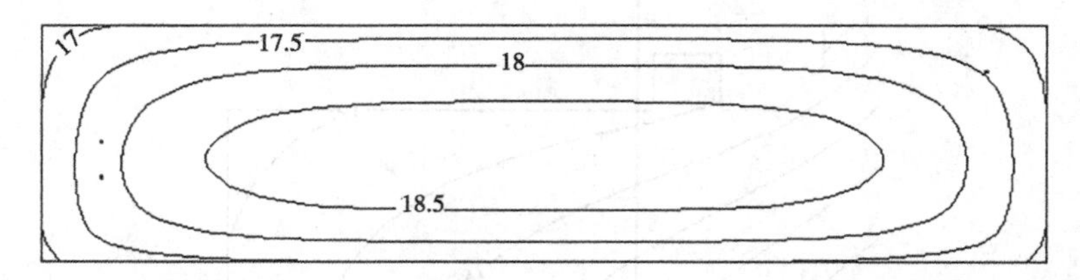

附图 127 反馈工况 2 岩锚梁浇筑结束 28 d 后 $x=0.2$ m 截面温度等值线分布 (单位:℃)

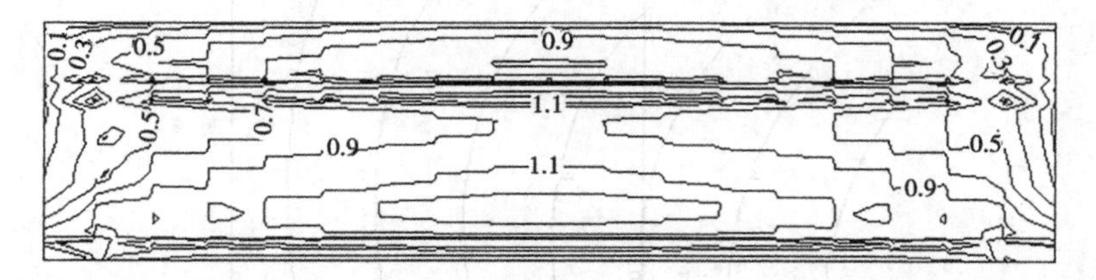

附图 128 反馈工况 2 岩锚梁浇筑结束 28 d 后 $x=0.2$ m 截面应力等值线分布 (单位:MPa)

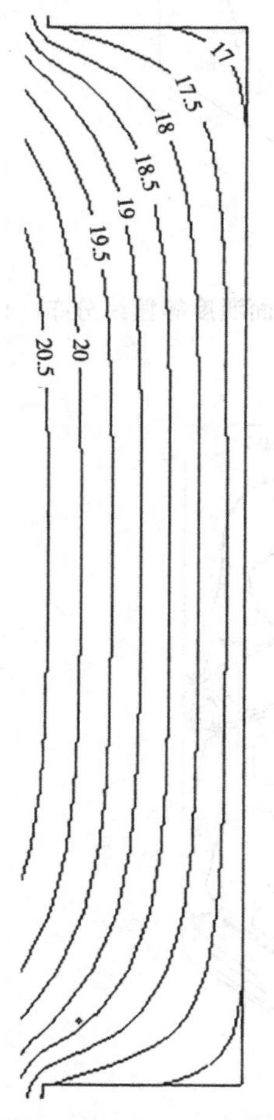

附图 129 反馈工况 2 岩锚梁浇筑结束 28 d 后 $z=1.78$ m 截面温度等值线分布 (单位:℃)

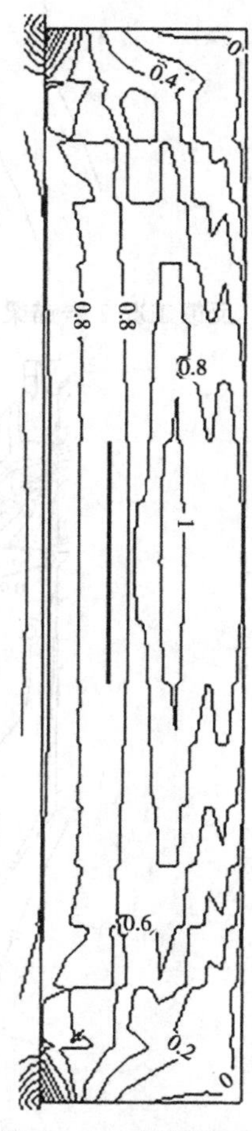

附图 130 反馈工况 2 岩锚梁浇筑结束 28 d 后 $z=1.78$ m 截面应力等值线分布 (单位:MPa)

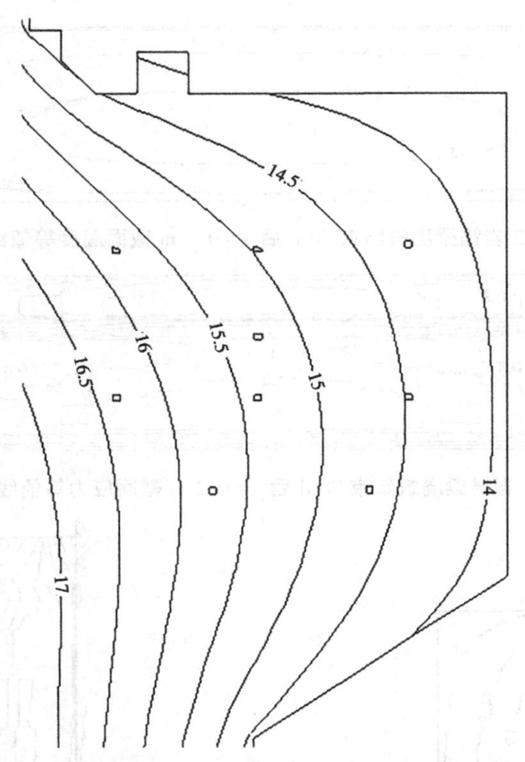

附图 131　反馈工况 2 岩锚梁浇筑结束 70 d 后 $y=6.0$ m 截面温度等值线分布　(单位:℃)

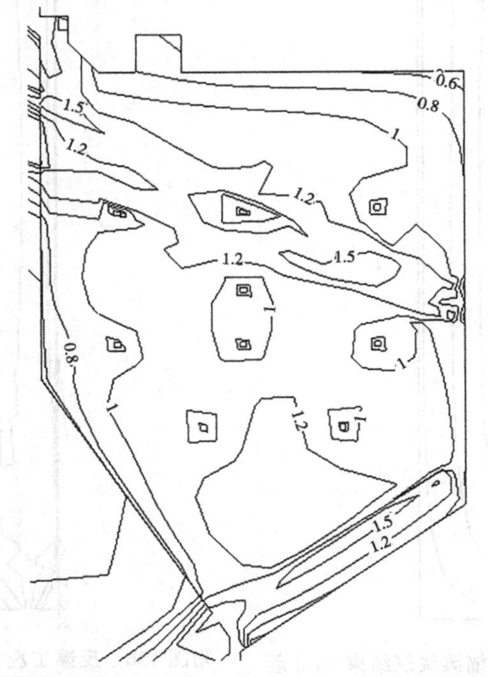

附图 132　反馈工况 2 岩锚梁浇筑结束 70 d 后 $y=6.0$ m 截面应力等值线分布　(单位:MPa)

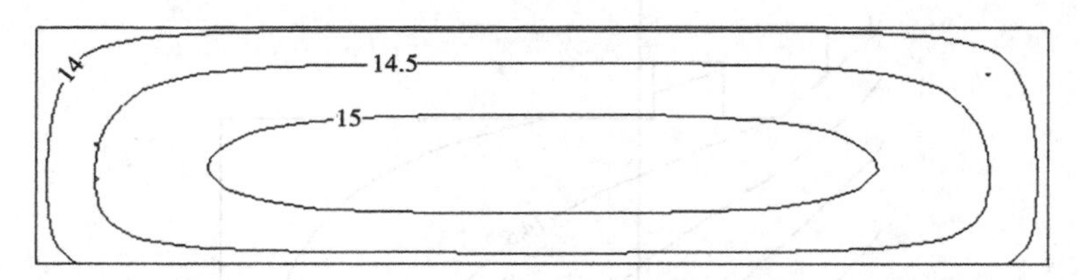

附图 133　反馈工况 2 岩锚梁浇筑结束 70 d 后 $x=0.2$ m 截面温度等值线分布　（单位:℃）

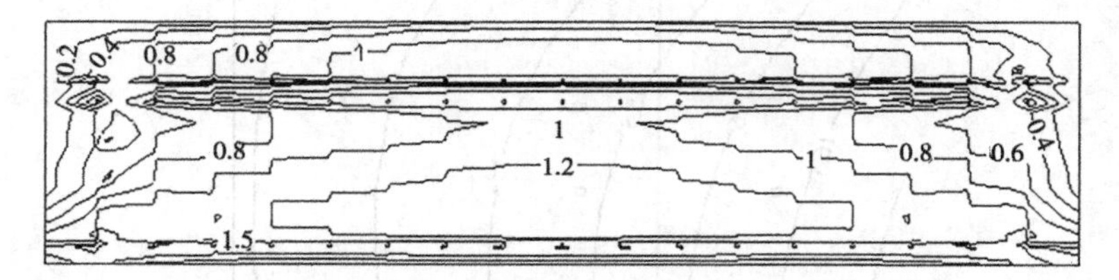

附图 134　反馈工况 2 岩锚梁浇筑结束 70 d 后 $x=0.2$ m 截面应力等值线分布　（单位:MPa）

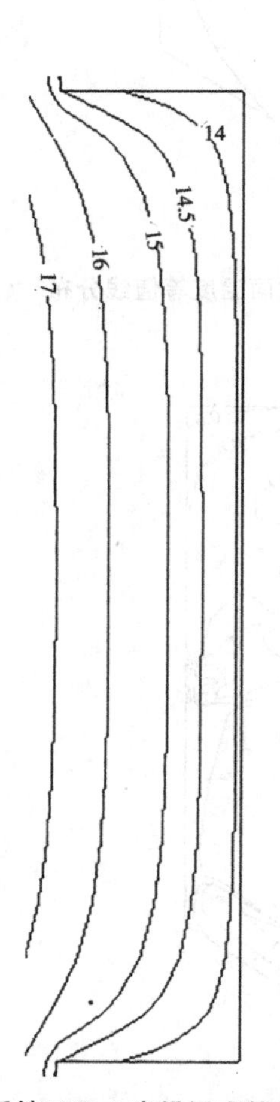

附图 135　反馈工况 2 岩锚梁浇筑结束 70 d 后 $z=1.78$ m 截面温度等值线分布　（单位:℃）

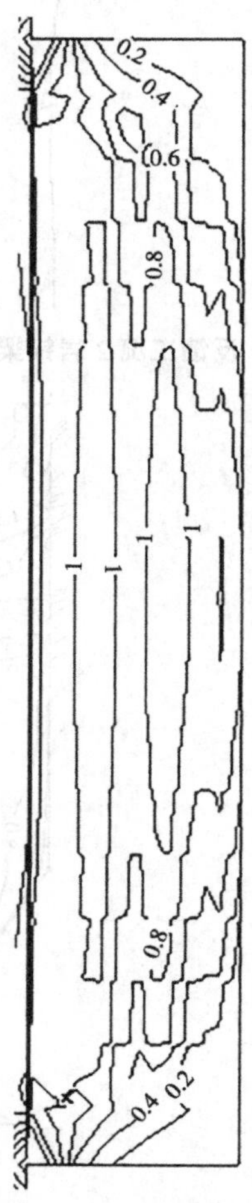

附图 136　反馈工况 2 岩锚梁浇筑结束 70 d 后 $z=1.78$ m 截面应力等值线分布　（单位:MPa）

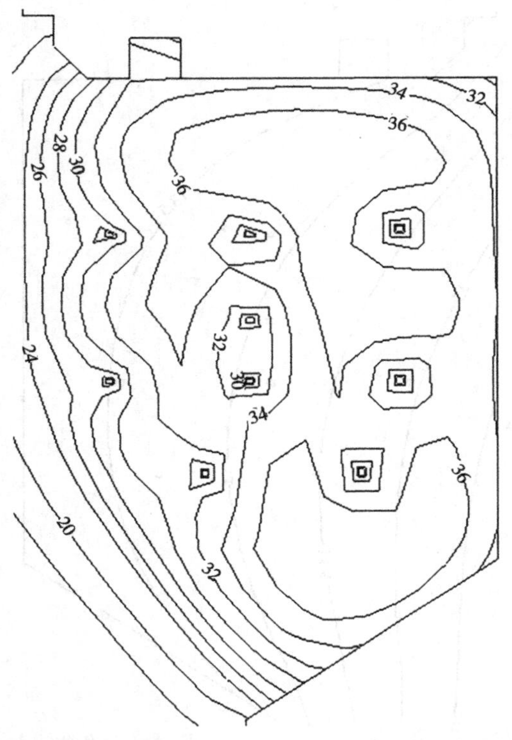

附图 137　反馈工况 3 岩锚梁浇筑结束 1.5 d 后 $y=6.0$ m 截面温度等值线分布　(单位:℃)

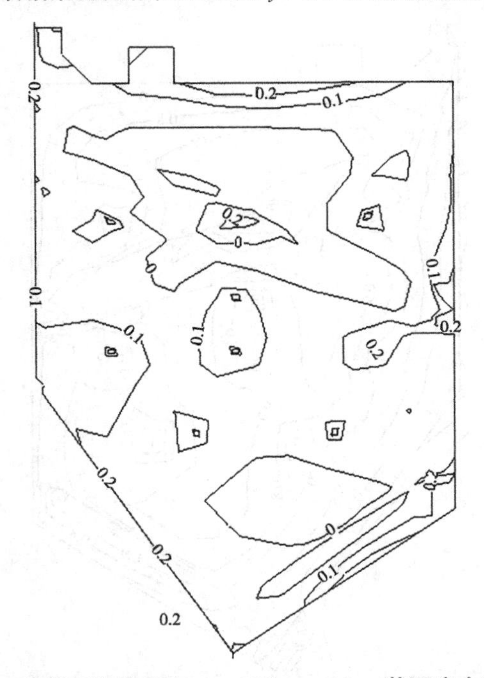

附图 138　反馈工况 3 岩锚梁浇筑结束 1.5 d 后 $y=6.0$ m 截面应力等值线　(单位:MPa)

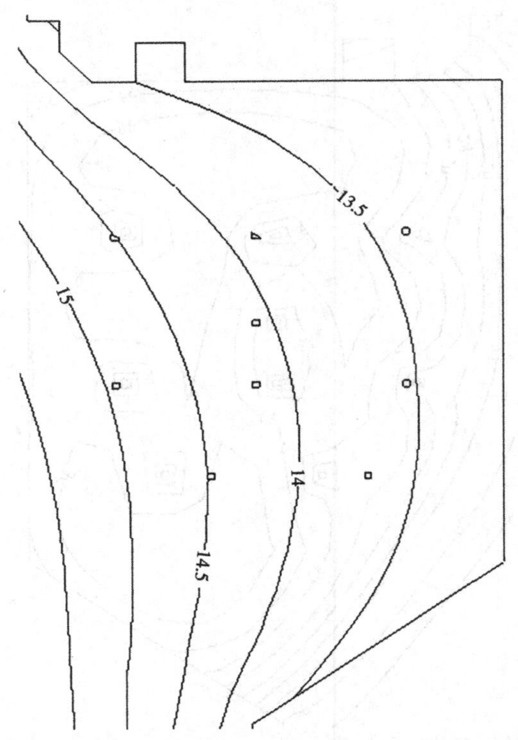

附图 139 反馈工况 3 岩锚梁浇筑结束 7.0 d 后 $y=6.0$ m 截面温度等值线分布 （单位:℃）

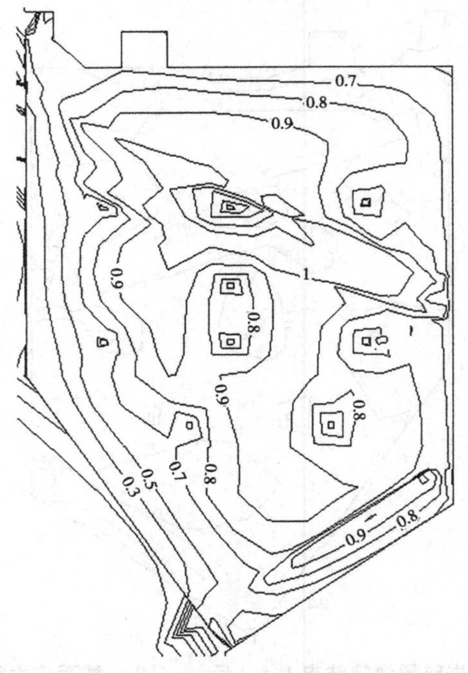

附图 140 反馈工况 3 岩锚梁浇筑结束 7.0 d 后 $y=6.0$ m 截面应力等值线分布 （单位:MPa）

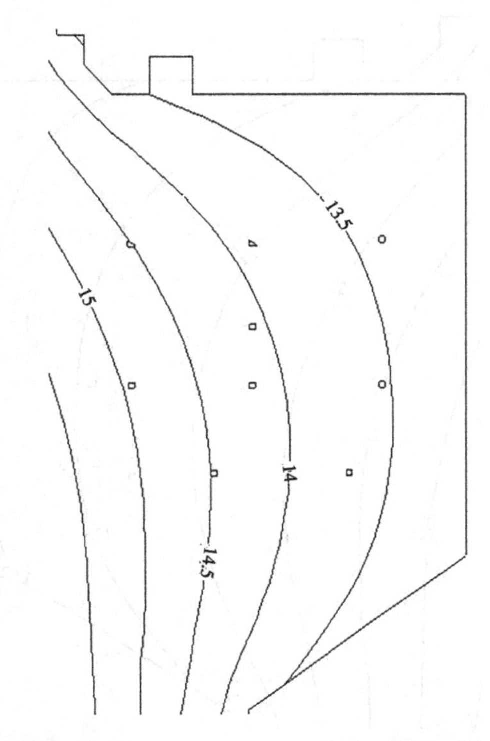

附图 141　反馈工况 3 岩锚梁浇筑结束 70 d 后 $y=6.0$ m 截面温度等值线分布　（单位:℃）

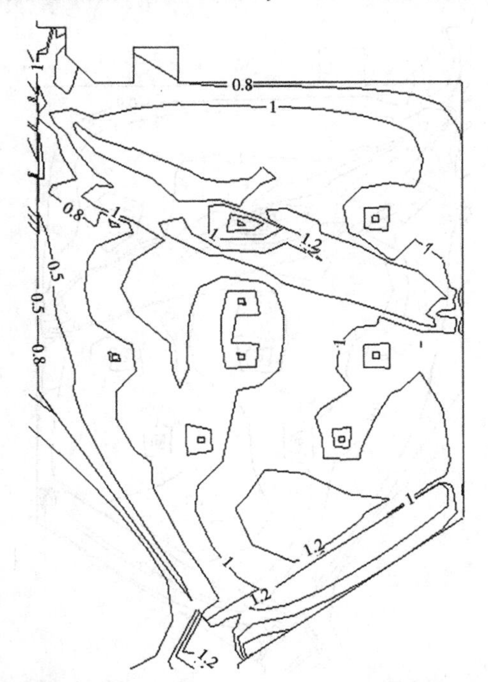

附图 142　反馈工况 3 岩锚梁浇筑结束 70 d 后 $y=6.0$ m 截面应力等值线分布　（单位:MPa）

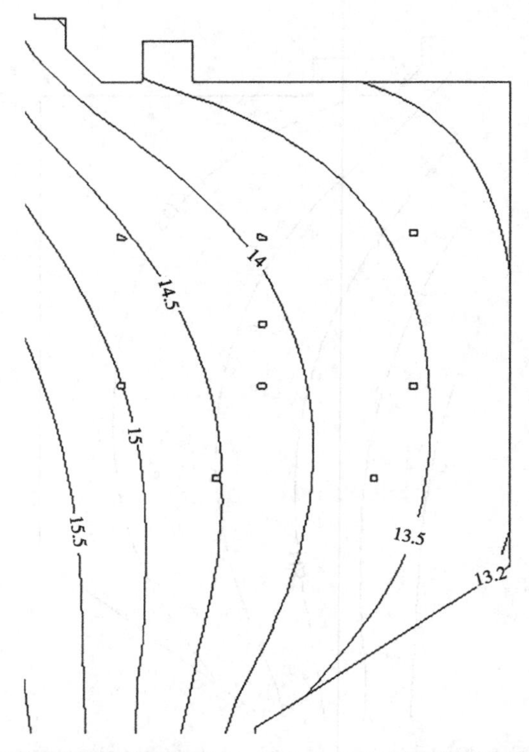

附图 143　反馈工况 3-1 岩锚梁浇筑结束 70 d 后 $y=6.0$ m 截面温度等值线分布　（单位：℃）

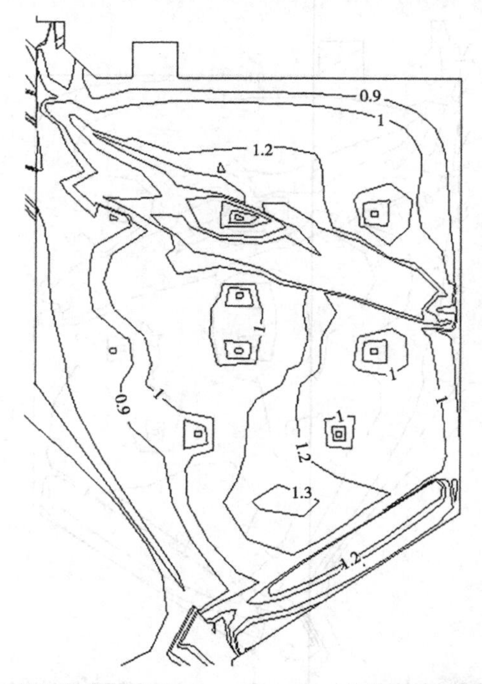

附图 144　反馈工况 3-1 岩锚梁浇筑结束 70 d 后 $y=6.0$ m 截面应力等值线分布　（单位：MPa）

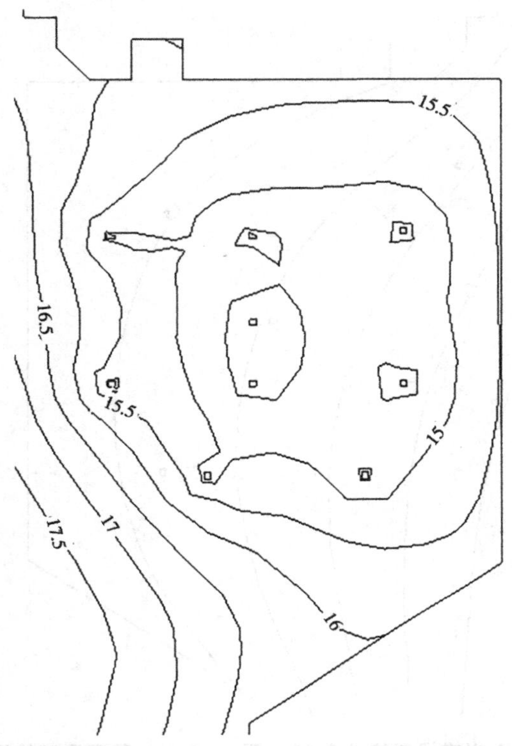

附图 145　反馈工况 3-2 岩锚梁浇筑结束 15 d 后 $y=6.0$ m 截面温度等值线分布　（单位:℃）

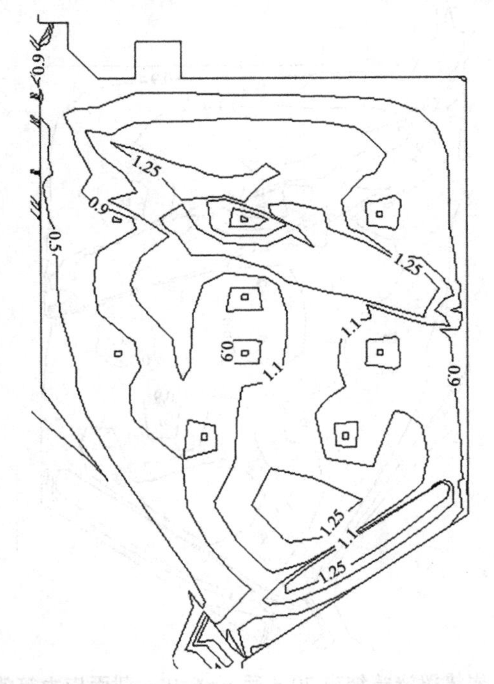

附图 146　反馈工况 3-2 岩锚梁浇筑结束 15 d 后 $y=6.0$ m 截面应力等值线分布　（单位:MPa）

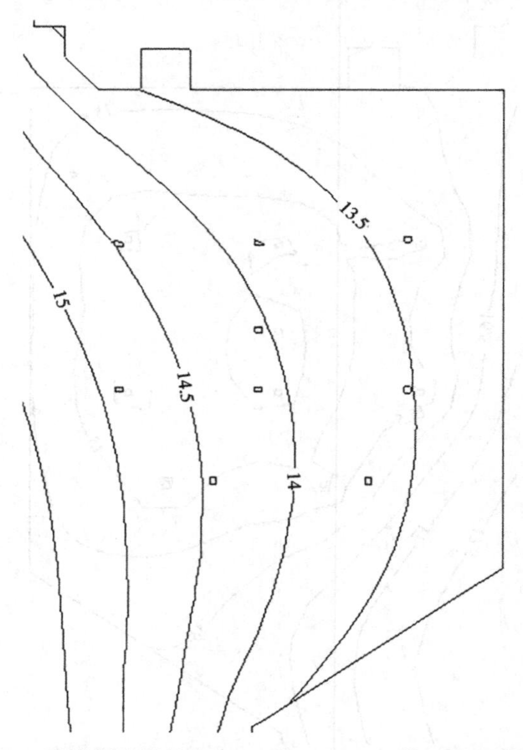

附图 147 反馈工况 3-2 岩锚梁浇筑结束 70 d 后 $y=6.0$ m 截面温度等值线分布 （单位:℃）

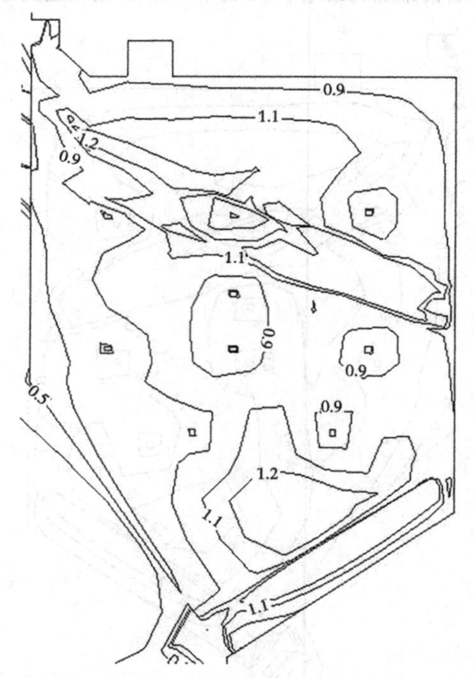

附图 148 反馈工况 3-2 岩锚梁浇筑结束 70 d 后 $y=6.0$ m 截面应力等值线分布 （单位:MPa）

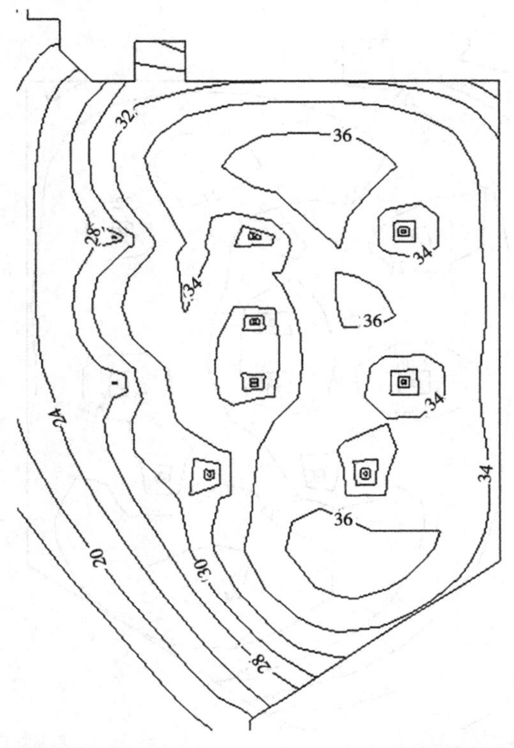

附图 149　反馈工况 4 岩锚梁浇筑结束 1.5 d 后 $y=6.0$ m 截面温度等值线分布　（单位：℃）

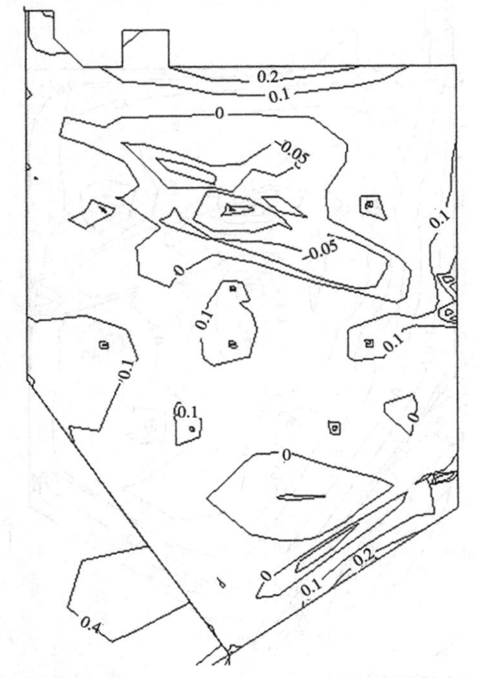

附图 150　反馈工况 4 岩锚梁浇筑结束 1.5 d 后 $y=6.0$ m 截面应力等值线分布　（单位：MPa）

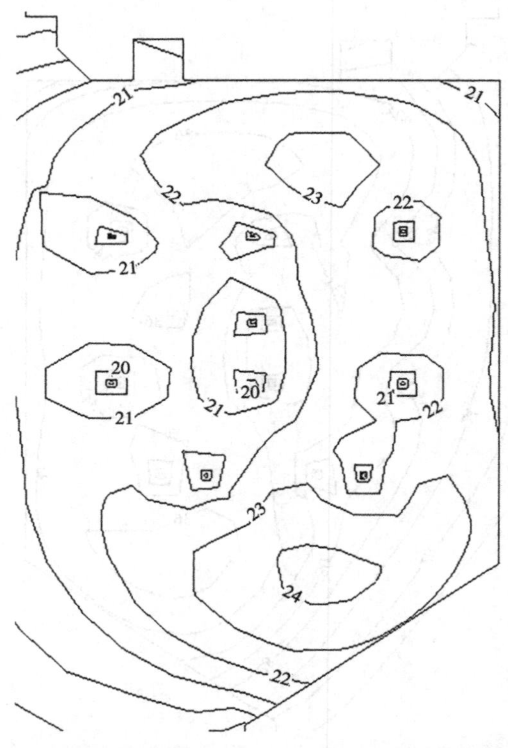

附图 151 反馈工况 4 岩锚梁浇筑结束 7 d 后 $y=6.0$ m 截面温度等值线分布 （单位:℃）

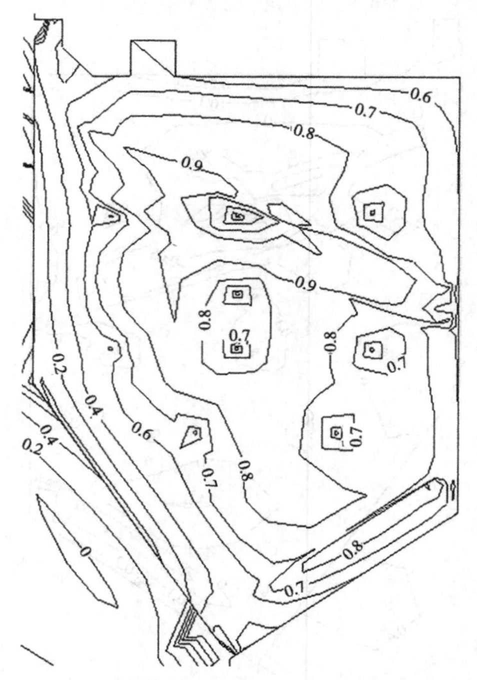

附图 152 反馈工况 4 岩锚梁浇筑结束 7 d 后 $y=6.0$ m 截面应力等值线分布 （单位:MPa）

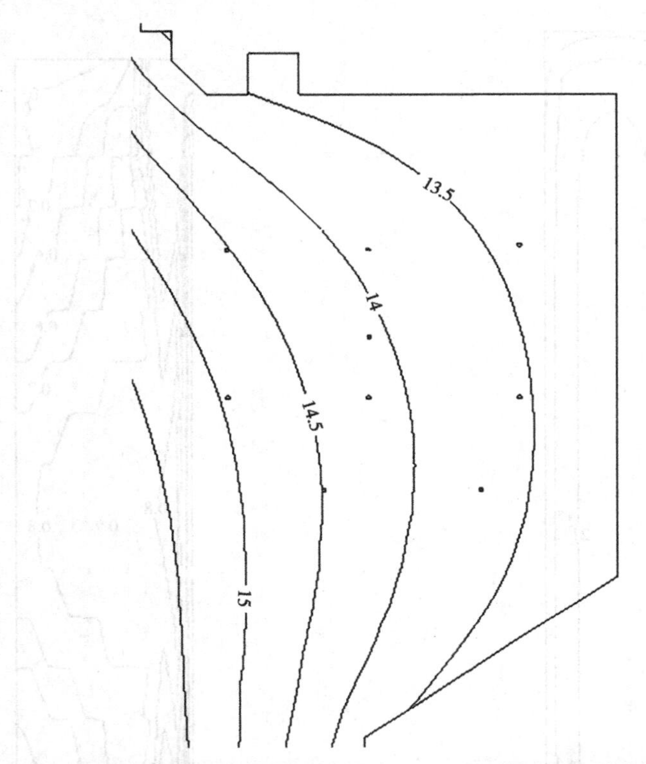

附图 153 反馈工况 4 岩锚梁浇筑结束 70 d 后 $y=6.0$ m 截面温度等值线分布 （单位:℃）

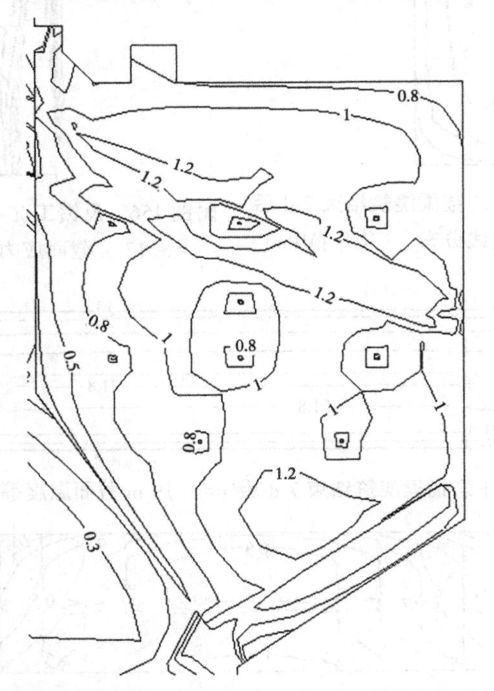

附图 154 反馈工况 4 岩锚梁浇筑结束 70 d 后 $y=6.0$ m 截面应力等值线分布 （单位:MPa）

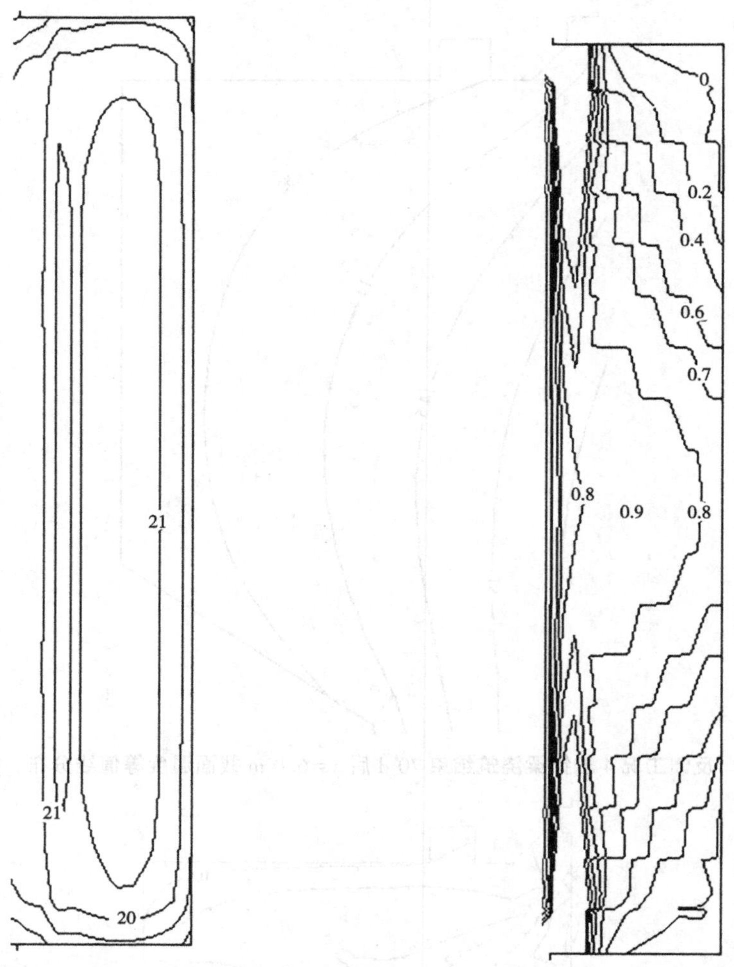

附图155 反馈工况4-1岩锚梁浇筑结束7 d后 $z=3.17$ m截面温度等值线分布 （单位:MPa）

附图156 反馈工况4-1岩锚梁浇筑结束7 d后 $z=3.17$ m截面应力等值线分布 （单位:℃）

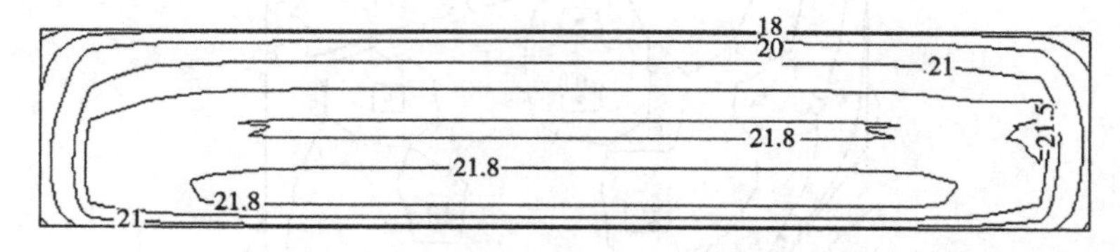

附图157 反馈工况4-1岩锚梁浇筑结束7 d后 $x=1.19$ m截面温度等值线分布 （单位:℃）

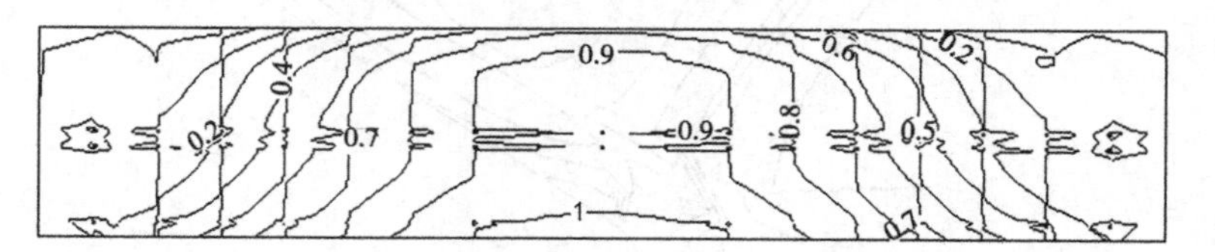

附图158 反馈工况4-1岩锚梁浇筑结束7 d后 $x=1.19$ m截面应力等值线分布 （单位:MPa）

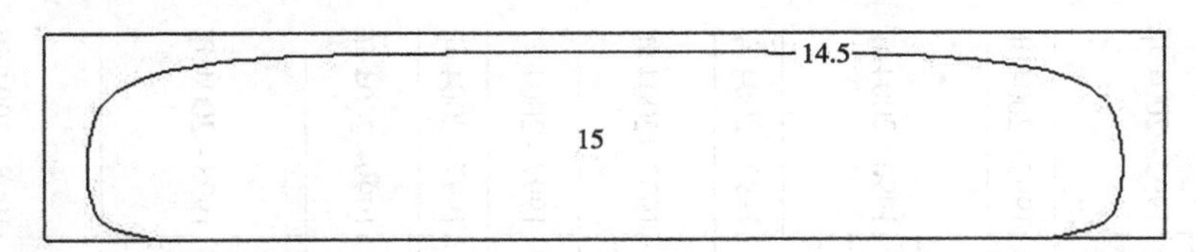

附图 159　反馈工况 4-2 岩锚梁浇筑结束 30 d 后 $x=1.19$ m 截面温度等值线分布　（单位:℃）

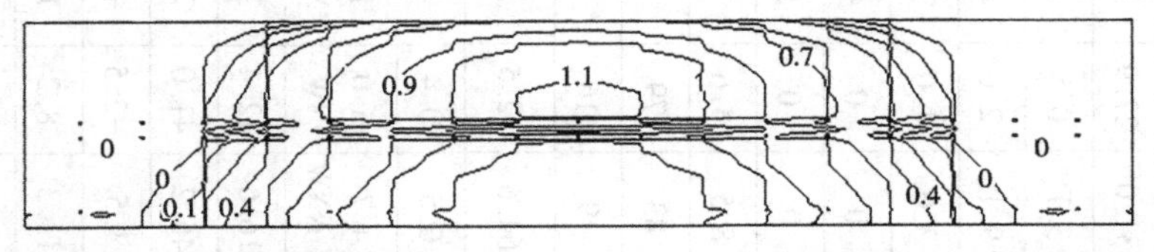

附图 160　反馈工况 4-2 岩锚梁浇筑结束 30 d 后 $x=1.19$ m 截面应力等值线分布　（单位:MPa）

附表 1　气象资料

项目		1月	2月	3月	4月	5月	6月	7月	8月	9月	10月	11月	12月	全年	说明
气温/℃	平均气温	11.0	14.6	19.1	21.8	22.8	22.7	23.0	22.9	20.6	18.7	14.6	11.1	18.6	1997~2004年
	极端最高	28.1	34.5	37.9	39.4	39.4	37.9	39.4	38.1	35.6	32.8	31.0	27.9	39.4	
	极端最低	1.0	1.3	2.6	9.0	10.5	9.8	15.5	15.0	8.5	9.0	3.7	0.5	0.5	
降水量/mm	多年平均	4.5	2.2	5.5	31.1	85.2	251.7	265.5	216.7	146.9	56.5	9.1	2.6	1 077.4	1997~2004年
	降水日数(< 3 mm/h)	1.2	0.5	2.0	2.5	8.9	10.7	14.0	11.6	11.3	7.4	3.0	1.0	74.1	1996~2004年
	降水日数(>3 mm/h)	0	0	0	1.0	3.3	10.6	9.1	10.3	6.1	2.0	0	0	42.4	
	降水日数(>8 mm/h)	0	0	0	0	0.4	4.0	3.6	3.1	2.0	0.6	0	0	13.7	
	历年 1 d 最大	11.5	5.3	8.0	12.7	26.9	87.1	87.1	85.3	61.2	35.7	8.5	4.6	79	1997~2004年
相对湿度/%	多年平均	70	57	51	55	68	83	87	88	88	85	83	79	74	1997~2004年
	最小相对湿度	8	12	12	13	12	26	33	32	25	24	19	16	8	
蒸发量/mm	多年平均	99.4	126.4	206.7	223.2	198.7	135.6	120.2	130.8	95.7	84.8	64.6	62.5	1 548.7	1997~2004年
风速/(m/s)	多年平均	0.7	0.6	0.6	0.6	0.4	0.5	0.6	0.5	0.5	0.6	0.6	0.4	0.5	1997~2004年
	最大风速及风向	5.0 SW NW	6.7 W	6.7 S	8.0 NW W	14.0 NNW	7.7 SSE	7.0 NW	7.7 SW NW	5.0 NW	5.3 NNW	4.7 W NNW	5.0 NW	14.0 NNW	1999~2004年
地面气温/℃	多年平均	11.8	17.1	22.0	26.2	25.5	25.5	26.5	25.5	23.7	21.4	16.6	12.4	21.2	1998~2004年
	最高	49.1	55.0	64.5	74.8	71.9	64.5	60.5	65.5	62.7	55.3	46.2	41.0	74.8	
	最低	−2.5	−0.3	2.0	7.5	9.5	13.2	15.0	13.0	9.2	6.0	1.5	−2.5	−2.5	
水温/℃	多年平均	7.2	9.6	12.3	15.7	17.6	18.0	18.4	18.5	16.8	15.2	11.3	8.2	14.1	1998~2004年
	最高	8.6	12.6	15.4	19.6	19.8	20.4	21.4	21.2	18.8	18.0	14.6	10.4	21.4	
	最低	5.8	6.8	9.0	12.6	15.2	14.8	15.6	15.6	14.6	13.2	8.6	6.6	5.8	

附表 2　混凝土试块温度观测结果(一)

日期（月-日）	时刻	测点温度/℃								
		A1	A2	A3	A4	B1	B2	B3	B4	B5
09-18	22:30	31.81	32.88	33.31	33.44	30.56	32.06	32.50	32.38	31.81
09-19	01:30	36.44	37.63	38.25	38.50	35.88	37.88	38.31	38.25	37.69
09-19	04:30	38.00	40.81	41.63	41.88	37.63	40.31	40.87	40.94	40.25
09-19	07:30	39.19	44.31	45.25	45.63	38.44	42.63	43.31	43.31	42.88
09-19	10:30	39.31	45.88	46.75	47.25	38.81	43.25	44.00	44.00	43.88
09-19	13:30	39.06	46.88	47.69	48.19	38.63	43.31	44.13	44.06	44.31
09-19	15:30	39.06	46.88	47.68	48.19	38.44	43.25	43.94	43.88	44.38
09-19	17:30	38.81	47.38	48.13	48.69	38.44	42.94	43.75	43.63	44.19
09-19	19:30	38.25	47.50	48.25	48.81	37.75	42.44	43.19	43.19	43.94
09-19	21:30	37.75	47.50	48.19	48.81	37.31	42.19	43.00	42.94	43.81
09-19	23:30	37.68	47.48	48.13	48.75	37.00	41.81	42.63	42.56	43.63
09-20	01:30	36.88	47.31	48.00	48.69	36.69	41.44	42.19	42.19	43.38
09-20	03:30	36.31	47.25	47.88	48.56	36.31	40.60	41.87	41.94	42.87
09-20	05:30	35.88	47.19	47.43	48.25	35.87	40.44	40.94	41.25	42.10
09-20	07:30	35.25	46.56	47.19	48.00	35.44	39.81	40.56	40.44	41.81
09-20	09:30	34.75	46.25	47.00	47.75	35.13	39.44	41.06	40.00	41.44
09-20	11:30	34.31	45.94	46.63	47.43	34.81	39.00	39.69	39.50	41.00
09-20	14:30	33.94	45.25	46.00	46.81	34.56	38.25	38.88	38.81	40.31
09-20	17:30	33.89	44.63	45.50	46.38	34.38	37.81	38.44	38.38	39.88
09-20	19:30	33.31	44.31	45.00	45.88	34.13	37.44	38.06	38.06	39.50

续附表 2

日期（月-日）	时刻	测点温度/℃								
		A1	A2	A3	A4	B1	B2	B3	B4	B5
09-20	21:30	33.06	43.94	44.69	45.50	33.94	37.19	37.75	37.75	39.25
09-20	23:30	32.88	43.68	44.56	45.31	33.89	37.00	37.41	37.63	39.00
09-21	01:30	32.49	43.18	44.25	45.25	33.31	36.87	37.31	37.57	38.94
09-21	03:30	32.19	42.32	43.75	44.79	33.06	36.69	36.98	37.45	38.88
09-21	05:30	31.81	41.97	43.00	44.56	32.88	36.31	36.91	37.38	38.81
09-21	08:30	31.65	41.69	42.50	43.50	32.38	36.25	36.88	37.31	38.68
09-21	10:30	31.19	41.50	42.31	43.31	32.31	36.25	36.86	37.19	38.75
09-21	13:30	30.75	41.19	42.06	43.06	32.19	35.75	36.50	36.50	38.38
09-21	15:30	30.75	41.00	41.88	42.81	32.25	35.50	36.25	36.25	38.00
09-21	17:30	30.65	40.69	41.69	40.75	32.25	35.19	36.06	35.94	37.63
09-21	19:30	30.61	40.47	41.11	40.66	32.21	35.00	35.97	35.90	37.52
09-21	21:30	30.58	40.25	40.60	40.56	32.18	34.81	35.88	35.88	37.44
09-22	01:00	30.43	39.74	40.44	40.06	31.88	34.66	35.44	35.50	37.00
09-22	05:00	30.22	38.38	39.81	39.69	31.24	34.38	35.13	35.31	36.75
09-22	09:00	30.69	38.63	39.88	40.63	31.13	34.50	35.56	35.63	37.31
09-22	10:30	30.00	38.50	39.75	40.50	31.00	34.31	34.31	35.44	37.13
09-22	15:00	29.19	38.00	39.25	39.88	31.06	33.38	34.50	34.25	35.88
09-22	17:00	29.19	37.69	39.00	39.56	31.00	33.02	34.13	33.88	35.38
09-22	21:00	28.75	37.19	38.73	38.88	29.88	32.88	33.94	33.63	35.25
09-23	01:00	28.55	36.50	38.58	38.44	29.50	32.38	33.89	33.25	34.88

续附表2

日期（月-日）	时刻	测点温度/℃								
		A1	A2	A3	A4	B1	B2	B3	B4	B5
09-23	05:00	28.44	36.25	38.31	38.06	29.25	32.31	33.51	33.31	34.71
09-23	08:30	28.125	35.75	37.06	37.56	29.69	32.50	33.56	33.44	35.00
09-23	10:30	28.06	35.63	36.94	37.44	29.63	32.38	33.38	33.29	34.88
09-23	14:30	28.13	35.19	36.50	36.94	29.60	31.63	32.69	32.31	34.50
09-23	16:30	28.19	34.94	36.31	36.94	29.54	31.38	32.38	32.00	33.90
09-23	20:30	27.71	34.68	35.63	36.30	29.05	31.10	31.80	32.00	33.40
09-24	00:30	27.43	34.31	35.44	36.00	28.56	31.00	31.10	31.90	33.00
09-24	04:30	27.12	33.78	34.25	35.45	28.48	30.74	30.80	31.70	32.70
09-24	08:30	26.94	32.56	33.56	34.60	28.19	30.38	30.19	31.10	32.40
09-24	11:30	26.75	32.31	33.38	34.10	28.06	29.93	30.06	30.60	32.20
09-24	14:30	26.56	31.88	32.81	33.31	27.88	29.93	29.75	30.20	31.80
09-24	16:30	26.63	31.69	32.56	33.40	27.94	30.11	29.40	30.20	31.90
09-24	20:30	26.40	31.10	32.40	32.70	27.83	29.75	29.00	30.10	31.20
09-25	00:30	26.30	30.70	32.10	31.90	27.67	29.56	28.60	29.80	30.94
09-25	04:30	26.10	30.10	31.50	31.30	27.50	29.38	28.30	29.88	30.75
09-25	08:30	26.56	29.80	31.00	31.00	27.26	29.13	28.10	29.56	30.44
09-25	10:30	26.50	29.50	30.90	30.70	27.26	28.94	27.90	29.31	30.10
09-25	18:30	26.30	28.90	30.40	30.30	26.93	28.48	28.10	28.80	29.50
09-26	02:30	25.40	28.80	29.70	30.00	25.88	27.76	27.90	28.20	28.90
09-26	09:30	24.94	28.31	28.81	29.31	25.25	27.25	27.38	27.31	28.19

续附表 2

日期（月-日）	时刻	测点温度/℃								
		A1	A2	A3	A4	B1	B2	B3	B4	B5
09-26	11:30	24.88	28.25	28.75	29.25	25.25	27.06	27.31	27.13	28.06
09-26	15:30	24.94	28.13	28.26	29.00	25.06	26.81	27.00	26.69	27.56
09-26	23:30	24.90	27.80	27.90	28.30	24.55	26.60	26.80	26.40	27.30
09-27	07:30	24.70	27.30	27.70	28.20	24.38	26.50	26.70	26.20	27.20
09-27	15:30	24.38	27.13	27.63	27.94	24.19	26.25	26.38	26.06	27.13
09-27	23:30	24.10	26.90	27.20	27.20	23.94	25.53	25.40	25.50	26.60
09-28	07:30	23.90	26.50	26.60	27.10	23.68	25.34	25.00	25.00	25.90
09-28	15:30	23.63	25.81	26.25	26.44	23.44	24.75	24.63	24.31	25.13
09-28	23:30	23.50	25.40	26.00	26.00	23.16	24.56	24.40	24.10	24.90
09-29	07:30	23.40	25.00	25.50	25.80	23.00	24.37	24.40	24.10	24.90
09-30	15:30	23.40	25.00	25.20	26.00	22.89	24.27	24.20	23.80	24.70
09-30	23:30	23.20	24.90	25.20	25.40	22.81	24.27	23.90	23.60	24.70
10-01	14:30	23.00	24.56	24.88	24.94	22.56	23.94	23.94	23.56	24.56
10-01	22:30	23.00	24.60	24.70	25.00	22.46	23.88	24.00	23.60	24.30
10-02	14:30	23.20	24.40	24.50	25.00	22.54	24.00	23.70	23.40	24.00
10-02	22:30	23.20	24.60	24.50	25.00	22.46	23.88	23.70	23.30	23.70
10-03	14:30	23.13	24.06	24.31	24.31	22.13	23.75	23.56	23.06	23.06
10-04	14:30	22.80	23.90	24.20	24.10	22.05	23.69	23.30	23.00	23.20
10-05	14:30	22.30	23.50	23.60	23.50	22.00	23.33	23.30	22.50	23.00
10-06	14:30	21.90	23.40	23.30	23.20	22.00	23.15	23.10	22.20	23.20
10-07	14:30	21.69	23.00	23.13	23.00	21.81	22.69	22.69	21.75	23.06

附表 3 混凝土试块温度观测结果(二)

日期（月-日）	时刻	测点温度/℃								
		B6	B7	B8	B9	B10	B11	B12	B13	B14
09-18	22:30	31.75	30.06	31.63	32.31	33.16	32.50	27.75	24.93	27.18
09-19	01:30	37.88	35.13	37.00	37.63	38.69	38.63	31.38	26.88	30.68
09-19	04:30	40.31	37.50	39.56	40.38	42.06	42.25	35.06	29.00	34.43
09-19	07:30	43.00	39.94	42.69	43.81	45.81	46.25	38.44	30.50	37.63
09-19	10:30	44.00	41.19	44.19	45.31	47.25	47.94	39.81	31.69	38.75
09-19	13:30	44.44	42.06	45.13	46.38	48.19	48.94	40.81	32.88	39.44
09-19	15:30	44.44	42.31	45.44	46.49	48.31	49.25	41.19	33.00	39.75
09-19	17:30	44.38	42.44	45.56	46.81	48.50	49.44	41.38	33.50	39.94
09-19	19:30	44.06	42.44	45.63	46.97	48.56	49.69	41.63	34.31	40.06
09-19	21:30	43.88	42.31	45.63	46.88	48.56	49.69	41.69	35.19	40.06
09-19	23:30	43.81	42.19	45.56	46.81	48.56	49.69	41.81	34.63	40.00
09-20	01:30	43.44	42.00	45.50	46.81	48.44	49.63	41.75	33.76	39.94
09-20	03:30	43.00	41.82	45.19	46.65	48.13	49.44	41.38	33.01	39.75
09-20	05:30	42.13	41.50	44.87	46.31	47.95	49.25	41.13	32.93	39.60
09-20	07:30	41.88	41.25	44.13	46.13	47.88	49.13	40.88	32.81	39.31
09-20	09:30	41.44	40.94	44.56	45.94	47.69	48.94	40.63	32.19	39.13
09-20	11:30	41.06	40.75	44.25	45.63	47.44	48.75	40.31	32.31	38.88
09-20	14:30	40.31	40.25	43.69	45.06	46.88	48.31	39.88	32.06	38.44
09-20	17:30	39.88	39.94	43.25	44.63	46.44	47.94	39.50	32.75	38.19

续附表 3

日期（月-日）	时刻	测点温度/℃								
		B6	B7	B8	B9	B10	B11	B12	B13	B14
09-20	19:30	39. 50	39. 63	42. 81	44. 19	46. 00	47. 50	39. 31	32. 56	37. 81
09-20	21:30	39. 25	39. 31	42. 56	43. 94	45. 75	47. 25	39. 13	33. 13	37. 63
09-20	23:30	39. 25	39. 25	42. 38	43. 81	45. 56	46. 65	39. 11	32. 81	37. 50
09-21	01:30	39. 24	38. 94	42. 19	43. 44	45. 50	46. 31	39. 10	32. 47	37. 31
09-21	03:30	39. 21	38. 44	41. 94	43. 00	45. 19	45. 63	39. 08	32. 25	37. 19
09-21	05:30	39. 20	38. 19	41. 41	42. 13	44. 87	45. 24	39. 06	32. 19	36. 63
09-21	08:30	39. 18	37. 50	40. 69	42. 06	43. 88	44. 94	39. 03	38. 74	36. 00
09-21	10:30	39. 25	37. 25	40. 62	42. 00	43. 81	44. 69	39. 13	38. 44	35. 88
09-21	13:30	38. 75	36. 88	40. 31	41. 81	43. 63	44. 19	38. 63	32. 19	35. 63
09-21	15:30	38. 38	36. 81	40. 19	41. 69	43. 44	44. 00	38. 25	32. 06	35. 25
09-21	17:30	38. 06	36. 63	39. 94	41. 50	43. 19	43. 75	37. 88	31. 25	35. 31
09-21	19:30	37. 82	36. 38	39. 75	41. 44	43. 10	43. 56	37. 88	31. 19	35. 22
09-21	21:30	37. 63	36. 13	39. 50	41. 38	43. 00	43. 38	37. 85	31. 13	35. 13
09-22	01:00	37. 19	35. 88	39. 25	41. 13	42. 82	42. 73	37. 81	30. 88	34. 78
09-22	05:00	36. 94	35. 63	38. 75	40. 88	41. 50	42. 00	37. 75	30. 68	34. 44
09-22	09:00	38. 06	35. 25	38. 38	40. 19	41. 44	41. 38	37. 63	34. 06	33. 68
09-22	10:30	37. 88	34. 69	38. 25	40. 06	41. 31	41. 13	37. 44	30. 88	33. 63
09-22	15:00	36. 44	34. 44	37. 81	39. 68	40. 81	40. 63	36. 19	30. 19	33. 25
09-22	17:00	35. 87	34. 25	37. 44	39. 44	40. 50	40. 44	35. 69	30. 06	33. 13
09-22	21:00	35. 81	33. 94	36. 19	39. 25	39. 75	39. 88	35. 38	32. 00	32. 74

续附表 3

日期（月-日）	时刻	测点温度/℃								
		B6	B7	B8	B9	B10	B11	B12	B13	B14
09-23	01:00	35.63	33.44	35.69	38.54	39.19	39.31	35.22	32.50	32.19
09-23	05:00	35.38	33.19	35.41	37.54	38.44	38.31	35.06	32.10	31.59
09-23	08:30	35.69	32.69	35.81	37.69	38.56	38.38	35.31	31.10	31.69
09-23	10:30	35.56	32.56	35.75	37.56	38.50	38.19	35.19	29.94	31.63
09-23	14:30	34.38	32.31	35.31	37.19	38.00	37.75	34.06	29.20	31.38
09-23	16:30	33.94	32.19	35.13	37.00	37.81	37.63	33.69	28.90	31.25
09-23	20:30	33.60	31.90	35.20	36.45	37.16	37.00	33.00	28.70	30.80
09-24	00:30	33.70	31.70	34.10	36.36	36.54	36.30	32.10	28.70	30.50
09-24	04:30	32.90	31.40	33.90	36.00	36.36	35.90	32.10	28.20	30.20
09-24	08:30	32.30	30.69	33.50	35.46	36.00	35.44	31.06	27.06	29.75
09-24	11:30	32.20	30.56	33.20	35.10	35.73	35.31	30.88	28.50	29.63
09-24	14:30	31.80	30.25	33.30	34.65	35.73	34.81	30.56	26.50	29.31
09-24	16:30	31.80	30.19	33.40	34.56	35.37	34.56	30.31	26.56	29.19
09-24	20:30	31.70	30.10	33.30	34.56	35.10	34.30	29.30	27.10	28.80
09-25	00:30	31.19	29.60	32.75	34.25	34.66	34.20	29.00	26.40	28.60
09-25	04:30	31.00	28.90	32.10	34.00	34.21	33.80	29.00	25.70	28.40
09-25	08:30	30.69	28.30	31.70	33.44	33.67	33.40	28.70	26.50	28.00
09-25	10:30	30.44	28.20	31.20	33.25	33.40	33.00	28.70	26.56	27.90
09-25	18:30	30.30	28.00	29.80	31.69	32.51	32.20	28.30	26.80	27.60
09-26	02:30	29.40	27.70	29.10	30.43	31.34	31.30	28.30	26.00	27.00

续附表 3

日期（月-日）	时刻	测点温度/℃								
		B6	B7	B8	B9	B10	B11	B12	B13	B14
09-26	09:30	28.44	27.31	28.69	29.44	30.13	30.25	28.25	25.50	26.75
09-26	11:30	28.31	27.25	28.63	29.38	30.06	30.09	28.06	26.31	26.75
09-26	15:30	27.75	27.13	28.38	29.19	29.81	29.94	27.63	25.31	26.56
09-26	23:30	27.40	26.80	28.10	28.81	28.90	28.90	27.90	25.70	26.20
09-27	07:30	27.00	26.40	27.60	28.61	28.70	28.50	27.50	25.60	26.00
09-27	15:30	26.70	26.25	27.38	28.31	28.22	28.50	27.31	25.00	25.88
09-27	23:30	26.40	25.70	27.20	28.00	27.94	28.30	26.70	24.70	25.70
09-28	07:30	25.60	25.40	26.60	27.17	27.36	27.60	26.20	24.60	25.30
09-28	15:30	25.06	25.38	26.06	26.63	26.94	27.25	25.31	23.63	25.00
09-28	23:30	24.70	25.30	25.70	26.20	26.50	26.90	25.10	23.90	25.30
09-29	07:30	24.70	25.10	25.70	26.11	26.30	26.30	25.00	24.20	25.50
09-30	15:30	24.90	24.70	25.50	25.82	26.11	25.60	25.10	24.00	25.10
09-30	23:30	24.70	24.40	25.30	25.63	25.73	25.50	24.80	24.30	24.50
10-01	14:30	24.56	24.06	24.75	25.31	25.38	25.06	24.75	24.50	23.81
10-01	22:30	24.40	24.10	24.70	25.24	25.15	25.00	24.40	24.60	24.00
10-02	14:30	24.10	24.10	24.50	24.95	24.96	24.40	24.40	25.10	24.10
10-02	22:30	24.30	24.20	24.30	24.95	24.96	24.40	24.60	24.40	24.00
10-03	14:30	23.94	23.75	24.25	24.69	24.50	24.31	24.40	24.00	23.50
10-04	14:30	23.70	23.60	24.30	24.33	24.45	23.90	23.90	24.10	23.20
10-05	14:30	23.50	23.20	23.80	24.24	23.91	23.40	23.90	23.60	23.00
10-06	14:30	23.30	22.80	23.70	23.88	23.46	23.00	23.30	23.50	22.60
10-07	14:30	22.94	22.50	23.19	23.56	23.19	22.13	22.94	22.81	22.13

附表 4　混凝土试块温度观测结果(三)

日期 (月-日)	时刻	测点温度/℃					
		C1	C2	D1	D2	D3	D4
09-18	22:30	30.44	25.81	31.00	26.87	28.00	23.06
09-19	01:30	37.13	27.31	37.44	29.81	31.13	22.75
09-19	04:30	40.50	29.69	40.75	31.25	31.94	22.70
09-19	07:30	43.56	32.88	44.38	32.44	33.00	22.63
09-19	10:30	44.88	34.19	46.00	33.69	34.25	22.80
09-19	13:30	45.38	34.81	46.75	34.94	35.50	23.13
09-19	15:30	45.50	35.06	47.00	35.25	35.56	24.85
09-19	17:30	45.50	35.25	47.13	35.69	35.88	26.00
09-19	19:30	45.31	35.50	47.13	36.31	36.50	25.87
09-19	21:30	45.13	35.44	47.06	37.19	37.31	25.63
09-19	23:30	44.88	35.56	46.94	36.69	36.41	23.13
09-20	01:30	44.63	35.44	46.82	35.90	35.06	23.13
09-20	03:30	44.48	35.38	46.53	34.78	34.87	23.06
09-20	05:30	44.15	35.22	46.31	34.63	34.75	22.25
09-20	07:30	43.63	35.06	46.00	34.50	34.62	22.94
09-20	09:30	43.31	34.81	45.75	33.94	34.06	23.31
09-20	11:30	42.94	34.50	45.50	33.94	34.13	23.69
09-20	14:30	42.38	34.31	44.88	33.50	33.69	23.81

续附表 4

日期（月-日）	时刻	测点温度/℃					
		C1	C2	D1	D2	D3	D4
09-20	17:30	42.00	34.06	44.38	34.19	34.44	24.38
09-20	19:30	41.50	34.00	44.13	33.94	34.25	24.06
09-20	21:30	41.13	33.88	43.81	34.50	34.75	23.94
09-20	23:30	40.88	33.76	43.63	34.31	34.56	23.23
09-21	01:30	40.63	33.01	43.14	34.06	34.44	23.13
09-21	03:30	40.31	32.93	42.79	34.00	34.38	23.06
09-21	05:30	39.88	32.81	42.13	33.88	34.22	22.25
09-21	08:30	39.13	32.56	41.69	40.19	40.75	
09-21	10:30	39.00	32.50	41.44	37.25	37.38	23.47
09-21	13:30	38.75	32.38	41.06	33.31	33.88	24.44
09-21	15:30	38.63	32.25	40.88	33.25	33.81	24.87
09-21	17:30	38.50	32.19	40.69	32.19	33.00	24.75
09-21	19:30	38.20	32.14	40.30	32.10	32.80	23.94
09-21	21:30	38.19	32.06	40.00	32.00	32.75	23.90
09-22	01:00	37.81	31.85	39.38	31.69	32.56	23.23
09-22	05:00	37.63	31.50	38.68	31.25	32.13	23.13
09-22	09:00	36.94	31.13	38.75	34.19	35.00	
09-22	10:30	36.88	31.19	38.56	31.94	32.88	23.38
09-22	15:00	36.69	31.06	38.06	31.13	31.13	24.38
09-22	17:00	36.50	30.94	37.94	30.94	31.75	24.56

续附表 4

日期（月-日）	时刻	测点温度/℃					
		C1	C2	D1	D2	D3	D4
09-22	21:00	35.75	30.75	37.25	30.63	31.56	24.75
09-23	01:00	35.22	30.23	36.63	30.50	31.13	23.94
09-23	05:00	34.69	29.65	35.75	29.56	31.60	
09-23	08:30	34.88	29.75	36.06	29.00	31.24	
09-23	10:30	34.75	29.19	35.94	29.00	30.53	23.28
09-23	14:30	34.56	29.56	35.63	29.12	30.06	24.19
09-23	16:30	34.44	29.50	35.56	29.43	30.31	24.50
09-23	20:30	33.81	29.10	34.90	29.00	29.74	23.38
09-24	00:30	33.33	28.60	34.50	28.40	29.59	24.38
09-24	04:30	33.09	28.10	34.00	27.40	29.00	24.56
09-24	08:30	32.50	27.94	33.56	27.38	28.13	23.13
09-24	11:30	32.31	27.88	33.50	30.06	30.88	23.31
09-24	14:30	31.94	27.63	33.00	27.00	27.56	23.81
09-24	16:30	31.81	27.50	32.88	27.00	27.56	24.06
09-24	20:30	31.50	27.50	32.90	26.80	27.52	24.56
09-25	00:30	31.26	27.40	32.30	27.38	27.37	23.13
09-25	04:30	30.78	26.90	31.30	27.10	27.16	23.31
09-25	08:30	30.62	26.70	30.80	27.00	27.56	23.81
09-25	10:30	30.00	26.70	30.60	27.00	27.56	24.06
09-25	18:30	29.27	26.30	30.00	26.70	27.52	24.38

续附表4

日期（月-日）	时刻	测点温度/℃					
		C1	C2	D1	D2	D3	D4
09-26	02:30	29. 11	26. 10	29. 60	26. 40	26. 94	24. 38
09-26	09:30	28. 63	25. 88	29. 50	26. 70	26. 50	22. 31
09-26	11:30	28. 63	25. 81	29. 38	26. 69	26. 73	22. 88
09-26	15:30	28. 50	25. 75	29. 25	25. 69	26. 00	24. 13
09-26	23:30	28. 15	25. 40	28. 60	25. 30	25. 51	24. 50
09-27	07:30	27. 75	25. 30	28. 30	25. 00	25. 22	23. 38
09-27	15:30	27. 56	25. 19	28. 13	24. 70	25. 00	23. 13
09-27	23:30	27. 19	24. 80	27. 50	24. 20	24. 58	24. 50
09-28	07:30	26. 87	24. 50	27. 20	24. 00	24. 29	23. 38
09-28	15:30	26. 38	24. 31	26. 94	23. 81	24. 00	22. 81
09-28	23:30	26. 48	24. 80	27. 40	24. 80	24. 58	23. 00
09-29	07:30	26. 48	25. 00	26. 80	25. 20	25. 00	
09-30	15:30	26. 32	24. 50	26. 80	24. 90	25. 29	
09-30	23:30	25. 84	23. 80	25. 90	24. 70	25. 51	
10-01	14:30	25. 00	23. 44	25. 25	25. 00	25. 50	
10-01	22:30	24. 72	23. 40	25. 50	25. 20	25. 58	
10-02	14:30	24. 80	23. 50	25. 20	24. 90	25. 51	
10-02	22:30	24. 88	23. 50	25. 40	24. 50	25. 37	
10-03	14:30	24. 56	23. 13	24. 75	24. 50	24. 88	
10-04	14:30	24. 37	22. 60	24. 50	24. 50	24. 73	22. 40
10-05	14:30	24. 00	22. 10	24. 00	24. 00	24. 40	22. 00
10-06	14:30	23. 48	21. 80	23. 50	23. 90	23. 93	21. 50
10-07	14:30	23. 13	21. 50	23. 13	23. 31	23. 69	21. 13

附表 5　原型岩锚梁温度观测结果

龄期/d	测点温度/℃					气温/℃	进水温度/℃	出水温度/℃
	N1	N2	N3	D4	C5			
0.17	21.69	21.63	21.94	20.19	21.81	21.00		
0.25	22.19	22.06	22.88	23.00	22.00	21.56		
0.38	23.38	23.31	26.13	23.50	23.31	21.69		
0.46	24.81	24.88	28.75	24.06	25.00	21.75		
0.50	25.69	25.75	30.00	24.50	26.61	21.50		
0.54	26.81	27.00	31.51	25.25	27.19	21.35		
0.58	28.00	28.13	32.88	26.13	28.38	20.69		
0.63	29.13	29.38	34.13	27.06	29.56	20.75		
0.67	30.50	30.75	35.38	28.19	30.88	21.38		
0.71	31.69	32.06	36.44	29.13	32.00	20.69		
0.75	32.94	33.31	37.31	30.13	33.13	20.13		
0.79	34.13	34.56	38.06	31.19	34.19	20.25		
0.83	35.25	35.75	38.75	32.13	35.19	20.13		
0.88	36.25	36.75	39.31	32.94	35.94	20.50		
0.92	37.13	37.69	39.88	33.81	36.63	20.69	20.31	33.00
1.00	38.38	39.06	40.63	34.88	37.63	21.25	19.20	32.00
1.17	39.94	40.01	41.08	36.25	38.94	22.50	19.31	30.44
1.25	40.31	41.25	42.31	36.44	39.25	22.56	19.56	31.00
1.40	40.81	41.88	43.00	36.44	39.63	21.81	23.81	28.38
1.48	40.94	42.06	43.25	36.31	39.75	21.88	22.94	30.06

续附表 5

龄期/d	测点温度/℃					气温/℃	进水温度/℃	出水温度/℃
	N1	N2	N3	D4	C5			
1.56	41.00	42.06	43.44	36.06	39.81	21.63	20.31	29.56
1.60	41.06	42.00	43.56	35.94	39.81	21.31	19.81	28.38
1.65	41.00	41.94	43.63	35.88	39.81	21.88	19.44	28.13
1.73	40.88	41.75	43.75	35.56	39.69	21.51	19.38	28.50
1.81	40.69	41.50	43.81	35.19	39.56	20.81	19.25	29.00
1.90	40.50	41.19	43.88	34.94	39.38	21.44	21.50	31.25
1.98	40.31	41.00	43.94	34.75	39.25	21.38	20.31	32.00
2.15	40.13	39.88	44.00	34.51	39.13	22.50	19.31	29.44
2.19	39.88	39.75	44.13	34.31	39.00	22.56	19.56	30.00
2.23	39.69	39.56	44.18	34.25	38.88	21.81	22.81	29.38
2.35	39.63	40.25	43.44	33.81	38.38	21.69	19.63	27.69
2.44	39.38	39.94	43.31	33.56	38.13	21.75	19.81	26.00
2.52	39.06	39.69	43.13	33.38	37.94	21.35	20.75	25.63
2.60	38.38	39.56	42.94	33.13	37.69	20.75	21.13	26.75
2.69	38.63	39.38	42.75	32.81	37.44	20.69	19.88	25.63
2.77	38.44	39.25	42.56	32.56	37.19	20.25	18.19	23.13
2.90	38.06	39.06	42.25	32.25	36.88	20.13	18.00	22.99
2.98	37.88	38.81	42.06	31.81	36.56	20.06	17.88	22.50
3.15	37.69	38.69	41.69	31.17	36.21	21.69	19.63	27.69
3.31	37.13	38.38	41.24	30.65	35.45	21.75	19.81	26.00

续附表 5

龄期/d	测点温度/℃					气温/℃	进水温度/℃	出水温度/℃
	N1	N2	N3	D4	C5			
3.48	36.94	38.00	40.94	30.38	35.06	21.35	20.75	25.63
3.65	36.50	37.63	40.44	29.86	34.39	20.75	21.13	26.75
3.81	36.00	37.25	40.19	29.51	33.92	20.69	19.88	25.63
3.90	35.75	37.06	39.56	29.19	33.56	20.25	18.75	27.25
3.98	35.56	36.81	39.38	28.81	33.38	21.25	20.13	27.06
4.15	35.00	35.93	38.94	28.25	33.00	20.94	17.31	25.44
4.23	34.75	35.63	38.75	28.06	32.81	21.38	18.94	23.81
4.40	34.52	35.20	38.40	27.76	32.39	20.25	18.75	27.25
4.56	33.88	34.69	38.00	27.33	32.19	21.50	20.13	27.06
4.73	33.38	33.50	37.56	27.15	31.34	21.00	20.73	26.99
4.90	32.38	32.56	36.69	26.81	30.69	20.63	16.73	22.25
4.98	32.19	32.25	36.50	26.69	30.56	21.00	17.19	24.00
5.15	31.84	32.00	36.25	26.63	30.19	21.38	18.94	23.81
5.23	31.44	31.60	36.19	26.36	29.71	20.25	18.75	26.25
5.40	31.21	30.94	35.96	26.13	29.23	21.75	19.81	26.00
5.73	30.50	30.29	35.25	25.83	28.65	21.35	20.75	24.63
5.98	30.13	29.90	34.78	25.49	28.14	20.75	21.13	25.75
6.31	29.54	29.23	34.00	25.14	27.48	20.69	19.48	24.63
6.65	28.85	28.46	33.00	24.84	26.80	20.25	18.75	23.25
6.98	28.36	27.79	31.78	24.44	26.35	21.25	20.38	24.06

续附表 5

龄期/d	测点温度/℃					气温/℃	进水温度/℃	出水温度/℃
	N1	N2	N3	D4	C5			
7.31	27.66	27.12	30.84	24.14	25.76	20.94	17.31	21.44
7.90	26.88	26.06	29.00	23.50	24.56	19.06	17.63	21.44
7.98	26.75	25.94	28.88	23.44	24.38	19.06	17.63	21.19
8.98	25.38	24.44	27.06	23.00	23.44	20.94		
10.15	24.25	23.31	25.63	22.13	22.63	19.88		
11.44	23.56	23.25	24.69	21.88	22.13	21.25		
12.27	23.26	23.16	24.13	21.88	21.94	21.13		
13.44	23.31	23.13	23.38	21.13	21.88	20.88		
14.44	23.19	23.19	23.13	21.01	21.63	21.13		
15.44	23.38	22.94	23.12	21.06	21.00	21.25		
16.44	23.38	22.81	22.94	21.06	21.08	21.31		
17.44	23.25	22.63	22.81	20.88	21.13	21.06		
19.44	23.00	22.50	22.63	20.88	21.13	21.10		
20.44	23.13	22.75	22.51	21.00	21.13	21.01		
21.44	23.01	22.63	22.45	21.12	21.14	22.17		
22.44	23.38	22.13	22.13	20.98	21.02	21.44		
23.44	22.52	22.14		20.81	20.97	21.44		
24.44	22.45	22.07		20.77	20.86	21.51		
25.44	22.31	21.99		20.63	20.54	21.13		
26.44	22.21	21.81		20.56	20.39	23.69		
27.44	22.13	21.71		20.44	20.13	23.12		
28.44	22.06	21.69		20.31	20.06			
29.44	21.98	21.51		20.22	19.87			
30.44	21.88	21.44		20.13	19.75			

参考文献

[1] 朱伯芳. 大体积混凝土温度应力与温度控制[M]. 北京:中国电力出版社,1999.
[2] 龚召熊,张锡祥,肖汉江,等. 水工混凝土的温控与防裂[M]. 北京:中国水利水电出版社,1999.
[3]《三峡水利枢纽混凝土工程温度控制研究》编委会,等. 三峡水利枢纽混凝土工程温度控制研究[M]. 北京:中国水利水电出版社,2001.
[4] 邓进标,邹志晖,韩伯鲤,等. 水工混凝土建筑物裂缝分析及其处理[M]. 武汉:武汉水利电力大学出版社,1998.
[5] 陈果, 杨霞, 杨亮. 大体积混凝土温度应力有限元计算数值模拟分析[J]. 重庆建筑, 2019, 18(8): 27-30.
[6] 王俊, 郭鑫, 邱文会, 等. 温度因素对大体积混凝土施工质量影响的有限元分析[J]. 许昌学院学报, 2022, 41(5): 84-88.
[7] 高俊, 黄耀英, 万智勇, 等. 含冷却水管混凝土坝温度计埋设位置优选[J]. 水利水运工程学报, 2017(3): 93-98.
[8] 朱岳明,张建斌. 碾压混凝土坝高温期连续施工采用冷却水管进行温控的研究[J]. 水利学报,2002(11):55-59.
[9] 张宏祥, 李长平. 大体积混凝土利用冷水管降温相关参数的确定[J]. 森林工程, 2015, 31(6): 122-125.
[10] 周明,陈振建. 遗传算法原理及应用[M]. 北京:国防工业出版社,1999.
[11] 马永杰, 云文霞. 遗传算法研究进展[J]. 计算机应用研究, 2012, 29(4): 1201-1206,1210.
[12] 丁兵勇, 孙巧荣, 强晟. 混凝土热学参数的现场试验与反演分析[J]. 现代制造技术与装备, 2021, 57(1): 85-88.
[13] 吉顺文, 孙冬海, 陈守开. 岩锚梁混凝土施工期原型温度试验的反演分析[J]. 华北水利水电学院学报, 2011, 32(2): 60-63.
[14] 朱岳明,刘勇军,谢先坤. 确定混凝土温度特性多参数的试验与反演分析[J]. 岩土工程学报,2002(2):175-177.
[15] 史红伟, 安晓伟. 暗涵结构混凝土温控仿真与施工防裂方法[M]. 郑州: 黄河水利出版社, 2021.
[16] 戴志清, 周建华, 孙昌忠, 等. 混凝土温度控制及防裂[M]. 北京: 中国水利水电出版社, 2016.
[17] 王国强, 焦石磊. 地下厂房岩锚梁温控仿真计算[J]. 广东水利水电, 2016(6): 41-44,52.
[18] 朱岳明,贺金仁,刘勇军,等. 龙滩水电站混凝土温控防裂研究[R]. 南京:河海大学,2003.
[19] 朱岳明,贺金仁,刘勇军,等. 龙滩水电站大坝混凝土温控防裂研究[R]. 南京:河海大学,2002.
[20] 章恒全,朱岳明,刘勇军,等. 周宁碾压混凝土重力坝温度场及徐变应力场仿真分析[R]. 南京:河海大学,2002.
[21] 朱岳明,刘勇军,徐之青,等. 淮河入海水道二河泄洪闸混凝土防裂研究[R]. 南京:河海大学,2002.
[22] 朱岳明,刘勇军,贺金仁,等. 淮河入海水道淮安立交地涵混凝土防裂研究[R]. 南京:河海大学,2002.
[23] 朱岳明,汪基伟,徐之青,等. 临淮岗 49 孔浅孔闸加固工程外包混凝土干缩防裂措施研究[R]. 南京:河海大学,2002.
[24] 董迎娜, 黄强, 陈守开, 等. 水管冷却作用下岩锚梁混凝土施工温度应力分析[J]. 人民长江,

2011, 42(19): 42-46.

[25] 段寅, 岳朝俊, 刘会波. 地下厂房岩锚梁结构温控防裂研究[J]. 水电能源科学, 2016, 34(1): 111-114.

[26] 朱岳明,徐之青,张琳琳. 掺氧化镁混凝土筑坝技术的述评[J]. 红水河,2002(3):45-49.

[27] 陈文海, 聂香贵, 贺双喜. 小湾水电站岩锚梁混凝土配合比设计和质量控制[J]. 云南水力发电, 2006(3): 49-51,108.

[28] 雷文娟, 石陈妮子, 黎佛林. 混凝土强度等级和类型对地下厂房岩锚梁混凝土温控的影响[J]. 水力发电, 2015, 41(8): 26-29.

[29] 张建斌,朱岳明,章洪,等. RCCD 三维温度场仿真分析的浮动网格法[J]. 水力发电,2002(7):61-63,77.

[30] 朱岳明,秦宾,张建斌,等. 基于生长单元网格浮动的碾压混凝土坝温度场分析[J]. 河海大学学报,2002(5):28-32.

[31] 朱岳明,黎军,刘勇军. 石梁河新建泄洪水闸闸墩裂缝成因分析[J]. 红水河,2002(2):44-47,61.

[32] 朱岳明,贺金仁,刘勇军. 龙滩高 RCC 重力坝夏季不同浇筑温度的温控防裂研究[J]. 水力发电,2002(11):32-36,73.

[33] 曹为民,谢先坤,朱岳明. 过渡单元和层合单元在混凝土三维温度场仿真计算中的应用[J]. 水利水电技术,2002(4):1-4,57.

[34] 刘勇军,聂跃高,等. 温度问题现场反分析与施工反馈模式[J]. 河海大学学报(自然科学版),2003(5):530-533.

[35] 朱岳明,贺金仁,石青青. 龙滩大坝仓面长间歇和寒潮冷击的温控防裂分析[J]. 水力发电,2003(5):6-9.

[36] 朱岳明,刘勇军,谢先坤,等. 石梁河新建泄洪闸施工期闸墩裂缝成因分析与加固措施研究[R]. 南京:河海大学,1999.

[37] 王小威, 陈俊涛, 谢金元, 等. 地下厂房岩锚梁接触面非线性有限元模拟方法[J]. 工程科学与技术, 2017, 49(4): 70-77.

[38] 李华雄, 路成中, 王松, 等. 长河坝水电站地下厂房岩壁梁安全监测[J]. 云南水力发电, 2017, 33(增刊 2):37-38,59.

[39] 朱岳明,徐之青,贺金仁,等. 洪口水电站碾压混凝土重力坝温控防裂研究[R]. 南京:河海大学高坝及地下结构工程研究所,2002.

[40] 朱岳明,贺金仁,肖志乔,等. 混凝土水管冷却试验与计算及应用研究[J]. 河海大学学报(自然科学版),2003(6):626-630.

[41] 张建斌. 碾压混凝土坝三维温度场有限元仿真分析的层合单元模型的浮动网格法[D]. 南京:河海大学,2000.

[42] 刘有志,朱岳明,吴新立,等. 水管冷却在墩墙混凝土结构中的应用研究[J]. 南京:河海大学学报(自然科学版),2005(6):654-657.

[43] 刘有志,朱岳明,刘桂友,等. 周公宅拱坝混凝土温控防裂水管冷却效果研究[J]. 水利水电科技进展,2006(2):44-48.

[44] 刘有志,朱岳明,刘桂友,等. 高拱坝一期冷却工作时间优选方案研究[J]. 水力发电,2006,32(3):20-23.

[45] 谢先坤. 大体积混凝土结构三维温度场、应力场有限元仿真计算及裂缝成因机理分析[D]. 南京:河海大学,2001.

[46] 周钟, 廖成刚, 邢万波, 等. 地下厂房洞室群围岩破裂及变形控制[M]. 北京: 中国水利水电出

版社，2022.
[47] 宋志宇，董莉莉，金俊超，等. 地下厂房岩锚梁支护不完备情况下桥机试验数值仿真与监测分析[J]. 水电能源科学，2023，41(7) 158-161,117.